工业和信息化部"十四五"规划教材

工程声学与噪声控制

季振林　肖友洪　编著

科学出版社

北　京

内 容 简 介

本书内容涵盖工程声学基础知识和基本理论、噪声控制基本方法、声学特性计算和分析方法。全书共 8 章，包括：声学与噪声分析基础知识、振动体的声辐射、管道中的声传播、有界空间中的声场、吸声材料和吸声结构、噪声隔离、消声器、内燃机噪声及其控制。

本书可以作为船舶与海洋工程、动力工程及工程热物理、车辆工程、机械工程等相关学科振动噪声控制方向硕士研究生教材或教学参考书，亦可供相关领域的研究人员和工程技术人员参考。

图书在版编目（CIP）数据

工程声学与噪声控制 / 季振林，肖友洪编著. —北京：科学出版社，2023.6
工业和信息化部"十四五"规划教材
ISBN 978-7-03-075777-7

Ⅰ.①工⋯ Ⅱ.①季⋯ ②肖⋯ Ⅲ.①工程声学－高等学校－教材②噪声控制－高等学校－教材 Ⅳ.①TB5

中国国家版本馆 CIP 数据核字（2023）第 105350 号

责任编辑：姜 红 张培静 / 责任校对：邹慧卿
责任印制：赵 博 / 封面设计：无极书装

科学出版社 出版
北京东黄城根北街 16 号
邮政编码：100717
http://www.sciencep.com

天津市新科印刷有限公司印刷
科学出版社发行 各地新华书店经销
*

2023 年 6 月第 一 版　开本：787×1092 1/16
2025 年 3 月第三次印刷　印张：11 1/4
字数：267 000

定价：50.00 元
（如有印装质量问题，我社负责调换）

前　言

噪声是一种环境污染，如果一个人在过高的噪声环境中暴露时间过长，可能会造成听力损伤，甚至永久性耳聋。因此世界上很多国家、国际组织和一些行业制定了强制性法规以限制噪声水平。例如，国际海事组织（International Maritime Organization，IMO）第 MSC.337(91)号决议通过了《船上噪声等级规则》，于 2014 年 7 月 1 日正式生效，以保护船员和乘客免受噪声伤害。军用设备对噪声限值的要求也很高，过高的噪声会暴露自己，容易被敌方发现。低噪声设备不仅增强了自身隐蔽性，还能形成一个安静舒适的生活和工作环境。为此，军事强国对军用设备的低噪声设计非常重视，通过加大研发投入，使得军用设备的噪声不断降低，噪声已经成为评价一个国家军事装备水平的一项重要技术指标。

噪声控制可以从声源、传递路径和接收者三个方面采取措施。对于机械噪声控制，最根本的办法是对噪声源本身的控制，通过振声优化实现低噪声设计，低噪声设计必须保证对设备的性能影响不大，同时还要考虑成本和可靠性等问题。当声源降噪是不可能或不现实的情况下，可以在传递路径上采取措施，主要通过吸声、隔声和消声等手段实现噪声控制。人耳是噪声的接收者，在某些情况下使用听力保护装置（例如耳塞或耳罩）成为一种不得已的自我保护手段。

为开展机械设备低噪声设计和噪声控制设计，需要掌握声学基础知识、噪声辐射与传播理论、声学计算方法和分析方法等相关内容。本书结合船舶与海洋工程、动力工程及工程热物理等相关学科的特点，汇集近年来工程声学与噪声控制方面的研究成果，介绍噪声分析基础知识、工程声学基本理论、噪声控制方法，最后以内燃机为例，介绍主要噪声源产生机理、特性分析和控制方法。全书共 8 章，第 1～7 章由季振林编写、肖友洪审阅，第 8 章由肖友洪编写、季振林审阅。

本教材获批为工业和信息化部"十四五"规划教材，感谢哈尔滨工程大学对教材编写和出版给予的支持。

由于作者水平有限，可能会存在一些不足，敬请读者批评指正。

季振林　肖友洪
2022 年 5 月 20 日

目 录

前言

第1章 声学与噪声分析基础知识 ... 1

1.1 基本声学参量 ... 1
1.2 理想气体中的声波方程 ... 2
1.3 平面声波的基本性质 ... 4
 1.3.1 声场特性 ... 5
 1.3.2 声阻抗率 ... 6
1.4 声场中的能量关系 ... 6
 1.4.1 声能量和声能密度 ... 6
 1.4.2 声功率和声强 ... 7
1.5 声级 ... 8
1.6 频谱分析 ... 9
1.7 A 计权声级 ... 13
1.8 声波的叠加 ... 14
1.9 声级的合成与分离 ... 15
习题 ... 17

第2章 振动体的声辐射 ... 18

2.1 脉动球的声辐射 ... 18
2.2 偶极子源的声辐射 ... 21
2.3 两个同相小脉动球的声辐射 ... 23
2.4 半无限空间中小脉动球的声辐射 ... 25
2.5 无限大障板上圆形活塞的声辐射 ... 26
 2.5.1 远场特性 ... 27
 2.5.2 近场特性 ... 30
2.6 边界元法简介 ... 32
 2.6.1 边界积分方程的建立 ... 32
 2.6.2 边界积分方程的离散 ... 34
 2.6.3 影响系数的计算 ... 36
习题 ... 39

第 3 章　管道中的声传播······40

3.1　静态介质中的三维波······40
3.1.1　矩形管道······40
3.1.2　圆形管道······43
3.2　均匀流动介质中的平面波······46
3.3　均匀流动介质中的三维波······47
3.3.1　矩形管道······48
3.3.2　圆形管道······49
3.4　模态匹配法及其应用······50
习题······54

第 4 章　有界空间中的声场······55

4.1　解析方法······55
4.1.1　室内驻波······56
4.1.2　简正频率的分布······57
4.1.3　驻波的衰减······60
4.1.4　法向声阻抗率与扩散声场吸声系数的关系······62
4.1.5　声源的影响······63
4.2　有限元法······65
4.2.1　离散化······65
4.2.2　单元和形函数······66
4.2.3　有限元方程······70
4.2.4　单元矩阵······71
4.3　基于声线的统计处理方法······73
4.3.1　扩散声场······74
4.3.2　平均自由程······74
4.3.3　平均吸声系数······75
4.3.4　室内混响······76
4.3.5　空气吸收对混响时间公式的修正······78
4.3.6　稳态平均声能密度和平均声压级······79
4.3.7　声源指向性对室内声场的影响······80
4.4　统计能量分析方法······81
4.4.1　能量平衡方程······81
4.4.2　子系统的能量······83
4.4.3　模态密度······84
4.4.4　内损耗因子······84

  4.4.5 耦合损耗因子 ·· 86
 习题 ··· 86

第 5 章 吸声材料和吸声结构 ··· 87

 5.1 多孔吸声材料 ··· 87
 5.2 均质吸声材料中的声波方程 ··· 89
 5.3 吸声材料声学特性表述 ··· 91
 5.4 表面声阻抗率 ··· 93
  5.4.1 局部反应模型 ··· 93
  5.4.2 声功率吸声系数 ·· 93
 5.5 有限厚度材料的吸声 ··· 95
  5.5.1 有限厚度吸声层 ·· 95
  5.5.2 穿孔护面板的影响 ··· 98
 5.6 共振吸声结构 ··· 99
  5.6.1 亥姆霍兹共振器 ·· 99
  5.6.2 穿孔板吸声结构 ·· 101
  5.6.3 板式共振吸声体 ·· 102
 5.7 复合吸声结构 ··· 103
 习题 ··· 104

第 6 章 噪声隔离 ·· 105

 6.1 隔声性能定义 ··· 105
 6.2 单层板的隔声 ··· 106
 6.3 传递损失近似计算方法 ··· 115
 6.4 复合结构的隔声 ··· 118
  6.4.1 并联结构 ·· 118
  6.4.2 有间隙的双层板 ·· 119
  6.4.3 复合板 ··· 122
  6.4.4 加肋板 ··· 124
 6.5 隔声罩设计 ··· 125
 习题 ··· 127

第 7 章 消声器 ·· 128

 7.1 管道消声系统的表述方法 ··· 128
 7.2 消声器声学性能指标 ··· 129
  7.2.1 插入损失 ·· 129
  7.2.2 传递损失 ·· 131

  7.2.3 减噪量 132
 7.3 管道及消声器中声传播计算方法 133
 7.4 管口辐射阻抗 134
 7.5 声源阻抗 135
 7.6 传递矩阵法 135
  7.6.1 等截面直管 136
  7.6.2 截面突变结构 137
  7.6.3 侧支管道单元 138
 7.7 典型抗性消声器 139
  7.7.1 膨胀腔 139
  7.7.2 回流腔 141
  7.7.3 侧支共振器 142
  7.7.4 亥姆霍兹共振器 143
 7.8 直通穿孔管消声器 144
 习题 149

第 8 章 内燃机噪声及其控制 151

 8.1 气体动力噪声 151
  8.1.1 排气噪声 151
  8.1.2 进气噪声 156
  8.1.3 风扇噪声 157
 8.2 燃烧噪声 158
  8.2.1 燃烧过程和燃烧噪声 158
  8.2.2 气缸压力曲线的频谱分析 159
  8.2.3 燃烧噪声的传递途径 160
  8.2.4 燃烧噪声的影响因素 161
 8.3 机械噪声 162
  8.3.1 活塞敲击噪声 163
  8.3.2 正时齿轮噪声 165
  8.3.3 配气机构噪声 169
  8.3.4 供油系统噪声 170
 习题 171

参考文献 172

第1章 声学与噪声分析基础知识

1.1 基本声学参量

基本声学参量包括描述声波状态的物理变量和表示声波特性的参数[1,2]。

1. 声压

一个人能听到声音的存在是因为耳道内空气压力的变化引起听觉频率范围内耳膜的振动。高于和低于大气压的压力变化叫做声压，单位是帕斯卡（Pa）。声学测量仪器（例如声级计）一般测量的并不是声压的幅值，而是声压的有效值（即均方根值）：

$$p_e = \sqrt{\frac{1}{T}\int_0^T p^2(t)\mathrm{d}t} \tag{1.1.1}$$

式中，T 为周期；t 为时间；$p(t)$ 为 t 时刻的声压幅值。

2. 质点振速

质点振速定义为在声波传播的介质中质点在平衡位置附近的振动速度，单位是米/秒（m/s）。

声压 p 与质点振速 u 的比值叫做声阻抗率（简称声阻抗），表示为

$$z = p/u \tag{1.1.2}$$

声阻抗率通常表示成复数的形式，表述声压与质点振速之比的幅值和它们之间的相位差，单位是 Pa·s/m，为纪念 Lord Rayleigh，也使用 Rayl 作为单位。

3. 声速

声速是声波在介质中传播的速度，单位是米/秒（m/s）。理想气体中声速的计算公式为

$$c = \sqrt{\gamma R T'} \tag{1.1.3}$$

式中，γ 是比热比（定压比热与定容比热之比），对于空气 $\gamma=1.4$；R 是气体常数，对于空气 $R=287\mathrm{J/(kg\cdot K)}$；$T'$ 是气体的热力学温度（单位为 K），等于摄氏温度 $t'+273.15$。在室温和标准大气压下，空气中的声速为 343m/s。

4. 频率和周期

每秒钟压力变化的次数叫做频率，单位是赫兹（Hz）。一个具有正常听力的年轻人可以听到的声音频率范围大约在 20~20000Hz，定义为正常可听频率范围。低于 20Hz 的声音称为次声，人耳听不见次声，但仍会受其影响。由于次声在传播过程中衰减很小，

即使远离声源也会深受其害。当次声的强度足够大时，能使人平衡失调，头晕目眩，并产生恐慌等，人体还能直接吸收次声而形成振动的感觉。高于 20kHz 的声音称为超声，人们觉察不出来超声的存在，超声也不会对人体造成伤害。由于超声可以在任何物体中传播，因此常用作探测金属结构损伤或人体内部病变的工具。

只有一个频率的声音称为纯音。一种声音的频率分布会产生特有的听觉效果。因此，远处打雷的隆隆声具有较低的频率，而哨声具有较高的频率。在实际生活中，纯音很少遇到，多数声音是由不同频率的声波组成。如果噪声在可听声的频率范围内均匀分布，这个噪声被称为白噪声，听起来非常像湍急的流水声。

一个正弦信号完成一个循环所用的时间叫做周期，单位是秒（s）。周期和频率互为倒数。

5. 波长

一个纯音（单频）声波在一个周期内传播的距离叫做波长，等于声速乘以周期或声速除以频率，即

$$\lambda = cT = \frac{c}{f} \tag{1.1.4}$$

由此可以计算出不同频率声音的波长。例如，100Hz 声音的波长为 3.43m，而 10kHz 声音的波长只有 3.43cm。可见，频率越高波长越短，频率越低波长越长。

6. 波数

波数是声学分析中经常使用的一个参数，定义为

$$k = \frac{\omega}{c} = \frac{2\pi f}{c} = \frac{2\pi}{\lambda} \tag{1.1.5}$$

式中，ω 为圆频率（或角频率）。

7. 亥姆霍兹数

亥姆霍兹数是声学分析中经常使用的一个参数，定义为波数和特征尺度的乘积，例如 ka 或 kl，其中 a 为半径，l 为长度。可见，亥姆霍兹数是一个无量纲参数。

1.2 理想气体中的声波方程

声场的特性可以通过介质中的声压、质点振速和密度变化量来表征。在声波传播过程中，同一时刻、声场中不同位置都有不同的数值，也就是说声压随位置有一个分布；另外，每个位置的声压又随时间而变化。根据声波过程的物理性质，建立声压随空间位置的变化和随时间的变化两者之间的联系，这种联系的数学表示就是声波方程或波动方程[3-5]。

波动是声传播介质的物质运动，可由牛顿质点动力学体系描述得到流体运动的基本

方程。相对于环境状态参量，声扰动通常可以看作是小幅扰动。对于流体介质，在没有声扰动时环境状态可以用大气压 P_0、速度 U_0 和密度 ρ_0 来表示，这些表示状态的参量满足流体动力学方程。在有声扰动时，状态参量可表示为

$$\tilde{p} = P_0 + p, \quad \tilde{u} = U_0 + u, \quad \tilde{\rho} = \rho_0 + \rho \tag{1.2.1}$$

式中，p、u 和 ρ 分别是声压、质点振速和密度变化量，它们代表声扰动对压力、速度和密度场的贡献。环境状态定义了声波传播的介质，各向同性的介质与位置无关。在很多情况下，把流体介质假设为理想化的各向同性静态介质，从而可以实现声学现象的定量分析。

在各向同性介质中，状态变量 $\tilde{p}$、$\tilde{u}$ 和 $\tilde{\rho}$ 满足连续性方程

$$\frac{\partial \tilde{\rho}}{\partial t} + \nabla \cdot (\tilde{\rho}\tilde{u}) = 0 \tag{1.2.2}$$

和动量方程

$$\tilde{\rho} \frac{D\tilde{u}}{Dt} + \nabla \tilde{p} = 0 \tag{1.2.3}$$

式中，$D/Dt = \partial/\partial t + \tilde{u} \cdot \nabla$ 为全导数，$\partial/\partial t$ 代表对时间的偏导数。对于静态介质（$U_0 = 0$），将式（1.2.1）代入方程（1.2.2）和方程（1.2.3），忽略二阶以上声学小量，得到如下线性化声学方程：

$$\frac{\partial \rho}{\partial t} + \rho_0 \nabla \cdot u = 0 \tag{1.2.4}$$

$$\rho_0 \frac{\partial u}{\partial t} + \nabla p = 0 \tag{1.2.5}$$

理想气体中的声扰动是一个绝热过程，状态变量满足等熵方程，即

$$\frac{P_0 + p}{P_0} = \left(\frac{\rho_0 + \rho}{\rho_0}\right)^\gamma \tag{1.2.6}$$

将 ρ/ρ_0 作为变量，使用泰勒级数展开，并且忽略二阶以上声学小量得到

$$\frac{p}{P_0} = \gamma \left(\frac{\rho}{\rho_0}\right) \tag{1.2.7}$$

将理想气体状态方程 $P_0 = R\rho_0 T'$ 代入式（1.2.7），得到第三个线性化声学方程

$$p/\rho = c^2 \tag{1.2.8}$$

式中，

$$c = \sqrt{\gamma P_0/\rho_0} \tag{1.2.9}$$

于是，应用理想气体状态方程即可以得到式（1.1.3）。

将式（1.2.8）代入式（1.2.4）消去 ρ，然后对时间进行微分，再对式（1.2.5）取散度，二者相减得到

$$\nabla^2 p - \frac{1}{c^2} \frac{\partial^2 p}{\partial t^2} = 0 \tag{1.2.10}$$

式中，∇^2 是拉普拉斯（Laplace）算子，即梯度的散度。式（1.2.10）即为声波方程。

假设声压随时间变化的关系是简谐的，即声压表示成
$$p(x,y,z,t) = p(x,y,z)\mathrm{e}^{\mathrm{j}\omega t} \tag{1.2.11}$$
将式（1.2.11）代入声波方程（1.2.10），得到只含有空间坐标的微分方程
$$\nabla^2 p(x,y,z) + k^2 p(x,y,z) = 0 \tag{1.2.12}$$
即亥姆霍兹（Helmholtz）方程，也就是简谐声场的控制方程。

声波方程也可以表示成速度势的形式。对线性化的动量方程两边取旋度，并且注意到 $\nabla \times \nabla p$ 总是为 0，得到
$$\frac{\partial}{\partial t}(\nabla \times u) = 0 \tag{1.2.13}$$
因此，旋度 $\nabla \times u$ 在时间域为常数。如果我们考虑 $\nabla \times u$ 的初值为 0，则任意时刻 $\nabla \times u$ 的值恒为 0，因而 u 可以被看作是一个标量 $\phi(x,t)$ 的梯度。流体的线性化动量方程要求 $p - \rho_0 \partial \phi / \partial t$ 具有零梯度，因此只是时间 t 的函数，如果速度势 ϕ 被进一步限制，以至于这个关于时间 t 函数为 0，则有
$$u = -\nabla \phi \tag{1.2.14}$$
$$p = \rho_0 \frac{\partial \phi}{\partial t} \tag{1.2.15}$$
显然，上述两个表达式满足线性化的动量方程。结合线性化的连续性方程（1.2.4）和等熵关系式（1.2.8），可以得到
$$\nabla^2 \phi - \frac{1}{c^2}\frac{\partial^2 \phi}{\partial t^2} = 0 \tag{1.2.16}$$
这个方程也叫做波动方程。尽管速度势有些抽象，但是用它来描述声场很方便，因为其他声学量都可以用速度势来表示。

1.3 平面声波的基本性质

在垂直于声波传播的平面上，如果所有位置处的声学量相等，则这类声波被称为平面声波。此时声学量只是沿着传播方向发生变化。取声波传播方向为坐标 x，则平面波方程或一维波动方程为
$$\frac{\partial^2 p(x,t)}{\partial x^2} - \frac{1}{c^2}\frac{\partial^2 p(x,t)}{\partial t^2} = 0 \tag{1.3.1}$$
对于简谐声场，控制方程即为一维亥姆霍兹方程
$$\frac{\mathrm{d}^2 p(x)}{\mathrm{d}x^2} + k^2 p(x) = 0 \tag{1.3.2}$$
方程（1.3.2）的解可以写成正弦函数和余弦函数的叠加，或如下复指数的形式：
$$p(x) = A\mathrm{e}^{-\mathrm{j}kx} + B\mathrm{e}^{\mathrm{j}kx} \tag{1.3.3}$$
式中，A 和 B 是由边界条件确定的系数。

将式（1.3.3）代入式（1.2.11）得到

$$p(x,t) = Ae^{j(\omega t - kx)} + Be^{j(\omega t + kx)} \tag{1.3.4}$$

将声压表达式（1.3.4）代入动量方程（1.2.5）得到

$$u(x,t) = \frac{1}{z_0}\left[Ae^{j(\omega t - kx)} - Be^{j(\omega t + kx)}\right] \tag{1.3.5}$$

式中，$z_0 = \rho_0 c$ 为介质的特性阻抗。

1.3.1 声场特性

首先讨论任意瞬间 $t=t_0$ 时位于任意位置 $x=x_0$ 处的声波经过 Δt 时间以后位于何处。在还没有确切知道以前，不妨假设经过 Δt 时间以后，它传播到了 $x_0+\Delta x$ 位置处；最后如果求得 $\Delta x=0$，则说明经过 Δt 时间以后声波仍在原处；如果 $\Delta x>0$，则说明声波沿正 x 方向移动了 Δx 距离；如果 $\Delta x<0$，则说明沿负 x 方向移动了 Δx 距离。这个假设意味着 $t_0+\Delta t$ 时位于 $x_0+\Delta x$ 处的波就是 t_0 时位于 x_0 处的波，即

$$p(x_0, t_0) = p(x_0 + \Delta x, t_0 + \Delta t)$$

将式（1.3.4）的第一项代入上式，经过简化得到 $e^{j(\omega\Delta t - k\Delta x)}=1$，由此解得

$$\Delta x = c\Delta t \tag{1.3.6}$$

因为时间间隔 Δt 总是大于零的，所以有 $\Delta x>0$，这就说明式（1.3.4）的第一项表示的是沿正 x 方向行进的波（简称正向行波或前行波）。

类似的讨论可以证明，式（1.3.4）的第二项代表沿负 x 方向行进的波（简称反向行波或后行波）。

由此也可以说明，当初在写方程（1.3.2）的一般解时为什么取成复指数形式的特解组合，很明显，这种形式的解可以方便地将前行波和后行波分离出来。

可以看出，任一时刻 t_0 时，具有相同相位 φ_0 的质点的轨迹是一个平面，这只要令 $\omega t_0 - kx = \varphi_0$，即可解得

$$x = \frac{\omega t_0 - \varphi_0}{k} = 常数$$

这就是说，这种声波在传播过程中，等相位面是平面，所以称之为平面波。

由式（1.3.6）可得

$$c = \frac{\Delta x}{\Delta t} \tag{1.3.7}$$

可见，c 代表单位时间内声波传播的距离，也就是声波的传播速度，简称声速。

总之，式（1.3.4）和式（1.3.5）的第一项描述的声波是一个波阵面为平面、沿正 x 方向以速度 c 传播的平面行波，第二项描述的声波是一个波阵面为平面、沿负 x 方向以速度 c 传播的平面行波。从式（1.3.4）和式（1.3.5）可以看出，平面声波在均匀的理想媒质中传播时，声压幅值和质点振速幅值都是不随距离改变的常数，也就是声波在传播过程中不会有任何衰减。这也是很容易理解的，因为假设媒质是理想的，没有黏滞性存

在，这就保证了声波传播过程中不会发生能量的损耗；同时平面声波传播时波阵面又不会扩大，因而能量也不会随距离增加而分散。

值得注意的是：声波以速度 c 传播出去，并不意味着媒质质点由一处流至远方。事实上，由式（1.3.5）可求得质点位移为

$$\xi = \int u \mathrm{d}t = \frac{A}{\mathrm{j}\rho_0 c\omega} \mathrm{e}^{\mathrm{j}(\omega t - kx)} \tag{1.3.8}$$

任意位置 x_0 处质点的位移为

$$\xi = \frac{A}{\rho_0 c\omega} \mathrm{e}^{-\mathrm{j}(kx_0 + \frac{\pi}{2})} \mathrm{e}^{\mathrm{j}\omega t} = \xi_a \mathrm{e}^{\mathrm{j}(\omega t - \alpha)} \tag{1.3.9}$$

式中，ξ_a 和 α 都是常数。可见，x_0 处的质点只是在平衡位置附近来回振动，并没有流至远方。实际上也正是通过媒质质点的这种在平衡位置附近的来回振动，又影响了周围以至更远处的媒质质点也跟着在平衡位置附近来回振动起来，从而把声源振动的能量传播出去。

1.3.2　声阻抗率

根据声阻抗率的定义，平面行波的声阻抗率为

$$Z_s = \frac{p}{u} = \rho_0 c \tag{1.3.10}$$

可见，在平面波声场中，各位置的声阻抗率都相同，为一个实数，且平面行波的声阻抗率数值上恰好等于介质的特性阻抗。

1.4　声场中的能量关系

声波的传播过程伴随着声能量的传播，与声能量有关的主要物理量有声能密度、声功率和声强。

1.4.1　声能量和声能密度

声波传到原先静止的介质中，一方面使介质质点在平衡位置附近来回振动起来，同时在介质中产生了压缩和膨胀的过程，前者使介质具有振动动能，后者使介质具有形变（弹性）势能，两者之和就是由于声扰动使介质得到的声能量。

设想在声场中取一个足够小的体积元，其原先的体积为 V_0，压强为 P_0，密度为 ρ_0，由于声扰动使该体积元得到的动能为

$$\Delta E_k = \frac{1}{2}(\rho_0 V_0) u^2(t) \tag{1.4.1}$$

由于声扰动，该体积元的压力从 P_0 变为 $P_0 + p$，于是具有了势能

$$\Delta E_p = -\int_0^p p \mathrm{d}V \tag{1.4.2}$$

式中的负号表示在体积元内压强和体积的变化方向相反，例如，压强增加时体积减小，

此时外力对体积元做功,使它的势能增加,即压缩过程使系统存储能量;反之,当体积元对外做功时,体积元内的势能就会减小,即膨胀过程使系统释放能量。

考虑到体积元在压缩和膨胀过程中质量保持一定,对于小振幅声波,则有 $d\rho/\rho_0 = -dV/V_0$,结合式(1.2.8)得到体积元 dV 与 dp 的关系

$$dp = -\frac{\rho_0 c^2}{V_0} dV \qquad (1.4.3)$$

将式(1.4.3)代入式(1.4.2),于是求得小体积元的势能为

$$\Delta E_p = \frac{V_0}{\rho_0 c^2} \int_0^p p dp = \frac{V_0}{2\rho_0 c^2} p^2 \qquad (1.4.4)$$

体积元里的总声能为动能和势能之和,故瞬时声能为

$$\Delta E = \Delta E_k + \Delta E_p = \frac{V_0}{2} \rho_0 \left(u^2 + \frac{1}{\rho_0^2 c^2} p^2 \right) \qquad (1.4.5)$$

单位体积内的声能量称为声能密度:

$$\varepsilon(t) = \frac{\Delta E}{V_0} = \frac{1}{2} \rho_0 \left(u^2 + \frac{p^2}{\rho_0^2 c^2} \right) \qquad (1.4.6)$$

式(1.4.6)为声能密度的瞬时值,如果将它在一个周期内取平均值,则得到平均声能密度

$$\bar{\varepsilon} = \frac{1}{T} \int_0^T \varepsilon(t) dt \qquad (1.4.7)$$

1.4.2 声功率和声强

单位时间内声源辐射的声能量称为声功率,用 W 来表示,单位为瓦(W)。

通过垂直于声传播方向的单位面积上的声功率称为声强,用 I 来表示,单位为 W/m²。由定义可写出瞬时声强为

$$I(t) = p(t) \cdot u(t) \qquad (1.4.8)$$

将瞬时声强在一个周期内取平均值,则得到平均声强[3]

$$I = \frac{1}{T} \int_0^T p(t) \cdot u(t) dt = \frac{1}{T} \int_0^T \text{Re}(p(t)) \cdot \text{Re}(u(t)) dt \qquad (1.4.9)$$

由定义可知,声强是矢量,不仅有大小,还有方向,它的方向就是声能量传播的方向。在理想流体介质中,声强矢量的方向取决于质点振速的方向。因此利用测量出的声强矢量分布图可以清楚地表示出声能的强度和流向。

声源声功率的大小表示其辐射声波能力的高低,声强则表示声能流的强弱和方向。声功率等于声强在包围声源的封闭曲面上的积分,即

$$W = \oint_S I dS \qquad (1.4.10)$$

必须指出,声压或声强表示的是声场中某一点处声波的强度,而声功率则是表示声源辐射的总强度,它与测量距离及测点的位置无关。

1.5 声　级

一个健康的年轻人能够听到声压为 20μPa 的声音，与标准大气压（1.013×10^5Pa）相比，两者相差十个数量级。人耳能感受到的声压的上限和下限相差数百万倍，显然对如此宽广范围的数值使用对数标度要比使用绝对标度方便。另外，从声音的接收来看，人耳对声音响度的感觉并不是与声压的绝对值成正比，而是与声压的对数成正比。基于这两方面的原因，引出了声级的概念，声级的单位是分贝（dB），值得注意的是，分贝代表的是一个相对比值。

1. 声压级

声压级用 L_p 或 SPL 来表示，定义为声压与参考声压比值取对数的 20 倍，即

$$L_p = 20\lg(p/p_{ref}) \tag{1.5.1}$$

式中，在空气中参考声压 $p_{ref} = 20\mu Pa = 2\times10^{-5}Pa$，它代表正常人耳对 1000Hz 声音刚好能觉察其存在的声压值，也就是可听阈声压。一般来讲，低于这个声压值，人耳就觉察不出来声音的存在了。显然，可听阈声压级为 0dB，它不代表没有声音存在，只是声压等于参考声压而已。

表 1.5.1 给出了一些常见噪声源的声压和声压级。可见声压变化范围之大，而声压级只是在百位数之内变化。

表 1.5.1　一些噪声源或噪声环境的声压和声压级

噪声源或噪声环境	声压/Pa	声压级/dB
喷气式飞机附近	200	140
1000kW 柴油机排气口	20	120
织布车间	2	100
公共汽车内	0.2	80
普通谈话	0.02	60
安静房间	0.002	40
树叶沙沙响	0.0002	20
听阈	0.00002	0

2. 声功率级

声功率级用 L_W 或 SWL 来表示，定义为声功率与参考声功率比值取对数的 10 倍，即

$$L_W = 10\lg(W/W_{ref}) \tag{1.5.2}$$

式中，在空气中 $W_{ref} = 10^{-12}$ W，是参考声压 p_{ref} 相对应的声功率（计算时取空气的特性阻抗为 400Pa·s/m）。

3. 声强级

声强级用 L_I 或 SIL 来表示，定义为声强与参考声强比值取对数的 10 倍，即

$$L_I = 10\lg(I/I_{\text{ref}}) \tag{1.5.3}$$

式中，在空气中 $I_{\text{ref}} = 10^{-12}\,\text{W/m}^2$，是参考声压 p_{ref} 相对应的声强（计算时取空气的特性阻抗为 400Pa·s/m）。

1.6 频谱分析

噪声的强度或能量（声压、声强、声功率、声级等）随频率的分布叫做噪声的频谱，通过分析频谱来了解和掌握噪声特性的方法叫做频谱分析。在噪声控制工程中，频谱分析占有非常重要的地位。

检测到的噪声声压一般是以时间为参数的过程，通过频谱分析能够了解噪声的强度和能量随频率的变化。通常，频谱与产生噪声的机械结构和部件的参数以及工作状态（例如，发动机的转速和气缸数、风机的转速和叶片数等）有密切联系，成为噪声源识别的有力工具。

一个声波可能只含有一个纯音，也可能是由一些具有频率简谐相关的纯音的合成，或者由一些频率非简谐相关的纯音的合成，其中频率的个数可能是有限的，也可能是无限的。有限个纯音的组合就是所谓的线谱，无限个纯音的组合形成的是连续谱。线谱和连续谱的组合叫做复杂谱。图 1.6.1 为几种典型波形和相对应的频谱。

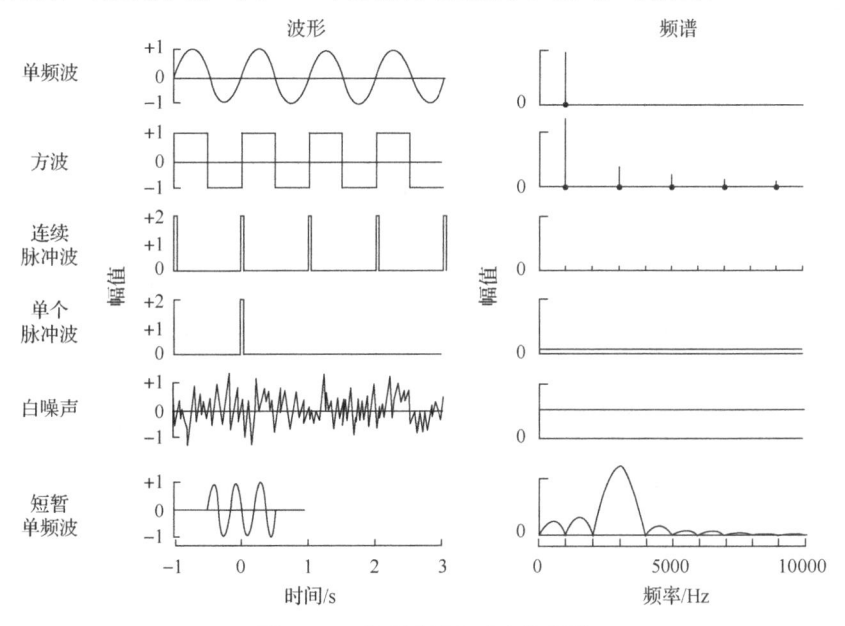

图 1.6.1 典型波形和对应的频谱

人们对噪声的分辨是从声音的强弱和频率的高低作出判断的。人耳可听声的频率为 20～20000Hz，它有 1000 倍的变化范围。在进行噪声频谱分析时，为了便于研究在各种

频率下噪声强度和能量的分布,通常把如此宽广的声波频率范围人为地划分成几个连续的频率区域,这些频率区域被称为频带或频程。频带的划分有两种类型:恒定带宽和恒比带宽。

1. 恒定带宽

恒定带宽保持频带宽度恒定,即采用频带的线性刻度。随着数字信号处理技术及计算机的发展,各种信号分析仪均含有快速傅里叶变换(fast Fourier transform,FFT)可实现恒定带宽分析,频带宽度可以自行设定。

白噪声是单位频带内能量相等的一种噪声模型,对于恒定带宽频谱,各个频带上的谱级相等。

2. 恒比带宽

恒比带宽保持频带相对宽度恒定。一个频带的上限频率和下限频率分别用 f_u 和 f_l 来表示,如果对于每一个频带 f_u/f_l 都是相同的,则称为恒比频带。在噪声控制工程中,这些频带用如下关系来表示:

$$f_u/f_l = 2^n \tag{1.6.1}$$

式中,指数 n 可以是正整数或分数。当 $n=1$ 时,$f_u/f_l=2$,称为倍频程;当 $n=1/3$ 时,$f_u/f_l=2^{1/3}=1.26$,称为 1/3 倍频程;当 $n=1/m$ 时,$f_u/f_l=2^{1/m}$,称为 1/m 倍频程。一个倍频程划分成 3 个 1/3 倍频程,或 m 个 1/m 倍频程。频带的中心频率 f_c 是上限频率和下限频率的几何平均值,即

$$f_c = \sqrt{f_l f_u} \tag{1.6.2}$$

上限频率和下限频率能够由中心频率确定,并且表示为

$$f_u = 2^{n/2} f_c \tag{1.6.3}$$

$$f_l = 2^{-n/2} f_c \tag{1.6.4}$$

带宽 B 为

$$B = f_u - f_l = \left(2^{n/2} - 2^{-n/2}\right) f_c = \beta f_c \tag{1.6.5}$$

n 数值一定时,β 值也恒定,带宽与中心频率成正比,这种带宽称为恒比带宽。

任何一个恒比带宽的频带可以由中心频率和 n 来确定。在噪声控制中,最常用的是倍频程和 1/3 倍频程,它们的中心频率、上限频率和下限频率的数值列于表 1.6.1 中。

表 1.6.1　倍频程和 1/3 倍频程的中心频率以及上限频率和下限频率　　单位:Hz

倍频程			1/3 倍频程		
下限频率	中心频率	上限频率	下限频率	中心频率	上限频率
22	31.5	44	22.4	25	28.2
			28.2	31.5	35.5
			35.5	40	44.7

续表

倍频程			1/3 倍频程		
下限频率	中心频率	上限频率	下限频率	中心频率	上限频率
44	63	88	44.7	50	56.2
			56.2	63	70.8
			70.8	80	89.1
88	125	177	89.1	100	112
			112	125	141
			141	160	178
177	250	355	178	200	224
			224	250	282
			282	315	355
355	500	710	355	400	447
			447	500	562
			562	630	708
710	1000	1420	708	800	891
			891	1000	1122
			1122	1250	1413
1420	2000	2840	1413	1600	1778
			1778	2000	2239
			2239	2500	2818
2840	4000	5680	2818	3150	3548
			3548	4000	4467
			4467	5000	5623
5680	8000	11360	5623	6300	7079
			7079	8000	8913
			8913	10000	11220
11360	16000	22720	11220	12500	14130
			14130	16000	17780
			17780	20000	22390

在恒比带宽分析中，中心频率越高，对应的频带越宽，得出的数据越粗糙。而在恒定带宽分析中，在高频域仍保持同样的带宽，可达到很高的分析精度，但其代价是大大增加了分析工作量。因此，当要求在频率变化不大的范围内做频谱分析时，宜采用恒定带宽；反之，要求在较宽的频率范围内做频谱分析时，宜采用恒比带宽。

图 1.6.2 为转子式压气机排气口处的倍频程、1/3 倍频程和恒定带宽频谱图。

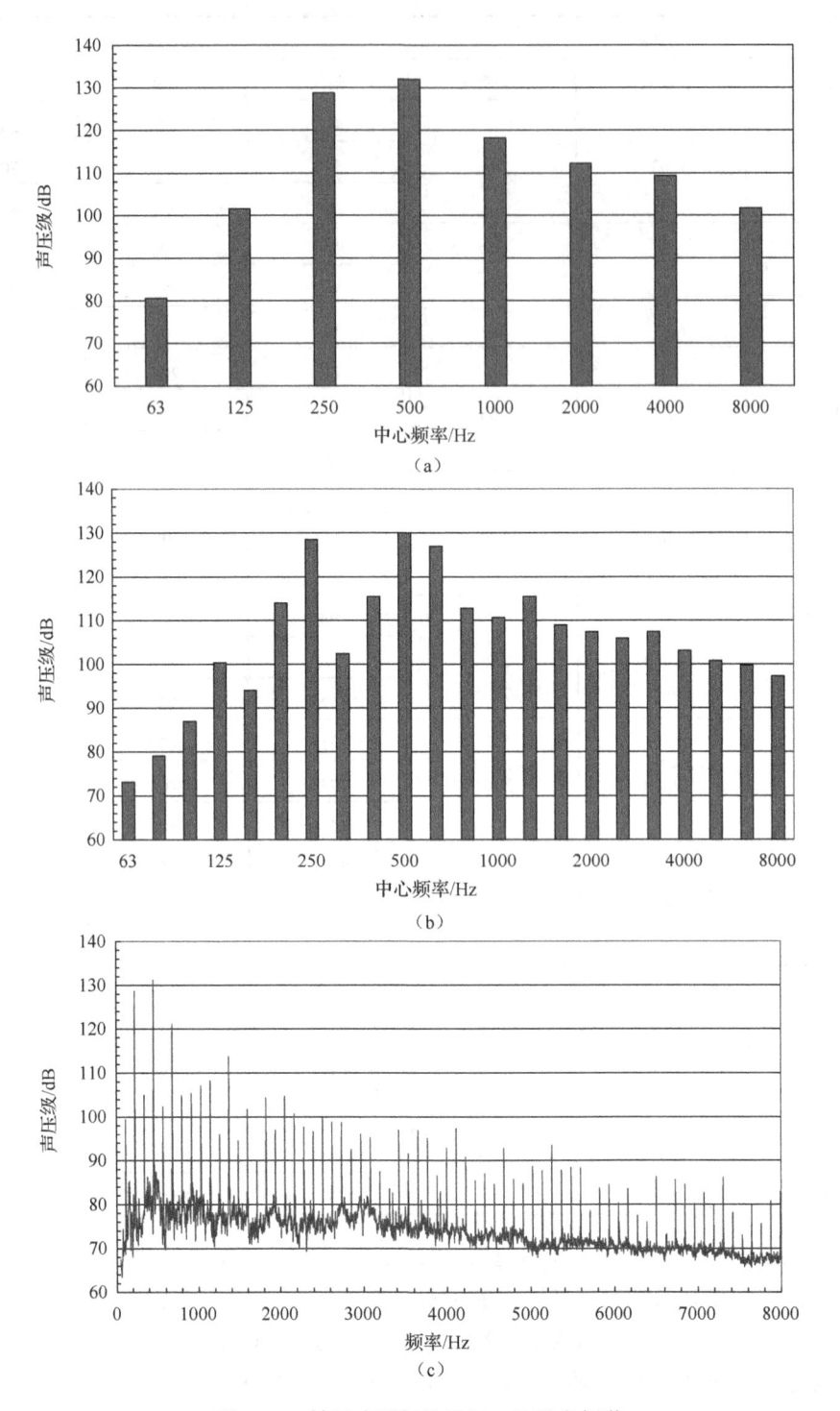

图 1.6.2 转子式压气机排气口处噪声频谱

1.7 A 计权声级

人耳对不同频率声音感觉到的响度是不一样的,对 1000～5000Hz 的声音比较敏感,而对较低和较高频率的声音不敏感。图 1.7.1 为人耳对不同频率纯音的等响度级曲线。

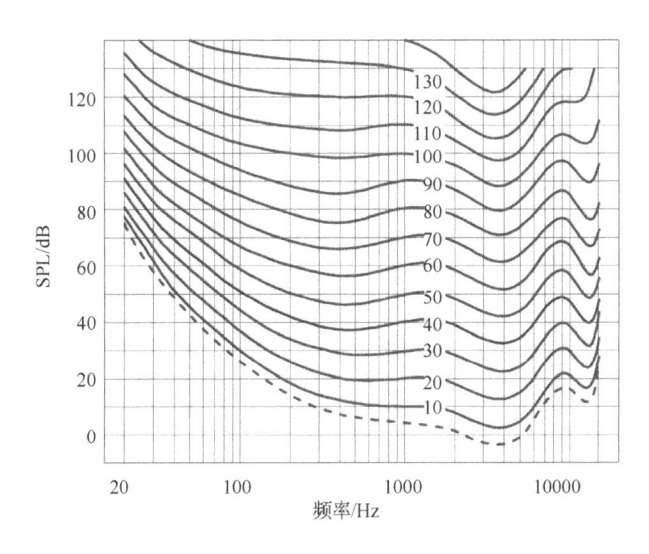

图 1.7.1 纯音的等响度级（单位：phon）曲线

在声级计中,除了能直接测量总声压级（线性挡）外,还设有随频率变化的计权网络,使测量时接收到的声信号经网络滤波后按频率获得不同程度的衰减或增益。A 计权滤波网络用于修正人耳对不同频率声音响度的感觉,使用 A 计权网络滤波后测得的声级叫做 A 计权声级（简称为 A 声级）,单位为 dB(A)。在噪声控制工程中,广泛使用 A 声级作为噪声评价指标。表 1.7.1 中列出了 1/3 倍频程中心频率的 A 计权因子。

表 1.7.1 声级计中使用的 A 计权因子

中心频率/Hz	A 计权因子/dB	中心频率/Hz	A 计权因子/dB
25	-44.7	800	-0.8
31.5	-39.4	1000	0
40	-34.6	1250	+0.6
50	-30.2	1600	+1.0
63	-26.2	2000	+1.2
80	-22.5	2500	+1.3
100	-19.1	3150	+1.2
125	-16.1	4000	+1.0
160	-3.4	5000	+0.5
200	-10.9	6300	-0.1
250	-8.6	8000	-1.1
315	-6.6	10000	-2.5

续表

中心频率/Hz	A计权因子/dB	中心频率/Hz	A计权因子/dB
400	-4.8	12500	-4.3
500	-3.2	16000	-6.6
630	-1.9	20000	-9.3

值得注意的是，A声级与噪声源的频谱密切相关。在噪声控制中，用A声级的降低来反映降噪的实际效果时，必须给出噪声源的频谱。

1.8 声波的叠加

当满足线性声学条件的多列声波相遇时满足声波叠加原理。设有两个声源共同作用，在声场中某点由两列声波单独产生的声压分别为 p_1 和 p_2，合成声场的总声压等于每列声波的声压之和，即

$$p = p_1 + p_2 \tag{1.8.1}$$

设 $p_1 = p_{1a}\cos(\omega_1 t - \varphi_1)$，$p_2 = p_{2a}\cos(\omega_2 t - \varphi_2)$，总声压的时间均方值为

$$p_e^2 = \frac{1}{T}\int_0^T p^2 dt = \frac{1}{T}\int_0^T (p_1+p_2)^2 dt = \frac{1}{T}\int_0^T p_1^2 dt + \frac{1}{T}\int_0^T p_2^2 dt + \frac{2}{T}\int_0^T p_1 p_2 dt$$

$$= p_{1e}^2 + p_{2e}^2 + \frac{2}{T}\int_0^T p_1 p_2 dt \tag{1.8.2}$$

下面分两种情况讨论。

（1）两列频率相同、相位差恒定的单频声波叠加。

此时 $\omega_1 = \omega_2 = \omega$，$\varphi_1 - \varphi_2 = $ 常数，式（1.8.2）右边第三项变为

$$\frac{2}{T}\int_0^T p_{1a}p_{2a}\cos(\omega t - \varphi_1)\cos(\omega t - \varphi_2)dt = 2p_{1e}p_{2e}\cos(\varphi_2 - \varphi_1) \tag{1.8.3}$$

两列声波合成声场的大小与它们的相位差密切相关，这就产生了干涉现象，这两列波称作"相干波"。可以看出，如果两列波相交处幅值相等且相位相同（$\varphi_1 - \varphi_2 = 0$），叠加后该点的总声压为单个声源产生声压的两倍，总声压级比单列声波声压级高6dB，此称为相长干涉；若两列波相交时正好相位相反，同时振幅相等，声波相互抵消，该点的总声压为零，声压级为负无穷，此称为相消干涉。一般情况介于上述两个极端之间。在噪声主动控制中，就是利用反相同频率的相消干涉原理。

（2）不相干声波的叠加。

两列声波频率不等，或频率相等但相交时相位差变化无规则，根据三角函数的正交性，并经过足够长的时间平均后，式（1.8.2）右边第三项积分为零，因此有

$$p_e^2 = p_{e1}^2 + p_{e2}^2 \tag{1.8.4}$$

由上式可知，声压振幅的平方反映了声场中平均能量的大小。将上式两边对时间取平均可得到合成声压的平均能量密度为

$$\bar{\varepsilon} = \bar{\varepsilon}_1 + \bar{\varepsilon}_2 \tag{1.8.5}$$

这说明两列具有不同频率，或频率相同但相交时相位差无规则变化的声波叠加后的合成声场，其平均声能量密度等于每列声波平均能量密度之和，也就是不发生干涉现象，这两列声波称为不相干声波，它们的合成声场将遵守"能量相加法则"。

1.9 声级的合成与分离

噪声通常是来自多个声源的辐射，或者一个声源含有不同的频率，因此有必要计算合成的总声级。通常情况下，噪声均为不相干波，适用能量相加法则，因此总声级可由下式确定：

$$L = 10\lg\left(\sum_{i=1}^{n}10^{L_i/10}\right) \tag{1.9.1}$$

式中，每一个声级可能包含 n 个独立的噪声源或 n 个频带上的声级，它们既可以是声功率级也可以是声压级。

两个声级 L_1 和 L_2 叠加时，总声级 L 由高声级者决定，声级合成也可以使用下面介绍的简便方法进行计算。设 $L_1 \geqslant L_2$，由式（1.9.1）得到总声级的增加量为

$$\Delta L = L - L_1 = 10\lg\left[1 + 10^{-(L_1-L_2)/10}\right] \tag{1.9.2}$$

可见，增加量 ΔL 仅取决于声级之差 $L_1 - L_2$。表 1.9.1 给出了不同声级之差 $L_1 - L_2$ 对应的总声级增加量 ΔL。可以看出，两个声级相同的噪声叠加后总声级增加 3dB；声级相差 10dB 以上时，声级低者对总声级的贡献小于 0.4dB，其贡献通常可以忽略不计，总声级近似等于声级高的那个值。

表 1.9.1　两个声级 L_1 和 L_2 合成时的增加量 ΔL　　　　单位：dB

$L_1 - L_2$	ΔL	$L_1 - L_2$	ΔL
0	3.0	7	0.8
1	2.5	8	0.6
2	2.1	9	0.5
3	1.8	10	0.4
4	1.5	11~12	0.3
5	1.2	13~14	0.2
6	1.0	15	0.1

使用表 1.9.1，根据声级之差 $L_1 - L_2$ 查出增加量 ΔL，然后由 $L = L_1 + \Delta L$ 计算出两个声级叠加后的合成声级，由此可以推广得到多个声级叠加后的总声级。下面给出由倍频程声压级计算总声压级和 A 计权总声压级的具体过程。

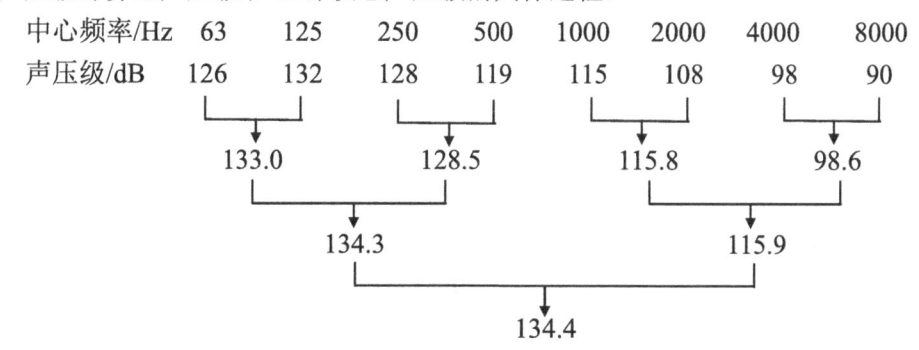

```
中心频率/Hz   63    125    250    500    1000    2000    4000    8000
声压级/dB    126    132    128    119    115     108     98      90
                └──┬──┘       └──┬──┘       └──┬──┘       └──┬──┘
                  133.0          128.5         115.8         98.6
                      └─────┬─────┘                └─────┬─────┘
                          134.3                        115.9
                              └──────────────┬──────────────┘
                                           134.4
```

为计算 A 计权总声压级，首先需要计算出各频率的 A 计权声压级，然后进行叠加。

中心频率/Hz	63	125	250	500	1000	2000	4000	8000
声压级/dB	126	132	128	119	115	108	98	90
A 计权因子	−26.2	−16.1	−8.6	−3.2	+0	+1.2	+1.0	−1.1
A 计权声压级/dB(A)	99.8	115.9	119.4	115.8	115.0	109.2	99.0	88.9

```
           116          121            116         99.4
                 122.2              116.1
                            123.2
```

计算得到的线性总声压级和 A 计权总声压级分别为 134.4dB 和 123.2dB(A)，二者数值上相差 11.2。

在工程实际中，往往需要从总声级中分离出某一个噪声源的声级。例如，在现场测量中，机器不开时测出背景噪声声压级 L_b，然后开动机器测出总声压级 L，由式（1.9.1）可以得到机器本身辐射噪声的声压级为

$$L_a = 10\lg\left(10^{L/10} - 10^{L_b/10}\right) \quad (1.9.3)$$

声级的分离也可以使用下面介绍的简便方法进行计算。由式（1.9.3）得到两个声级之差

$$\Delta L = L - L_a = -10\lg\left[1 - 10^{-(L-L_b)/10}\right] \quad (1.9.4)$$

可见，ΔL 仅取决于声级之差 $L - L_b$。表 1.9.2 给出了不同声级之差 $L - L_b$ 对应的 ΔL。可以看出，两个声级相差 10dB 以上时，ΔL 小于 0.5dB。因此，当背景噪声比设备噪声低 10dB 以上时，背景噪声对测量结果的影响通常可以忽略不计。

表 1.9.2　两个声级 L 和 L_b 分离时的修正量 ΔL　　　　单位：dB

$L - L_b$	ΔL	$L - L_b$	ΔL
1	6.9	8	0.7
2	4.3	9	0.6
3	3.0	10	0.5
4	2.2	11	0.4
5	1.7	12	0.3
6	1.3	13~14	0.2
7	1.0	15	0.1

使用表 1.9.2，根据声级之差 $L - L_b$ 查出 ΔL，然后由 $L_a = L - \Delta L$ 计算得到 L_a。

习　题

1.1　推导水中三维声波的波动方程。

1.2　在推导波动方程时，因 $u\partial u/\partial x$ 与 $\partial u/\partial t$ 相比极小而被忽略，试计算室温空气中声压级为 120dB 平面波的 $u\partial u/\partial x$ 与 $\partial u/\partial t$ 的比值。

1.3　（1）在空气中和水中声压级相同，试问声压是否相同？为什么？声压之比是多少？（2）在空气中和在水中声强相同时，声压之比是多少？

1.4　车间内噪声压级为 80dB(A)，现在需要增加一台机器，如果允许总声压级增加 1dB(A)，试问对新增机器的噪声限值要求是多少？

1.5　车间内不开动机器时的背景噪声为 76dB(A)，开动一台机器后 A 计权声压级增至 80dB(A)，如果再开动一台机器，估算 A 计权声压级会增加多少？

1.6　在柴油机排气口 1m 处测得 1/3 倍频程声压级列于表 1 中，试计算线性总声压级和 A 计权总声压级，画出 1/3 倍频程和倍频程频谱图（提示：使用 Excel 作图和计算）。

表 1　1/3 倍频程声压级

中心频率/Hz	声压级/dB	中心频率/Hz	声压级/dB	中心频率/Hz	声压级/dB
50	108	315	104	2000	97
63	98	400	102	2500	95
80	113	500	100	3150	93
100	119	630	98	4000	91
125	120	800	99	5000	88
160	115	1000	103	6300	84
200	110	1260	100	8000	79
250	112	1600	99	10000	73

第 2 章 振动体的声辐射

物体在振动时会在周围的弹性媒质中激发出声波，本章首先讨论典型声源的辐射特性以及辐射声场的基本规律，然后介绍一种计算任意形状振动体声辐射的数值方法——边界元法。

2.1 脉动球的声辐射

脉动球是进行着均匀涨缩振动的球面声源，也就是在球源表面上各点沿着径向做同振幅、同相位的振动。这是一种理想的辐射情况，虽然在实际生活中很少遇到，但对它的分析具有一定的启发意义。实际上只要声源的线度远小于声波的波长，即可以近似认为是辐射球面波。许多机械振动在远场辐射的声场都可以看作均匀球面波。此外，在处理复杂声源时，我们都可以把它看成点声源的组合，这时的声场可以认为是由一系列球面波的叠加而形成的，那么这种球源就可以说是最基本的声源了。因此，研究脉动球的声辐射具有实际意义。

设在均匀介质中有一个简谐脉动的小球（图 2.1.1），其辐射的声波即为各向均匀简谐球面波。在波阵面上各点声振动的振幅和相位均相等，且以简谐脉动的形式沿声源半径 r 向外传播。因此，各向均匀球面波声场中的声压仅与观察点 P 和声源之间的距离 r 有关，而与角度无关。

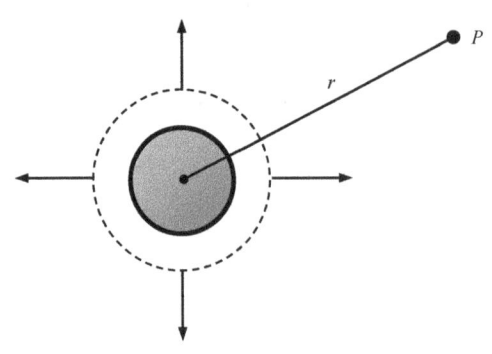

图 2.1.1 均匀脉动球形成的球面波

使用球坐标系，波动方程可表示为

$$\frac{1}{r^2}\frac{\partial}{\partial r}\left(r^2\frac{\partial p}{\partial r}\right)-\frac{1}{c^2}\frac{\partial^2 p}{\partial t^2}=0 \tag{2.1.1}$$

或者

$$\frac{\partial^2 (rp)}{\partial r^2}-\frac{1}{c^2}\frac{\partial^2 (rp)}{\partial t^2}=0 \tag{2.1.2}$$

使用变量替换，设 $Y=rp$，上述方程可以写成如下形式：

$$\frac{\partial^2(Y)}{\partial r^2} - \frac{1}{c^2}\frac{\partial^2(Y)}{\partial t^2} = 0 \tag{2.1.3}$$

与平面波传播相似，瞬时声压的通解可以写成

$$Y = Ae^{j(\omega t-kr)} + Be^{j(\omega t+kr)} \tag{2.1.4}$$

式中，A 和 B 为待定常数。因而声压能够表示为

$$p(r,t) = \frac{A}{r}e^{j(\omega t-kr)} + \frac{B}{r}e^{j(\omega t+kr)} \tag{2.1.5}$$

由 1.3 节的分析可知，上式中第一项代表向外辐射（发散）的球面波，第二项代表向球心反射（汇聚）的球面波。由式（2.1.5）可以看出，球面波的声压幅值不是常数，声压幅值随着离声源距离的增加而减小。

如果我们只考虑由声源向外传播的波，或者没有向声源反射的波存在，则有 $B=0$，于是声压表示为

$$p(r,t) = \frac{A}{r}e^{j(\omega t-kr)} \tag{2.1.6}$$

接下来，推导球面波瞬时质点振速表达式。积分动量方程（1.2.5）得到

$$u(r,t) = -\frac{1}{\rho_0}\int\frac{\partial p(r,t)}{\partial r}dt = \frac{1}{j\rho_0\omega}\frac{A}{r}\left(\frac{1}{r}+jk\right)e^{j(\omega t-kr)} \tag{2.1.7}$$

式（2.1.6）和式（2.1.7）为自由空间内脉动球源声辐射的通用形式，系数 A 可由边界条件来确定。

引用 $\omega = kc$ 和声压表达式（2.1.6），式（2.1.7）可改写为

$$u(r,t) = \frac{p(r,t)}{j\rho_0 ckr}(1+jkr) \tag{2.1.8}$$

对于球面波，声阻抗率是复数，由式（2.1.8）得到

$$Z_S = \frac{p}{u} = \frac{j\rho_0 ckr}{1+jkr} = |Z_S|e^{j\phi} \tag{2.1.9}$$

式中，ϕ 为相位角。由式（2.1.9）可知，球面波声阻抗率的幅值为

$$|Z_S| = \frac{\rho_0 ckr}{\left(1+k^2r^2\right)^{1/2}} \tag{2.1.10}$$

声压和质点振速间相位角的正弦为

$$\tan\phi = \frac{1}{kr} \tag{2.1.11}$$

可以看出，当 kr 很小时（约小于 0.15），声阻抗率的幅值接近 $\rho_0 ckr$，相位角接近 90°，这一条件出现在靠近球源表面的位置处或者频率极低时。另外我们注意到，当 kr 很大时（约大于 7），声阻抗率接近介质的特性阻抗 $\rho_0 c$，相位角接近 0°，这一条件出现在远离球源处或者频率很高时。

对于无限大介质中的声场，若无障碍物和反射边界存在，球面波声场中声压和质点

振速表达式中的常数 A 可由脉动球面的边界条件来确定。将球面上 $r=a$ 处的振动速度 u_a 代入式（2.1.7）得到

$$A = \frac{j\rho_0 c k a^2 u_a}{1+jka} \tag{2.1.12}$$

若考虑 $ka \ll 1$（球半径远小于声波波长），并记 $Q = 4\pi a^2 u_a$（称为源强度），A 可简化为

$$A = \frac{j\rho_0 ckQ}{4\pi} \tag{2.1.13}$$

可见，只要球半径比波长小得多，声辐射只与源强度有关，这种声源称为点声源或单极子声源。将式（2.1.13）代入声压表达式（2.1.6）得

$$p(r,t) = j\frac{\rho_0 ckQ}{4\pi r} e^{j(\omega t - kr)} \tag{2.1.14}$$

所以声压的有效值为

$$p_e = \frac{p_a}{\sqrt{2}} = \frac{\rho_0 ckQ}{4\sqrt{2}\pi r} \tag{2.1.15}$$

由声压和质点振速计算得到球面波的平均声强为

$$I = \frac{1}{T}\int_0^T \mathrm{Re}(p)\mathrm{Re}(u)\mathrm{d}t = \frac{\rho_0 ck^2 Q^2}{32\pi^2 r^2} \tag{2.1.16}$$

结合式（2.1.15）和式（2.1.16），得到声强和声压有效值之间的关系为

$$I = \frac{p_e^2}{\rho_0 c} \tag{2.1.17}$$

可见，声强和声压有效值之间的关系与平面波相同。对于球面波，声压与距离成反比，而声强与距离的平方成反比。

声源辐射声功率为

$$W = SI = 4\pi r^2 I = \frac{\rho_0 ck^2 Q^2}{8\pi} \tag{2.1.18}$$

可见，声功率与距离无关。由此可知，在单位时间内通过任意球面的声能量是一样的，此即能量守恒定律的体现。

对于球面声场，可以建立起声强级和声功率级、声压级之间的关系式如下：

$$L_I = 10\lg\frac{I(r)}{10^{-12}} = 10\lg\frac{W}{4\pi r^2 \times 10^{-12}} = L_W - 20\lg r - 11 \tag{2.1.19}$$

$$L_I = 10\lg\frac{I(r)}{10^{-12}} = 10\lg\frac{p_e^2}{\rho_0 c \times 10^{-12}} = L_p + 10\lg\frac{400}{\rho_0 c} \tag{2.1.20}$$

对于空气介质，$\rho_0 c = 1.2 \times 343 = 412$，得到

$$L_p \approx L_I \tag{2.1.21}$$

可见，距离增加一倍，声压级降低 6dB。

2.2 偶极子源的声辐射

偶极子源是由两个相距很近、振幅相同而相位相反（相差180°）的小脉动球（点源）所组成的声源，如图 2.2.1 所示。相距很近是从声学意义上讲的，即距离远小于声波的波长。

下面来求偶极子源的辐射声场。由于每个小脉动球产生的声压为已知，因此为求声偶极子源的声辐射，只要把这两个小脉动球在空间辐射的声压叠加起来就可以了，即

$$p(r,t) = \frac{A}{r_1}e^{j(\omega t - kr_1)} + \frac{-A}{r_2}e^{j(\omega t - kr_2)} \tag{2.2.1}$$

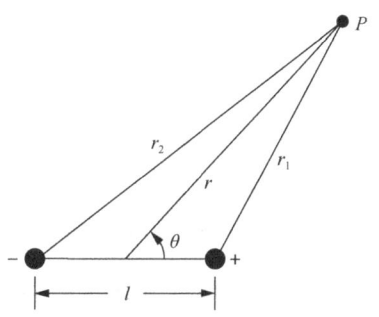

图 2.2.1　偶极子源辐射声场

如果只考虑离声源较远处的声场，即假设 $r \gg l$，则由两个小脉动球辐射的声波到达观察点 P 时，振幅的差别甚小，因此可把式（2.2.1）中振幅部分的 r_1 和 r_2 都近似地用 r 来代替，但它们的相位差异不能忽略。由图可得如下近似关系：

$$r_1 \approx r - \frac{l}{2}\cos\theta, \quad r_2 \approx r + \frac{l}{2}\cos\theta$$

将此关系代入式（2.2.1）的相位部分得到

$$p \approx \frac{A}{r}e^{j(\omega t - kr)}\left(e^{j\frac{kl\cos\theta}{2}} - e^{-j\frac{kl\cos\theta}{2}}\right) = \frac{A}{r}e^{j(\omega t - kr)}\left(2j\sin\frac{kl\cos\theta}{2}\right) \tag{2.2.2}$$

因为两个小脉动球相距很近，当频率不是很高时，可以认为 $kl \ll 1$，则式（2.2.2）可简化为

$$p \approx j\frac{Akl}{r}\cos\theta \cdot e^{j(\omega t - kr)} \tag{2.2.3}$$

可见，偶极子源辐射的声场在离声源较远处的声压也随距离增大而减小。但偶极子源辐射声场与脉动球辐射声场有一个重要的区别是：偶极子源辐射与 θ 角有关，即在声场中同一距离不同方向的位置上声压不一样。例如，在 $\theta = \pm 90°$ 的方向上，从两个小脉动球传来的声波恰好幅值相等、相位相反，因而全部抵消，合成声压为 0；而在 $\theta = 0°$ 和 180°方向上，从两个小脉动球传来的声波幅值和相位都近乎相等，因而叠加加强，合成声压最大。为了描述声压辐射随方向而异的这种特性，我们定义任意 θ 方向的声压幅值

与 $\theta = 0°$ 轴上的声压幅值之比称为该声源的辐射指向特征（directivity character），即

$$D(\theta) = \frac{(p_a)_\theta}{(p_a)_{\theta=0}} \tag{2.2.4}$$

对于偶极子源，由式（2.2.4）可得其指向性特性为

$$D(\theta) = |\cos\theta| \tag{2.2.5}$$

这在极坐标图上是∞字形，如图 2.2.2 所示。

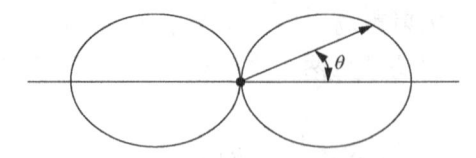

图 2.2.2　偶极子源的指向特性

径向质点振速为

$$u_r(r,\theta) \approx j\frac{Akl}{\rho_0 cr}\left(1+\frac{1}{jkr}\right)\cos\theta \cdot e^{j(\omega t - kr)} \approx j\frac{Akl}{\rho_0 cr}\cos\theta \cdot e^{j(\omega t - kr)} \tag{2.2.6}$$

进而可求得偶极子源辐射声强为

$$I = \frac{1}{T}\int_0^T \text{Re}(p)\text{Re}(u_r)dt = \frac{|Akl|^2}{2\rho_0 cr^2}\cos^2\theta \tag{2.2.7}$$

可见，声强与距离的平方成反比，这一特征与球面波相同。

由于 $|p_a| = \frac{Akl}{r}\cos\theta$，$|p_e|^2 = \frac{(Akl)^2}{2r^2}\cos^2\theta$，得到

$$I = \frac{p_e^2}{\rho_0 c} \tag{2.2.8}$$

可见，远场声压与声强的关系与平面波、球面波相同。

通过以 r 为半径的球面的平均声功率为

$$W_d = \iint_S I dS = \int_0^{2\pi}\int_0^\pi I(r,\theta)r^2\sin\theta d\theta d\varphi = \frac{2\pi}{3\rho_0 c}|A|^2 k^2 l^2 \tag{2.2.9}$$

式中，θ 和 φ 为球坐标系中的角度变量。

单极子辐射的声功率为

$$W_m = \frac{\rho_0 c k^2 Q^2}{8\pi} = \frac{2\pi|A|^2}{\rho_0 c}$$

所以有

$$\frac{W_d}{W_m} = \frac{k^2 l^2}{3} \tag{2.2.10}$$

由此可见，低频时（$kl \ll 1$）偶极子源的辐射效率比单极子源低，这就是为什么扬声器要装在箱内的原因。工程实际问题中，处在无界空间中板和膜的振动可以看作由偶极子面分布形成的声源。

从以上对单极子和偶极子声场的分析看到，单极子的声场没有方向性，而偶极子源

的声场存在方向性。对于实际的声源，可以定义一个度量其辐射声场方向性的参数，即指向性因子（directivity factor）$\mathrm{DF}(\theta,\varphi)$。

在图 2.2.1 中，设与实际声源距离为 r 的远场点（$kr \gg 1$）均方声压为 $p_e^2(\theta,\varphi)$，而假设以同样声功率辐射的无方向性声源在该距离上产生的均方声压为 p_e^2（等于 $p_e^2(\theta,\varphi)$ 在以该距离为半径的球面上的均值），则定义声源辐射声场的指向性因子为

$$\mathrm{DF}(\theta,\varphi) = \frac{p_e^2(\theta,\varphi)}{p_e^2} = \frac{I(\theta,\varphi)}{I} \tag{2.2.11}$$

式中，I 为对应的声强。

以分贝数度量的指向性因子称为指向性指数（directivity index），定义为

$$\mathrm{DI} = 10\lg\mathrm{DF} = L_p(\theta,\varphi) - L_p \tag{2.2.12}$$

式中，L_p 为对应的声压级。

2.3　两个同相小脉动球的声辐射

两个同相小脉动球的组合辐射是构成声阵辐射的最基本模型。设有两个相距为 l 的小脉动球，它们振动的频率、振幅及相位均相等，如图 2.3.1 所示。由于每一个小脉动球产生的声压已知，因此只要把这两个小脉动球在空间辐射的声压叠加起来就可以得到合成声场的声压，即

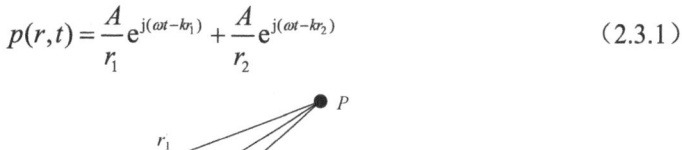

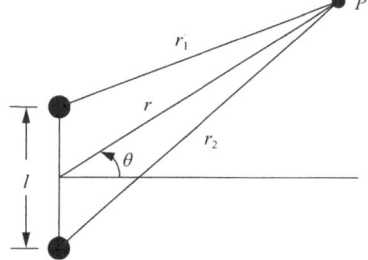

$$p(r,t) = \frac{A}{r_1}\mathrm{e}^{\mathrm{j}(\omega t - kr_1)} + \frac{A}{r_2}\mathrm{e}^{\mathrm{j}(\omega t - kr_2)} \tag{2.3.1}$$

图 2.3.1　两个同相小脉动球的辐射声场

对于 $r \gg l$ 的远场，像讨论偶极子源辐射一样，忽略两个小脉动球到达观察点的声波的振幅差别，而保留它们的相位差异。如果取两个小脉动球连线的法线为 $\theta = 0°$，那么由图 2.3.1 可见有如下近似关系：

$$r_1 \approx r - \frac{l}{2}\sin\theta, \quad r_2 \approx r + \frac{l}{2}\sin\theta$$

记 $\varDelta = \frac{l}{2}\sin\theta$ 为两个小脉动球到达观察点的声程差的一半。将 r_1 和 r_2 代入式（2.3.1）的相位部分，得到

$$p \approx \frac{A}{r} e^{j(\omega t - kr)} \left(e^{-jk\Delta} + e^{jk\Delta} \right) = \frac{A}{r} e^{j(\omega t - kr)} \cdot 2\cos k\Delta$$

或改写为

$$p = \frac{A}{r} e^{j(\omega t - kr)} \frac{\sin 2k\Delta}{\sin k\Delta} \tag{2.3.2}$$

由式（2.3.2）可见，两个同相小脉动球组合辐射时，远场的声压也随距离反比衰减，但在相同距离、不同 θ 的方向上声压幅值却不相同，也就是呈现出指向性。这是这种组合声源辐射声场的一个重要特性。

因为 $p(\theta = 0) = \frac{2A}{r} e^{j(\omega t - kr)}$，所以这种组合声源的指向特性为

$$D(\theta) = \frac{(p_a)_\theta}{(p_a)_{\theta=0°}} = |\cos k\Delta| = \left| \frac{\sin 2k\Delta}{2\sin k\Delta} \right| \tag{2.3.3}$$

可见，指向特性与声程差和波长的比值有关。

（1）当 $k\Delta = m\pi$，即 $l\sin\theta = m\lambda$ $(m=0,1,2,\cdots)$ 时，
$$D(\theta) = 1$$

这就是说，在某些方向上，从两个小脉动球传来的声波，其声程差恰为波长的整数倍，因此在这些位置上振动为同相，合成声压的幅值为极大值。

由上述条件可以得到辐射出现极大值的方向为

$$\theta = \arcsin \frac{m\lambda}{l}, \quad m=0,1,2,\cdots \tag{2.3.4}$$

式中，$\theta = 0°$ 方向的极大值称为主极大值，其余的称为副极大值。由式（2.3.4）知道，在 $0 \sim \pi/2$ 出现的副极大值的个数恰好等于比值 l/λ 的整数部分，例如，当 $l/\lambda = 2.5$ 时，在 $0 \sim \pi/2$ 出现两个副极大值。

（2）当 $2k\Delta = m'\pi$，即 $l\sin\theta = m'\lambda/2$ $(m'=1,3,5,\cdots)$ 时，式（2.3.3）的分子为零，但分母不为零，因而

$$D(\theta) = 0$$

这就是说，在某些方向上从两个小脉动球传来的声波，其声程差恰为半波长的奇数倍，因此在这些位置上两声压反相位，互相抵消，结果合成声压为零。

由上述条件解得辐射出现零值的方向为

$$\theta = \arcsin \frac{m'\lambda}{2l}, \quad m' = 1, 3, 5, \cdots \tag{2.3.5}$$

我们把第一次出现零辐射的角度定义为主声束角度（张角）的一半，所以主声束角为

$$\theta = 2\arcsin \frac{\lambda}{2l} \tag{2.3.6}$$

对一定的频率，l 越大，θ 越小，主声束越窄；反之 l 越小，θ 越大。特别是当 $l < \lambda/2$ 时，θ 无解，这时不出现辐射为零值的方向。

（3）当 $kl \ll 1$ 时，因为 $k\Delta = k\dfrac{l}{2}\sin\theta$，所以有 $k\Delta \ll 1$，因此由式（2.3.3）得
$$D(\theta) = 1$$
这说明当两个小脉动球靠得很近时，辐射无指向性。事实上，在 $kl \ll 1$ 情况下，由式（2.3.2）知合成声压为
$$p \approx \dfrac{2A}{r}\mathrm{e}^{\mathrm{j}(\omega t - kr)}$$
这表明当两个小脉动球靠得很近时，组合声源已经相当于一个幅值加倍的脉动球辐射了。既然是脉动球，自然无辐射指向性。

图 2.3.2 为两个同相位小脉动球相距 $l = 0.5\lambda$，λ，1.5λ 和 2λ 时的指向性图。

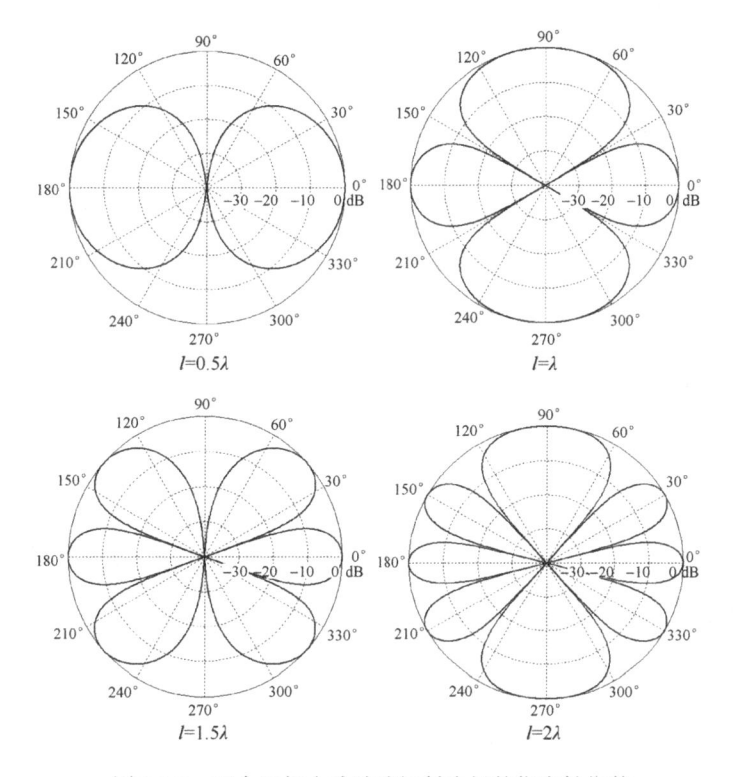

图 2.3.2　两个同相小脉动球辐射声场的指向性指数

2.4　半无限空间中小脉动球的声辐射

在无限大刚性壁面上方 $l/2$ 处有一个小脉动球向空气中辐射声波，如图 2.4.1 所示。显然空间中任意位置 P 点的声压包含着两部分：一是从小脉动球Ⅰ直接到达观察点的声波，二是从小脉动球Ⅰ出发，经过边界面反射以后再到达该观察点的声波。由于球面波阵面与平面分界面几何形状不一致，所以严格求解这种反射声波在数学上比较麻烦，这里采用一个较为简便的方法。

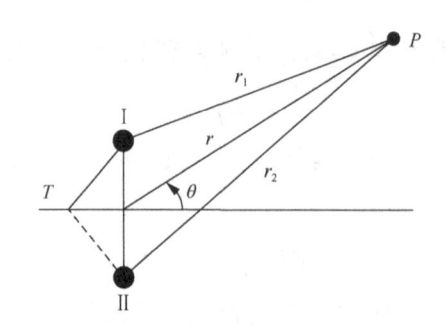

图 2.4.1　半无限空间中小脉动球的辐射声场

在这种情况下求解声场，实际上就是要找到既满足波动方程，又符合在刚性平面分界面上法向振速恒为零这个边界条件的解。为此，我们不妨假设：在分界面的另一侧，与小脉动球相对称的位置上，存在着一个设想的小脉动球Ⅱ，它的振动状况与小脉动球Ⅰ完全一样，这样一个由小脉动球Ⅰ与Ⅱ组成的"组合"声源，其产生的声压同式（2.3.1）。

式（2.3.1）满足波动方程是显然的。再由于对称的原因，由小脉动球Ⅰ和Ⅱ出发的声波到达边界面上任意一点（例如图中 T 点）时，径向质点速度沿边界面法向的分量都大小相等、方向相反，因而合成法向速度为零，这就是说由式（2.3.1）表示的声场也满足刚性平面边界条件。根据波动方程解的唯一性，可以确信式（2.3.1）就是现在问题的唯一正确的解。由此可见，对于刚性壁面前一个小脉动球的辐射声场，可以看成该小脉动球以及一个在对称位置上的"虚源"（即镜像）所产生的合成声场，也就是说刚性壁面对声源的影响等效于一个虚声源的作用，这就是所谓镜像原理。

从上面的讨论可以看出，当一个声源靠近刚性壁面时，由于壁面的影响，使辐射情况与在自由空间的情况是不一样的，按镜像原理，这时相当于它本身以及一个虚声源形成的"组合"声源的辐射，因而一般具有指向性，低频时辐射功率也会增加。可见，当声源位于刚性壁面上时，壁面使声压加倍，即

$$p(r,t) = 2\frac{A}{r}e^{j(\omega t - kr)} \tag{2.4.1}$$

当声源接近绝对软边界时，边界面也会影响声源的辐射，运用类似的讨论可知，镜像原理也成立，这时虚声源的相位与真实声源的相位相反。

2.5　无限大障板上圆形活塞的声辐射

活塞式声源是指一种平面状的振子，当它沿平面的法线方向振动时，其面上各点的振动速度幅值和相位都是相同的。我们讨论嵌在无限大障板上的圆形活塞的声辐射，这是声学中一种典型的辐射情况。在工程应用中，只要障板的尺寸比声波的波长大很多，就可认为是无限大障板。

设在无限大平面障板上嵌有一个平面活塞，静止时活塞表面与障板表面在同一个平面上，当活塞以速度 $u=u_a\mathrm{e}^{\mathrm{j}\omega t}$ 振动时，就向障板前面的半空间辐射声波。为求出平面活塞振子的辐射声场，可以把声源表面 S 分成无限多个小面元 $\mathrm{d}S$，在每个面元 $\mathrm{d}S$ 上各点的振动则可以看成是均匀的，从而把这些小面元 $\mathrm{d}S$ 都看成是点声源，该点源的强度为 $\mathrm{d}Q=u_a(x,y,z)\mathrm{d}S$，于是该小面元振动时在半无限空间中产生的声压为

$$\mathrm{d}p=\mathrm{j}\frac{\rho_0\omega}{2\pi h}u_a\mathrm{e}^{-\mathrm{j}kh}\mathrm{d}S \tag{2.5.1}$$

式中，h 为面元 $\mathrm{d}S$ 与观测点之间的距离。因为 S 面上各个面元对空间声场都有贡献，所以将它们的贡献叠加起来（即对活塞表面积分）就可得到整个活塞的辐射声压，即

$$p=\iint_S\mathrm{d}p=\mathrm{j}\frac{\rho_0\omega}{2\pi}\iint_S u_a\frac{\mathrm{e}^{-\mathrm{j}kh}}{h}\mathrm{d}S \tag{2.5.2}$$

式（2.5.2）就是所谓的瑞利积分方程。这种用点声源组合的方法，原则上可以确定任意形状面声源的辐射声场，所以式（2.5.2）是求解平面振子声辐射问题的出发点。

对于圆形平面活塞，取活塞中心为坐标原点，活塞所在的平面为 xy 平面，活塞中心法线为 z 轴，显然声场相对于 z 轴对称，因此可以不失一般性地假设声场中的观察点 P 位于 xz 平面内，它离开原点的距离为 r，矢量 r 与 z 轴夹角为 θ（图 2.5.1）。

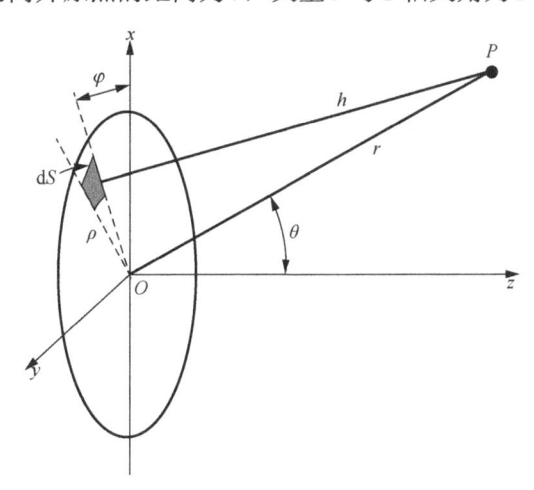

图 2.5.1 圆形平面活塞及坐标系

活塞以均匀速度振动时，活塞表面上各点的振速相同，式（2.5.2）可简化为

$$p=\mathrm{j}\frac{\rho_0\omega}{2\pi}u_a\iint_S\frac{\mathrm{e}^{-\mathrm{j}kh}}{h}\mathrm{d}S \tag{2.5.3}$$

2.5.1 远场特性

对于 $r\gg a$ 的区域，从活塞上各面元发出的声波到 P 点时振幅差异很小，也就是说 $h\approx r$。至于相位部分，由图 2.5.1 看出有以下近似关系：

$$h\approx r-\rho\cos(\widehat{\boldsymbol{\rho},\boldsymbol{r}}) \tag{2.5.4}$$

式中，
$$\cos(\widehat{\boldsymbol{\rho},\boldsymbol{r}}) = \frac{\boldsymbol{\rho}\cdot\boldsymbol{r}}{|\boldsymbol{\rho}|\cdot|\boldsymbol{r}|} = \sin\theta\cos\varphi \tag{2.5.5}$$

$\boldsymbol{\rho} = |\boldsymbol{\rho}|(\cos\varphi \boldsymbol{i} + \sin\varphi \boldsymbol{j})$，$\boldsymbol{r} = |\boldsymbol{r}|(\sin\theta \boldsymbol{i} + \cos\theta \boldsymbol{k})$。综合式（2.5.4）和式（2.5.5），式（2.5.3）可改写为

$$p = j\frac{\rho_0 \omega}{2\pi r} u_a e^{-jkr} \int_0^a \rho d\rho \int_0^{2\pi} e^{jk\rho\sin\theta\cos\varphi} d\varphi \tag{2.5.6}$$

使用贝塞尔函数的积分表达式 $J_0(x) = \frac{1}{2\pi}\int_0^{2\pi} e^{jx\cos\varphi} d\varphi$，式（2.5.6）可写成

$$p = j\frac{\rho_0 \omega}{r} u_a e^{-jkr} \int_0^a \rho J_0(k\rho\sin\theta) d\rho \tag{2.5.7}$$

根据贝塞尔函数的性质 $\int x J_0(x) dx = x J_1(x)$，式（2.5.7）积分后得到

$$p = j\omega \frac{\rho_0 u_a a^2}{2r} \frac{2J_1(ka\sin\theta)}{ka\sin\theta} e^{-jkr} \tag{2.5.8}$$

根据动量方程可求得质点振速为

$$u_r = -\frac{1}{j\rho_0\omega}\frac{\partial p}{\partial r} = \frac{1}{\rho_0 c_0}(1 + \frac{1}{jkr})p \tag{2.5.9}$$

进而求得声强为

$$I = \frac{1}{T}\int_0^T \mathrm{Re}(p)\mathrm{Re}(u_r) dt = \frac{1}{8}\rho_0 c_0 u_a^2 (ka)^2 \frac{a^2}{r^2}\left[\frac{2J_1(ka\sin\theta)}{ka\sin\theta}\right]^2 \tag{2.5.10}$$

由声强及声压的表达式可以看到，在离活塞较远的区域，像脉动球辐射一样，声压随距离反比衰减，声强随距离平方反比衰减。但在相同距离不同方向的位置上，声压是不均匀的，这使得声场表现出指向性。下面来分析平面活塞式声源的指向特性。

由贝塞尔函数的性质知 $\lim\limits_{x\to 0}\frac{J_1(x)}{x} = \frac{1}{2}$，所以活塞的指向特性为

$$D(\theta) = \frac{(p_a)_\theta}{(p_a)_{\theta=0}} = \left|\frac{2J_1(ka\sin\theta)}{ka\sin\theta}\right| \tag{2.5.11}$$

可见，指向特性同活塞的尺寸与波长的相对比值 a/λ 有关。图 2.5.2 分别为 $ka=1$，$ka=3$，$ka=4$ 和 $ka=10$ 四种情况下的指向性图。

当 $ka \ll 1$ 时，因为 $J_1(x) \approx x/2$（令 $x = ka\sin\theta$），由式（2.5.11）得 $D(\theta) \approx 1$，也就是当活塞尺寸相对于媒质中波长比较小时，或者说是低频时，辐射几乎是各向均匀的，这在图 2.5.2 中也得到反映，此时指向性图差不多是一个圆。

随着 ka 值的增大，即随着活塞尺寸的加大或辐射频率的提高，指向特性越来越尖锐。当 ka 值超过一阶贝塞尔函数的第一个根值 3.83 以后，辐射开始具有更为尖锐的指向特性。例如在 $\theta = \arcsin[3.83/(ka)] = \arcsin(0.61\lambda/a)$ 的方向上，$D(\theta) = 0$，即辐射为零；超过这个角度，辐射又逐渐增加，并在某个角度达到次极大，此后辐射又逐渐减小，从而在指向图上表现为除主瓣以外还会出现一些旁瓣。对于 $ka=10$ 时的情形，这时除

了一个主瓣外还有两个旁瓣,并当 $ka\sin\theta = 3.83, 7.02, 10.2$(相应于一阶贝塞尔函数的前三个根值)等数值时,$D(\theta) = 0$,即在相应于这些值的 θ 角方向没有辐射。然而,相对于主瓣而言,旁瓣的辐射强度是很弱的。因此,对于高频声来说(ka 值很大),辐射主要集中在 $\theta = 0°$ 的方向上,它形成了一个角度为 $\theta = 2\arcsin(0.61\lambda/a)$ 的锥形射线束,活塞尺寸越大,或者声波频率越高,则锥顶角越小,即指向性越强。

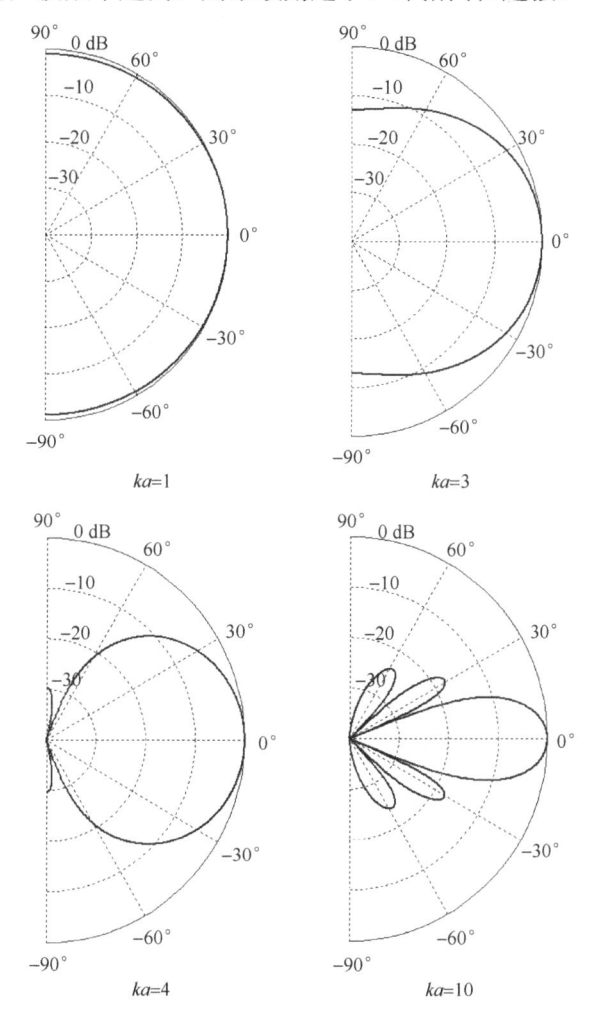

图 2.5.2 指向性图

下面对活塞在低频时的无指向性辐射情况做些讨论。当 $ka \ll 1$ 时,$D(\theta) \approx 1$,于是式(2.5.8)简化为

$$p_L \approx j\omega \frac{\rho_0 u_a a^2}{2r} e^{-jkr} \tag{2.5.12}$$

如果注意到源强度 $Q = \pi a^2 u_a$,那么式(2.5.12)与点源辐射声压的表达式完全一样。这表明,当 $ka \ll 1$ 时,活塞式声源可近似看作一个点声源。

由式（2.5.10）得到低频时的声强为

$$I_L \approx \frac{1}{8}\rho_0 c u_a^2 (ka)^2 \frac{a^2}{r^2} \tag{2.5.13}$$

结合式（2.5.12）和式（2.5.13），可得

$$I_L = \frac{p_{La}^2}{2\rho_0 c} = \frac{p_{Le}^2}{\rho_0 c} \tag{2.5.14}$$

式中，p_{La} 为 $ka \ll 1$ 时活塞辐射声压幅值；p_{Le} 为相应的有效声压。

因为声强与 θ 无关，声强乘以半空间总面积就得到低频时活塞的平均辐射声功率，即

$$W = 2\pi r^2 I_L = 2\pi r^2 \frac{p_{Le}^2}{\rho_0 c} \tag{2.5.15}$$

于是，声功率级可表示为

$$L_W = L_p + 10\lg\frac{2\pi}{\rho_0 c} + 20\lg r + 26 \tag{2.5.16}$$

如果取 $\rho_0 c = 400 \text{N} \cdot \text{s}/\text{m}^3$，$r=1\text{m}$，则上式成为

$$L_W = L_p + 8 \tag{2.5.17}$$

由此可见，低频时活塞辐射声功率级与 1m 远处的声压级仅差一个常数。

2.5.2 近场特性

下面来研究声源附近的声场规律，这时活塞上不同部分辐射的声波到达观察点时，其振幅和相位都不一样，因而干涉图像比较复杂。计算这种声场在数学上比较困难，并且不能得到简明的解析表达式。所以这里只研究活塞中心轴上的声场，知道了轴上声场的规律，也可预计偏离轴向的位置上的一些规律。

取活塞中心为坐标原点，过中心的轴线为 z 轴（图 2.5.3），现计算轴线上任意位置处的声压。

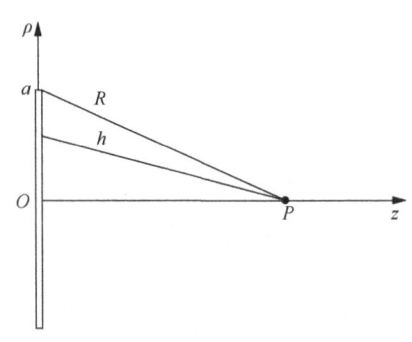

图 2.5.3 圆形平面活塞极坐标系

设想在活塞上取出一个内径为 ρ、外径为 $\rho+\text{d}\rho$ 的环元，由于 $\text{d}\rho$ 极其微小，可以认为环元上所有点到 P 点的距离均为 $h = \sqrt{\rho^2 + z^2}$，因此环元上所有点源辐射的声波到

达 P 点时,其振幅相同、相位相同,叠加起来就是环元在 P 点处产生的声压。在式(2.5.3)中取 $dS = 2\pi\rho d\rho$ 为环元面积,将所有环元对声场的贡献叠加起来,也就是对 ρ 积分,即得 P 点处的总声压为

$$p = j\frac{\rho_0\omega}{2\pi}u_a\int_0^a \frac{e^{-jkh}}{h}2\pi\rho d\rho = j\rho_0\omega u_a\int_0^a \frac{e^{-jkh}}{h}\rho d\rho \tag{2.5.18}$$

由图 2.5.3 可知,$h^2 = \rho^2 + z^2$。当 z 固定时,微分可得 $\rho d\rho = h dh$。此外,当 $\rho = 0$ 时,$h = z$;当 $\rho = a$ 时,$h = R$。于是式(2.5.18)变成

$$p = j\rho_0\omega u_a\int_z^R e^{-jkh}dh = -\rho_0 cu_a e^{-jk\frac{R+z}{2}}\left(e^{jk\frac{z-R}{2}} - e^{-jk\frac{z-R}{2}}\right)$$

$$= 2\rho_0 cu_a \sin\frac{k}{2}(R-z)e^{-j\left[\frac{k}{2}(R+z)-\frac{\pi}{2}\right]} \tag{2.5.19}$$

式中,$R = \sqrt{a^2 + z^2}$。式(2.5.19)是没有经过任何近似得到的,因此它是活塞轴上声场的严格解。对其中正弦函数部分取绝对值得 $\left|\sin\frac{k}{2}(R-z)\right|$,用它来描述声压振幅随离开活塞中心的距离而变化的规律。

当 z 比较小时,也就是在声源的附近,在

$$\frac{k}{2}(R-z) = n\pi, \quad n = 1, 2, \cdots$$

的位置上声压振幅为零;在

$$\frac{k}{2}(R-z) = \left(n + \frac{1}{2}\right)\pi, \quad n = 0, 1, 2, \cdots$$

的位置上声压幅值为极大。而且即使距离 z 改变很少,但是乘以 $k/2$ 因子以后仍可能使正弦函数的幅角改变很多,因此极大值与极小值的分布很密集。随着距离的增加,极大值与极小值的位置间隔越来越宽。

当 z 比较大时,以至 $z > 2a$ 时,正弦函数中的幅角可以展开为级数,即

$$R - z = \sqrt{a^2 + z^2} - z = \frac{(a^2 + z^2) - z^2}{\sqrt{a^2 + z^2} + z} = \frac{a^2}{\sqrt{a^2 + z^2} + z} \approx \frac{a^2}{z + z} = \frac{a^2}{2z}$$

所以

$$\sin\frac{k}{2}(R-z) \approx \sin\frac{ka^2}{4z} = \sin\frac{\pi}{2}\frac{z_g}{z} \tag{2.5.20}$$

式中,

$$z_g = \frac{a^2}{\lambda} \tag{2.5.21}$$

由式(2.5.20)可见,在 $z = z_g$ 的位置上声压振幅为极大,越过 z_g(即在 $z > z_g$ 的位置上),由于幅角很小,正弦函数可近似用它的幅角代替,即有

$$\sin\frac{\pi}{2}\frac{z_g}{z} \approx \frac{\pi z_g}{2z} \tag{2.5.22}$$

这说明声压振幅已开始像球面波一样随距离 z 反比地减小。

由此可见，出现最后一个极大值的位置 z_g 具有特别重要的意义，它可以看作活塞辐射从近场过渡到远场的分界线，因此 z_g 称为活塞声源近场和远场的临界距离。

考虑活塞中心附近的声场。将 $z=0$ 代入式（2.5.19）得到

$$p_N = 2\rho_0 c u_a \sin\frac{ka}{2} e^{-j(\frac{ka}{2}-\frac{\pi}{2})} \tag{2.5.23}$$

当 $ka \ll 1$ 时，即低频情况下，则

$$p_N = 2\rho_0 c u_a \frac{ka}{2} e^{-j(\frac{ka}{2}-\frac{\pi}{2})} \tag{2.5.24}$$

所以低频时活塞中心附近的声压幅值为

$$p_{Na} = \rho_0 c u_a ka \tag{2.5.25}$$

对于远场，即在 $z > 2a$ 且 $z > z_g$ 的区域，据式（2.5.19）可得

$$p_{Fa} \approx 2\rho_0 c u_a \frac{ka^2}{4z} = \frac{\rho_0 c}{2z} ka^2 u_a \tag{2.5.26}$$

由式（2.5.25）和式（2.5.26）可得

$$\frac{p_{Fa}}{p_{Na}} = \frac{a}{2z} \tag{2.5.27}$$

可见，低频时活塞轴上远场声压和活塞中心附近的声压存在着简单的关系，它们的比值是一个常数。

2.6 边界元法简介

将声场控制微分方程表示成边界积分方程的形式是计算任意形状振动体辐射声场的一种有效方法。边界积分方程的数值解法就是所谓的边界元法，本节简要介绍声学边界元法的基本理论[6]。

2.6.1 边界积分方程的建立

应用格林公式可以将简谐声场控制方程的微分形式变成积分形式，格林公式的数学表达式为

$$\int_\Omega \left(p^* \nabla^2 p - p \nabla^2 p^* \right) d\Omega = \int_\Gamma \left(p^* \frac{\partial p}{\partial n} - p \frac{\partial p^*}{\partial n} \right) d\Gamma \tag{2.6.1}$$

式中，p 为声压；p^* 为伴随方程

$$\nabla^2 p^* + k^2 p^* + \delta_i = 0 \tag{2.6.2}$$

的基本解，对于三维问题

$$p^* = \frac{\exp(-jkR)}{4\pi R} \tag{2.6.3}$$

$R = \sqrt{(x-x_i)^2 + (y-y_i)^2 + (z-z_i)^2}$ 为场点 (x, y, z) 至源点 (x_i, y_i, z_i) 的距离；n 为声学域边界的外法向，即指向振动体内部。

对于振动体声辐射问题，为推导积分方程，建立如图 2.6.1 所示的声学域。其中，半径为 R 的远场边界表面 Γ_R 是临时构建的以形成声学域 Ω。于是格林公式变成

$$\int_{\Omega}\left(p^*\nabla^2 p - p\nabla^2 p^*\right)\mathrm{d}\Omega = \int_{\Gamma+\Gamma_R}\left(p^*\frac{\partial p}{\partial n} - p\frac{\partial p^*}{\partial n}\right)\mathrm{d}\Gamma \tag{2.6.4}$$

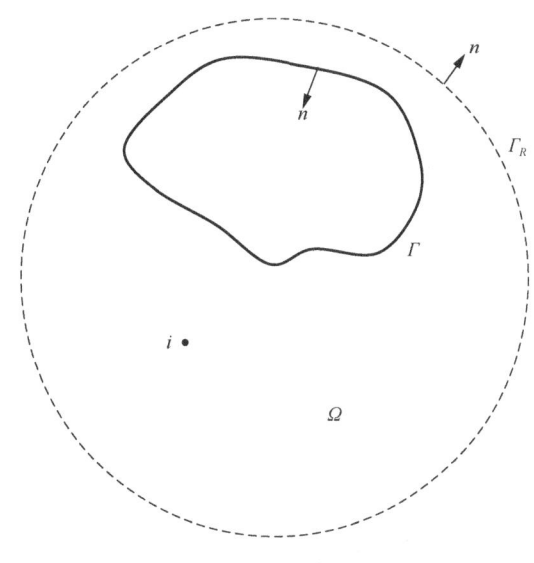

图 2.6.1 外部声学域

基于 Sommerfeld 辐射条件，任何声场的远场解都可以用具有一定强度的等效点声源来表示，即

$$p \to A\frac{\mathrm{e}^{-jkR}}{R}, \quad R \text{ 趋于无穷} \tag{2.6.5}$$

式中，A 为常数。由于在无穷远处，p 和 p^* 具有相同形式，因此

$$\lim_{R \to \infty}\int_{\Gamma_R}\left(p^*\frac{\partial p}{\partial n} - p\frac{\partial p^*}{\partial n}\right)\mathrm{d}\Gamma = 0 \tag{2.6.6}$$

也就是式（2.6.4）中远场边界 Γ_R 上的积分消失，于是有

$$\int_{\Omega}\left(p^*\nabla^2 p - p\nabla^2 p^*\right)\mathrm{d}\Omega = \int_{\Gamma}\left(p^*\frac{\partial p}{\partial n} - p\frac{\partial p^*}{\partial n}\right)\mathrm{d}\Gamma \tag{2.6.7}$$

将式（1.2.12）和式（2.6.2）代入式（2.6.7），得

$$p_i + \int_{\Gamma} p\frac{\partial p^*}{\partial n}\mathrm{d}\Gamma = \int_{\Gamma} p^*\frac{\partial p}{\partial n}\mathrm{d}\Gamma \tag{2.6.8}$$

式（2.6.8）是把区域内 i 点的声压 p_i 和边界上的声压 p 及其导数 $\partial p/\partial n$ 联系起来的积分方程式，对区域 Ω 内任意点都适用。

为了求出边界上的声压及其导数值，需将 i 点移到边界上。由于当 $R \to 0$ 时，基本解 p^* 及其导数 u^* 将产生奇异性，为此做如下处理：以 i 点为球心，作半径为 ε 的球面，如图 2.6.2 所示，这样 i 点仍是内点。于是可把边界分成两部分考虑，一部分是鼓起部分

的球面 Γ_ε，另一部分是其余界面 Γ'。对于新界面 $\Gamma_\varepsilon + \Gamma'$ 来讲，因为 i 是内点，式（2.6.8）仍适用。于是式（2.6.8）可写成如下形式：

$$p_i + \lim_{\varepsilon \to 0} \int_{\Gamma_\varepsilon} p \frac{\partial p^*}{\partial n} \mathrm{d}\Gamma + \lim_{\varepsilon \to 0} \int_{\Gamma'} p \frac{\partial p^*}{\partial n} \mathrm{d}\Gamma = \lim_{\varepsilon \to 0} \int_{\Gamma_\varepsilon} \frac{\partial p}{\partial n} p^* \mathrm{d}\Gamma + \lim_{\varepsilon \to 0} \int_{\Gamma'} \frac{\partial p}{\partial n} p^* \mathrm{d}\Gamma \quad (2.6.9)$$

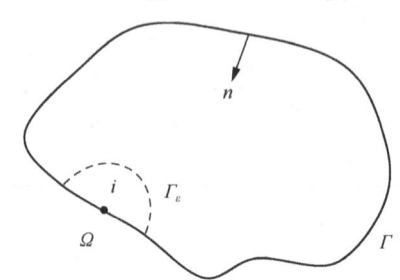

图 2.6.2　i 点在边界上的处理

将基本解代入上式，考虑 $\varepsilon \to 0$ 时的极限，

$$\lim_{\varepsilon \to 0} \int_{\Gamma_\varepsilon} p \frac{\partial p^*}{\partial n} \mathrm{d}\Gamma = \lim_{\varepsilon \to 0} \int_{\Gamma_\varepsilon} p \left[-\frac{\exp(-\mathrm{j}kR)}{4\pi R^2}(1+\mathrm{j}kR) \right] R^2 \mathrm{d}\theta = -\frac{\theta}{4\pi} p_i \quad (2.6.10)$$

式中，θ 为鼓起部分球面对 i 点所张的立体角；p_i 为 i 点处声压值。

$$\lim_{\varepsilon \to 0} \int_{\Gamma'} p \frac{\partial p^*}{\partial n} \mathrm{d}\Gamma = \int_{\Gamma} p \frac{\partial p^*}{\partial n} \mathrm{d}\Gamma \quad (2.6.11)$$

$$\lim_{\varepsilon \to 0} \int_{\Gamma_\varepsilon} \frac{\partial p}{\partial n} p^* \mathrm{d}\Gamma = \lim_{\varepsilon \to 0} \int_{\Gamma_\varepsilon} \frac{\partial p}{\partial n} \left[\frac{\exp(-\mathrm{j}kR)}{4\pi R} \right] R^2 \mathrm{d}\theta = 0 \quad (2.6.12)$$

$$\lim_{\varepsilon \to 0} \int_{\Gamma'} \frac{\partial p}{\partial n} p^* \mathrm{d}\Gamma = \int_{\Gamma} \frac{\partial p}{\partial n} p^* \mathrm{d}\Gamma \quad (2.6.13)$$

将式（2.6.10）～式（2.6.13）代入式（2.6.9），得

$$C_i p_i + \int_{\Gamma} p \frac{\partial p^*}{\partial n} \mathrm{d}\Gamma = \int_{\Gamma} \frac{\partial p}{\partial n} p^* \mathrm{d}\Gamma \quad (2.6.14)$$

式中，$C_i = 1 - \theta/4\pi$ 为边角系数，对于更一般情况，C_i 也可由下式计算：

$$C_i = 1 - \int_{\Gamma} \frac{\partial}{\partial n}\left(\frac{1}{4\pi R}\right) \mathrm{d}\Gamma \quad (2.6.15)$$

式（2.6.14）是边界上声压值 p 及其法向导数值 $\partial p/\partial n$ 之间的关系式，称之为边界积分方程。边界元法是在给定的边界条件下进行数值求解，由于边界积分方程是分析对象，因此使所考虑的问题降低一维进行处理。

2.6.2　边界积分方程的离散

为了将边界积分方程离散，并归结为代数方程组以求得其近似解，须将声学域的边界划分成若干个单元。对于三维问题，其边界一般是曲面，离散时需采用二维面单元，常用的二维单元有三角形和四边形两种。按照插值阶次，边界单元可分为常量单元、线性单元和高次单元。

为表述方便起见，引入符号 $v = \dfrac{\partial p}{\partial n}$，$v^* = \dfrac{\partial p^*}{\partial n}$，式（2.6.14）变为

$$C_i p_i + \int_\Gamma p v^* \mathrm{d}\Gamma = \int_\Gamma v p^* \mathrm{d}\Gamma \tag{2.6.16}$$

将边界离散成 N_e 个单元，则边界积分方程（2.6.16）变成

$$C_i p_i + \sum_{e=1}^{N_e} \int_{\Gamma_e} p v^* \mathrm{d}\Gamma = \sum_{e=1}^{N_e} \int_{\Gamma_e} v p^* \mathrm{d}\Gamma \tag{2.6.17}$$

式中，Γ_e 为单元 e 的边界。

单元内任一点的坐标和物理量可用单元节点处的坐标和物理量来表示，即

$$\begin{cases} x(\xi,\eta) = \sum_{\alpha=1}^m N'_\alpha(\xi,\eta) x_\alpha \\ y(\xi,\eta) = \sum_{\alpha=1}^m N'_\alpha(\xi,\eta) y_\alpha \\ z(\xi,\eta) = \sum_{\alpha=1}^m N'_\alpha(\xi,\eta) z_\alpha \end{cases} \tag{2.6.18}$$

$$\begin{cases} p(\xi,\eta) = \sum_{\alpha=1}^m N_\alpha(\xi,\eta) p_\alpha^{(e)} \\ v(\xi,\eta) = \sum_{\alpha=1}^m N_\alpha(\xi,\eta) v_\alpha^{(e)} \end{cases} \tag{2.6.19}$$

式中，$(x_\alpha, y_\alpha, z_\alpha)$ 为节点 α 处的整体坐标；$p_\alpha^{(e)}$ 和 $v_\alpha^{(e)}$ 为单元 e 上节点 α 处的声压及其外法向导数值；m 为单元的节点数；$N'_\alpha(\xi,\eta)$ 和 $N_\alpha(\xi,\eta)$ 分别为对坐标和物理量所用的插值函数（或形函数），它们可以取相同或不相同的表达式，如果 $N'_\alpha(\xi,\eta)$ 和 $N_\alpha(\xi,\eta)$ 取相同的表达式，这种单元称为等参数单元，(ξ,η) 为单元内的局部坐标。

对于给定的 i 点，可以得到如下离散化方程式：

$$C_i p_i + \sum_{e=1}^{N_e} \sum_{\alpha=1}^m h_{i\alpha}^{(e)} p_\alpha^{(e)} = \sum_{e=1}^{N_e} \sum_{\alpha=1}^m g_{i\alpha}^{(e)} v_\alpha^{(e)} \tag{2.6.20}$$

式中，

$$h_{i\alpha}^{(e)} = \int_{\Gamma_e} N_\alpha v^* \mathrm{d}\Gamma \tag{2.6.21}$$

$$g_{i\alpha}^{(e)} = \int_{\Gamma_e} N_\alpha p^* \mathrm{d}\Gamma \tag{2.6.22}$$

称为影响系数，体现了节点 i 与单元 e 上节点 α 之间的联系。式（2.6.20）可整理成如下形式：

$$C_i p_i + \sum_{j=1}^N \hat{H}_{ij} p_j = \sum_{j=1}^N G_{ij} v_j \tag{2.6.23}$$

式中，$\hat{H}_{ij}$ 和 G_{ij} 分别为节点 j 处与其有关的 $h_{i\alpha}^{(e)}$ 和 $g_{i\alpha}^{(e)}$ 的系数之和；N 为边界上的节点总数。式（2.6.23）可以表示为

$$\sum_{j=1}^{N} H_{ij} p_j = \sum_{j=1}^{N} G_{ij} v_j \tag{2.6.24}$$

式中，$H_{ij} = \begin{cases} \hat{H}_{ij}, & i \neq j \\ \hat{H}_{ij} + C_i, & i = j \end{cases}$。

对于边界上所有 N 个节点，可得到 N 个方程，用矩阵形式表示为

$$[H]\{P\} = [G]\{V\} \tag{2.6.25}$$

式中，$[H]$ 和 $[G]$ 是 $N \times N$ 系数矩阵；$\{P\}$ 和 $\{V\}$ 是边界节点上的声压值及其外法向导数值的列向量。

应用边界条件，若 N 个 p 和 N 个 v 中只有 N 个独立的未知量，便可求解该方程组。把所有未知量移到等式的左边，用 $\{X\}$ 表示未知量，则有

$$[A]\{X\} = \{F\} \tag{2.6.26}$$

式中，$[A]$ 为 $N \times N$ 矩阵；$\{X\}$ 和 $\{F\}$ 为 N 阶列向量。求解上述方程组，就可以得到所有边界节点上的 p 和 v 值。

在求得所有边界节点上的 p 和 v 值后，区域内任一点的 p 值可由积分方程（2.6.8）的离散化形式来计算。

区域内任一点的声压导数值可由式（2.6.8）的导数得到，对于 i 点

$$\nabla p_i = \int_\Gamma v \nabla p^* \mathrm{d}\Gamma - \int_\Gamma p \nabla v^* \mathrm{d}\Gamma \tag{2.6.27}$$

对上式进行离散化处理，可以求出任一点的声压导数值，进而求出质点振速。

2.6.3 影响系数的计算

单元节点的编号应遵循右手法则：在右手坐标系中，节点的排列顺序按照 1→2→3→… 进行时，拇指应指向声学域的外法向。下面分别给出使用四边形等参数单元和三角形等参数单元离散时影响系数的计算公式。

1. 使用四边形等参数单元时的影响系数

图 2.6.3 为 4 节点四边形单元及其变换，相应的形函数为

$$N_\alpha(\xi, \eta) = \frac{1}{4}(1 + \xi_\alpha \xi)(1 + \eta_\alpha \eta), \quad \alpha = 1, 2, 3, 4 \tag{2.6.28}$$

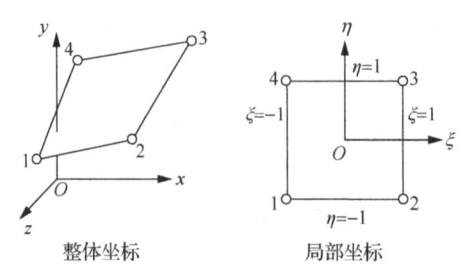

图 2.6.3 4 节点四边形单元及其变换

图 2.6.4 为 8 节点四边形单元及其变换，相应的形函数为

$$N_\alpha(\xi,\eta) = \begin{cases} \dfrac{1}{4}(1+\xi_\alpha\xi)(1+\eta_\alpha\eta)(-1+\xi_\alpha\xi+\eta_\alpha\eta), & \alpha=1,3,5,7 \\ \dfrac{1}{2}(1+\eta_\alpha\eta+\xi_\alpha\xi)(1-\xi_\alpha^2\eta^2-\eta_\alpha^2\xi^2), & \alpha=2,4,6,8 \end{cases} \quad (2.6.29)$$

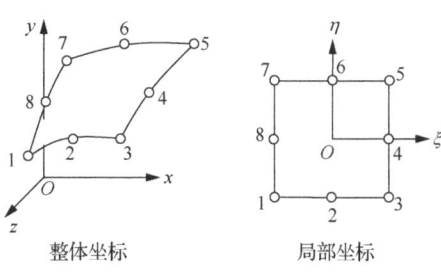

图 2.6.4　8 节点四边形单元及其变换

为了计算影响系数，首先需要把积分变量从整体坐标系变换到局部坐标系。如图 2.6.5 所示，单元上任意点 (ξ,η) 切线矢量为

$$\frac{\partial \boldsymbol{r}}{\partial \xi} = \left(\frac{\partial x}{\partial \xi},\ \frac{\partial y}{\partial \xi},\ \frac{\partial z}{\partial \xi}\right) \quad (2.6.30\text{a})$$

$$\frac{\partial \boldsymbol{r}}{\partial \eta} = \left(\frac{\partial x}{\partial \eta},\ \frac{\partial y}{\partial \eta},\ \frac{\partial z}{\partial \eta}\right) \quad (2.6.30\text{b})$$

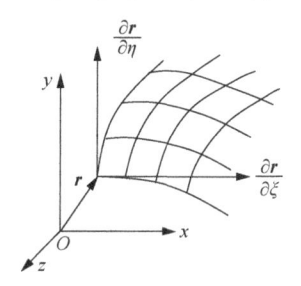

图 2.6.5　三维问题的坐标系

于是，外法线方向表示为

$$\boldsymbol{n}_0 = \frac{\partial \boldsymbol{r}}{\partial \xi} \times \frac{\partial \boldsymbol{r}}{\partial \eta} = \begin{bmatrix} \boldsymbol{i} & \boldsymbol{j} & \boldsymbol{k} \\ \dfrac{\partial x}{\partial \xi} & \dfrac{\partial y}{\partial \xi} & \dfrac{\partial z}{\partial \xi} \\ \dfrac{\partial x}{\partial \eta} & \dfrac{\partial y}{\partial \eta} & \dfrac{\partial z}{\partial \eta} \end{bmatrix} = (g_1,\ g_2,\ g_3) \quad (2.6.31)$$

微元面积表示为

$$\mathrm{d}\varGamma = \left|\frac{\partial \boldsymbol{r}}{\partial \xi} \times \frac{\partial \boldsymbol{r}}{\partial \eta}\right| \mathrm{d}\xi\mathrm{d}\eta = |J|\mathrm{d}\xi\mathrm{d}\eta \quad (2.6.32)$$

式中，

$$|J| = \left(g_1^2 + g_2^2 + g_3^2\right)^{1/2} \tag{2.6.33}$$

因此，外法向单位矢量为

$$\boldsymbol{n} = \boldsymbol{n}_0 / |J| \tag{2.6.34}$$

把以上关系式代入式（2.6.21）和式（2.6.22），得到局部坐标系 (ξ,η) 下的影响系数计算公式为

$$h_{i\alpha}^{(e)} = \int_{-1}^{+1}\int_{-1}^{+1} N_\alpha \frac{\partial}{\partial n}[\exp(-jkR)/(4\pi R)]|J_e|\,\mathrm{d}\xi\mathrm{d}\eta \tag{2.6.35}$$

$$g_{i\alpha}^{(e)} = \int_{-1}^{+1}\int_{-1}^{+1} N_\alpha [\exp(-jkR)/(4\pi R)]|J_e|\,\mathrm{d}\xi\mathrm{d}\eta \tag{2.6.36}$$

当节点 i 不在单元 e 上时，式（2.6.36）和式（2.6.37）的被积函数是非奇异的，可用标准高斯数值积分公式计算。

当节点 i 在单元 e 上时，即 i 点是单元 e 上的一个节点，此时 $h_{i\alpha}^{(e)}$ 的被积函数具有 $1/R^2$ 的奇异性，$g_{i\alpha}^{(e)}$ 的被积函数具有 $1/R$ 的奇异性，从而产生奇异积分问题，这些奇异积分直接影响边界元法的计算精度，因此必须对其进行妥善处理。关于奇异积分的处理可参考边界元法相关书籍，在此不做讨论。

2. 使用三角形等参数单元时的影响系数

三角形单元使用面积坐标作为局部坐标。图 2.6.6 为 3 节点三角形单元及其变换，相应的形函数为

$$\begin{cases} N_1(\xi,\eta) = 1-\xi-\eta \\ N_2(\xi,\eta) = \xi \\ N_3(\xi,\eta) = \eta \end{cases} \tag{2.6.37}$$

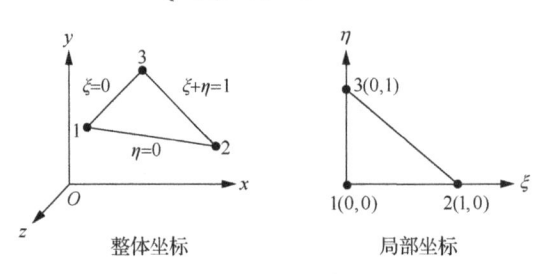

图 2.6.6　3 节点三角形单元及其变换

图 2.6.7 为 6 节点三角形单元及其变换，相应的形函数为

$$\begin{cases} N_1 = (1-\xi-\eta)(1-2\xi-2\eta) \\ N_2 = 4\xi(1-\xi-\eta) \\ N_3 = \xi(2\xi-1) \\ N_4 = 4\xi\eta \\ N_5 = \eta(2\eta-1) \\ N_6 = 4\eta(1-\xi-\eta) \end{cases} \tag{2.6.38}$$

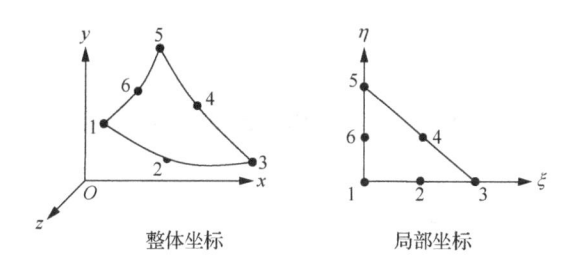

图 2.6.7 6 节点三角形单元及其变换

将式（2.6.37）或式（2.6.38）代入式（2.6.21）和式（2.6.22），得到局部坐标（面积坐标）系下影响系数计算公式为

$$h_{i\alpha}^{(e)} = \int_0^{+1}\int_0^{1-\xi} N_\alpha \frac{\partial}{\partial n}[\exp(-jkR)/(4\pi R)]|J_e| d\xi d\eta \tag{2.6.39}$$

$$g_{i\alpha}^{(e)} = \int_0^1 \int_0^{1-\xi} N_\alpha [\exp(-jkR)/(4\pi R)]|J_e| d\xi d\eta \tag{2.6.40}$$

当节点 i 不在单元 e 上时，式（2.6.39）和式（2.6.40）的被积函数是非奇异的，可以使用二维 Hammer 积分公式计算。

当节点 i 在单元 e 上时，即 i 点是单元 e 上的一个节点，此时 $h_{i\alpha}^{(e)}$ 的被积函数具有 $1/R^2$ 的奇异性，$g_{i\alpha}^{(e)}$ 的被积函数具有 $1/R$ 的奇异性，需要对奇异积分进行妥善处理。

习　题

2.1　对于脉动球，当 $ka \ll 1$ 时，如果使球半径增加一倍，表面振速和频率保持不变，试问辐射声压级增加多少？如果在 $ka \gg 1$ 的情况下使球半径增加一倍，表面振速和频率保持不变，试问辐射声压级增加多少？

2.2　半径为 0.02m 的脉动球向空气中辐射频率为 100Hz 的声波，球表面振速幅值为 0.08m/s，求：（1）距球心 2m 处声压幅值和质点振速幅值；（2）辐射声功率。

2.3　两个半径为 0.02m 的脉动球中心相距 0.1m，向空气中辐射频率为 100Hz 的声波，两个球的表面振速幅值均为 0.08m/s，试问总辐射声功率是多少？与习题 2.2 结果相比较，说明了什么？

2.4　如果习题 2.3 中的两个脉动球表面振速幅值均为 0.08m/s，但相位相反，试问总辐射声功率是多少？与习题 2.2 结果相比较，说明了什么？

2.5　有一个直径为 30cm 的纸盆扬声器嵌在无限大刚性平板上，向空气中辐射声波，假设它可以看作是活塞振动，画出频率为 100Hz、1000Hz、2000Hz 和 4000Hz 时的指向性图，并计算主声束角度和扬声器的临界距离。

2.6　直径为 30cm 的圆形活塞嵌在无限大刚性平板上，以 $u_a=0.01$m/s 的速度振动，振动频率为 1000Hz，分别使用式（2.5.8）和式（2.5.19）计算沿轴线上的声压幅值，画出曲线图，并讨论远场近似解式（2.5.8）的精确程度。

第 3 章 管道中的声传播

管道是输送气体和液体最基本的结构单元,研究管道中的声传播是管道消声装置声学性能计算和分析的基础。本章介绍无流和有均匀流时管道中声波方程的推导过程和求解方法[6]。

3.1 静态介质中的三维波

对于内部为静态理想流体的刚性壁管道,当横向尺寸较小且频率较低时,小幅声波在管道内以平面波的形式传播,在任意一个横截面上的声学量处处相同,波阵面与声波传播方向(即管道轴线)垂直,此时声压和质点振速的表达式即为式(1.3.4)和式(1.3.5)。随着频率的升高,高阶模态将被激发,三维声波在管道内传播。本节将推导典型管道内三维声波方程解的表达式,进而分析管道内三维声波传播的基本特性。

3.1.1 矩形管道

为了求解矩形管道(图 3.1.1)内的三维波传播,使用三维直角坐标系最简便,相应的 Laplace 算子为

$$\nabla^2 = \frac{\partial^2}{\partial x^2} + \frac{\partial^2}{\partial y^2} + \frac{\partial^2}{\partial z^2} \tag{3.1.1}$$

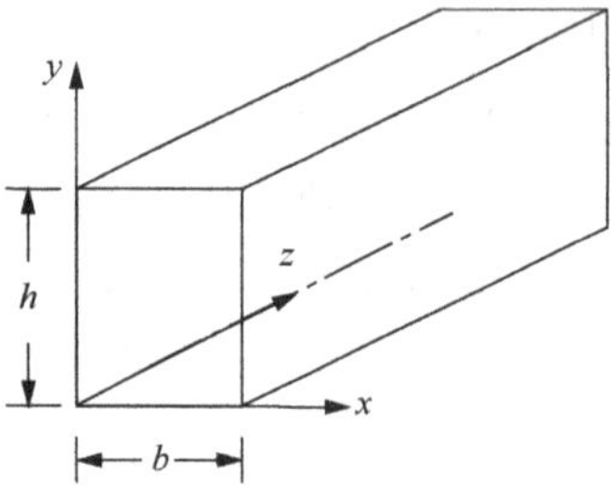

图 3.1.1 矩形管道

使用分离变量法,并且假设

$$p(x,y,z) = X(x)Y(y)Z(z) \tag{3.1.2}$$

将式(3.1.2)代入控制方程(1.2.12)得

$$\frac{1}{X(x)}\frac{\partial^2 X(x)}{\partial x^2} + \frac{1}{Y(y)}\frac{\partial^2 Y(y)}{\partial y^2} + \frac{1}{Z(z)}\frac{\partial^2 Z(z)}{\partial z^2} + k^2 = 0 \tag{3.1.3}$$

由于式(3.1.3)中的第一项只含有变量 x,第二项只含有变量 y,第三项只含有变量 z,于是可以分离出三个独立方程:

$$\frac{d^2 X(x)}{dx^2} = -k_x^2 X(x) \tag{3.1.4}$$

$$\frac{d^2 Y(y)}{dy^2} = -k_y^2 Y(y) \tag{3.1.5}$$

$$\frac{d^2 Z(z)}{dz^2} = -k_z^2 Z(z) \tag{3.1.6}$$

式中，k_x、k_y 和 k_z 分别是 x、y 和 z 方向上的波数，满足如下约束关系：

$$k_x^2 + k_y^2 + k_z^2 = k^2 \tag{3.1.7}$$

方程（3.1.4）～方程（3.1.6）的通解可以表示成如下复指数的形式：

$$X(x) = C_1 e^{-jk_x x} + C_2 e^{jk_x x} \tag{3.1.8}$$

$$Y(y) = C_3 e^{-jk_y y} + C_4 e^{jk_y y} \tag{3.1.9}$$

$$Z(z) = C_5 e^{-jk_z z} + C_6 e^{jk_z z} \tag{3.1.10}$$

于是声压的通解可以写成

$$p(x,y,z) = \left(C_1 e^{-jk_x x} + C_2 e^{jk_x x}\right)\left(C_3 e^{-jk_y y} + C_4 e^{jk_y y}\right)\left(C_5 e^{-jk_z z} + C_6 e^{jk_z z}\right) \tag{3.1.11}$$

对于宽度为 b、高度为 h 的刚性壁管道，边界条件可以表示成

$$\frac{\partial p}{\partial x} = 0, \quad x = 0, x = b \tag{3.1.12}$$

$$\frac{\partial p}{\partial y} = 0, \quad y = 0, y = h \tag{3.1.13}$$

将式（3.1.11）代入上述边界条件，得

$$C_1 = C_2, \quad k_x = \frac{m\pi}{b}, \quad m = 0,1,2,\cdots \tag{3.1.14}$$

$$C_3 = C_4, \quad k_y = \frac{n\pi}{h}, \quad n = 0,1,2,\cdots \tag{3.1.15}$$

把 m 和 n 的组合叫做模态，它只与管道的横截面形状相关。于是 (m,n) 模态的声压分量可表示成

$$p_{m,n}(x,y,z) = \cos\frac{m\pi x}{b} \cos\frac{n\pi y}{h} \left(A_{m,n} e^{-jk_{z,m,n} z} + B_{m,n} e^{jk_{z,m,n} z}\right) \tag{3.1.16}$$

(m,n) 模态的轴向波数 $k_{z,m,n}$ 由下式确定：

$$k_{z,m,n} = \left[k^2 - \left(\frac{m\pi}{b}\right)^2 - \left(\frac{n\pi}{h}\right)^2\right]^{1/2} \tag{3.1.17}$$

管道内的声压为所有模态声压分量的叠加，即

$$p(x,y,z) = \sum_{m=0}^{\infty}\sum_{n=0}^{\infty} \cos\frac{m\pi x}{b} \cos\frac{n\pi y}{h} \left(A_{m,n} e^{-jk_{z,m,n} z} + B_{m,n} e^{jk_{z,m,n} z}\right) \tag{3.1.18}$$

记 $\psi_{m,n}(x,y) = \cos\frac{m\pi x}{b} \cos\frac{n\pi y}{h}$，称为本征函数，表示声压在截面上随坐标 x 和 y 的变化情况。

由式（3.1.16）和式（3.1.18）可以看出，在管道的任何一个截面上，(m,n) 模态的声压分量 $p_{m,n}(x,y,z)$ 呈现出如图 3.1.2 所示的分布特点，即 $p_{m,n}(x,y,z)$ 在 x 和/或 y 方向上从"正"变成"负"，然后又从"负"变成"正"，于是存在一系列声压为零的线，称为节线。因此，在矩形管道中，m 和 n 代表了横向声压分布的节线数。

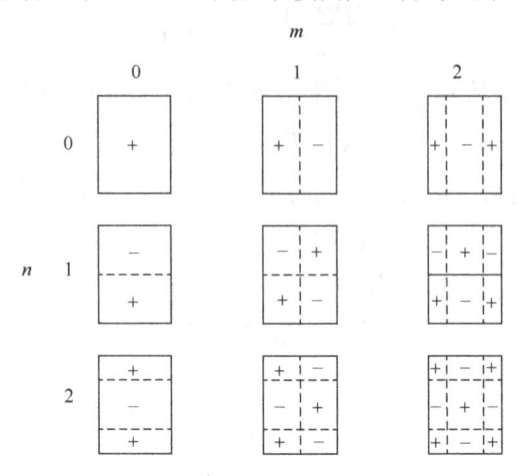

图 3.1.2 矩形管道中横向声压分布的节线

由式（3.1.17）可知，$(0,0)$ 模态的轴向波数 $k_{z,0,0}=k$，此时式（3.1.16）变成了式（1.3.3）。因此，平面波对应于式（3.1.18）中的 $(0,0)$ 模态。

如果 $k_{z,m,n}$ 是实数，则 (m,n) 模态成为无衰减传播的波，由式（3.1.17）可知需要满足如下条件：

$$k^2-\left(\frac{m\pi}{b}\right)^2-\left(\frac{n\pi}{h}\right)^2 \geqslant 0 \tag{3.1.19}$$

即

$$f \geqslant \frac{c}{2}\sqrt{\left(\frac{m}{b}\right)^2+\left(\frac{n}{h}\right)^2} \tag{3.1.20}$$

假设 $h>b$。当 $f \geqslant c/(2h)$ 时，第一个高阶模态 $(0,1)$ 能够传播。换句话说，如果 $f<c/(2h)$，则只有平面波能够传播，高阶模态即使存在，也将按指数规律迅速衰减。把第一个高阶模态的激发频率叫做平面波的截止频率，即

$$f_{\text{cut-off}}=\frac{c}{2h} \tag{3.1.21}$$

为了求 (m,n) 模态的轴向质点振速，可以使用动量方程

$$\rho_0 \frac{\partial u_{z,m,n}}{\partial t}+\frac{\partial p_{z,m,n}}{\partial z}=0$$

于是得到

$$u_{z,m,n}=\frac{k_{z,m,n}}{\rho_0 \omega}\cos\frac{m\pi x}{b}\cos\frac{n\pi y}{h}\left(A_{m,n}\mathrm{e}^{-\mathrm{j}k_{z,m,n}z}-B_{m,n}\mathrm{e}^{\mathrm{j}k_{z,m,n}z}\right) \tag{3.1.22}$$

声质量速度可以通过积分求出，即

$$v_{z,m,n} = \rho_0 \int_0^b \int_0^h u_{z,m,n} \mathrm{d}x\mathrm{d}y = \begin{cases} \dfrac{bh}{c}\left(A_{0,0}\mathrm{e}^{-\mathrm{j}kz} - B_{0,0}\mathrm{e}^{\mathrm{j}kz}\right), & m = n = 0 \\ 0, & m + n \neq 0 \end{cases} \quad (3.1.23)$$

可见，只有平面波或(0, 0)模态的声质量速度不为零。对于高阶模态来说，声质量速度或声体积速度没有任何实际意义。

轴向质点振速可以通过各个模态分量的叠加获得，于是有

$$u_z(x,y,z) = \frac{1}{\rho_0 \omega}\sum_{m=0}^{\infty}\sum_{n=0}^{\infty} k_{z,m,n}\cos\frac{m\pi x}{b}\cos\frac{n\pi y}{h}\left(A_{m,n}\mathrm{e}^{-\mathrm{j}k_{z,m,n}z} - B_{m,n}\mathrm{e}^{\mathrm{j}k_{z,m,n}z}\right) \quad (3.1.24)$$

3.1.2 圆形管道

对于如图 3.1.3 所示的圆形管道，使用柱坐标系最简便，相应的 Laplace 算子为

$$\nabla^2 = \frac{\partial^2}{\partial r^2} + \frac{1}{r}\frac{\partial}{\partial r} + \frac{1}{r^2}\frac{\partial^2}{\partial \theta^2} + \frac{\partial^2}{\partial z^2} \quad (3.1.25)$$

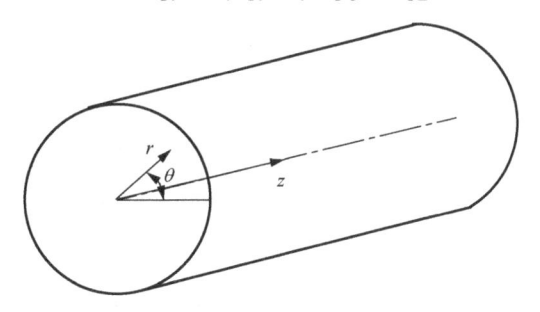

图 3.1.3　圆形管道和柱坐标系 (r,θ,z)

使用分离变量法，并且假设

$$p(r,\theta,z) = R(r)\Theta(\theta)Z(z) \quad (3.1.26)$$

将式（3.1.26）代入控制方程（1.2.12）得

$$\frac{1}{R(r)}\frac{\partial^2 R(r)}{\partial r^2} + \frac{1}{rR(r)}\frac{\partial R(r)}{\partial r} + \frac{1}{r^2\Theta(\theta)}\frac{\partial^2 \Theta(\theta)}{\partial \theta^2} + \frac{1}{Z(z)}\frac{\partial^2 Z(z)}{\partial z^2} + k^2 = 0 \quad (3.1.27)$$

于是可以得到如下三个独立方程：

$$\frac{\mathrm{d}^2 Z(z)}{\mathrm{d}z^2} = -k_z^2 Z(z) \quad (3.1.28)$$

$$\frac{\mathrm{d}^2 \Theta(\theta)}{\mathrm{d}\theta^2} = -m^2 \Theta(\theta) \quad (3.1.29)$$

$$\frac{\mathrm{d}^2 R(r)}{\mathrm{d}r^2} + \frac{1}{r}\frac{\mathrm{d}R(r)}{\mathrm{d}r} + \left(k^2 - k_z^2 - \frac{m^2}{r^2}\right)R(r) = 0 \quad (3.1.30)$$

式中，径向波数 k_r 和轴向波数 k_z 满足如下约束关系：

$$k_r^2 = k^2 - k_z^2 \quad (3.1.31)$$

方程（3.1.28）和方程（3.1.29）的通解可以表示成如下复指数形式：

$$\Theta(\theta) = C_3 e^{-jm\theta} + C_4 e^{jm\theta} \tag{3.1.32}$$

$$Z(x) = C_5 e^{-jk_z z} + C_6 e^{jk_z z} \tag{3.1.33}$$

式（3.1.30）是贝塞尔方程，其通解为

$$R_m(r) = C_1 J_m(k_r r) + C_2 Y_m(k_r r) \tag{3.1.34}$$

式中，$J_m(k_r r)$ 和 $Y_m(k_r r)$ 分别是第一类和第二类 m 阶贝塞尔函数。在 $r=0$ 处（即轴线上），$Y_m(k_r r)$ 趋于无限大。由于管道内各处的声压都是有限的，因此常数 C_2 必须为 0。

由于刚性壁面上的径向质点振速为 0，因而有

$$\left. \frac{\partial R_m(r)}{\partial r} \right|_{r=a} = 0 \tag{3.1.35}$$

式中，a 为管道的半径。将式（3.1.34）代入式（3.1.35）得

$$J'_m(k_r a) = 0 \tag{3.1.36}$$

对于给定的 m，有无限多个 k_r 值满足式（3.1.36），将 k_r 的第 n 个根记为 $k_{r,m,n}$。表 3.1.1 给出了方程 $J'_m(\alpha_{m,n}) = 0$ 的根，其中 m 和 n 分别代表周向和径向模态号。

表 3.1.1 函数 $J'_m(\alpha_{m,n}) = 0$ 的根 $\alpha_{m,n}$

m	\multicolumn{6}{c}{n}
	0	1	2	3	4	5
0	0.0	3.832	7.016	10.174	13.324	16.470
1	1.841	5.331	8.536	11.706	14.864	18.016
2	3.054	6.706	9.969	13.170	16.348	19.513
3	4.201	8.015	11.346	14.586	17.789	20.973
4	5.318	9.282	12.682	15.964	19.196	22.401
5	6.415	10.520	13.987	17.313	20.576	23.804

管道内的声压为各个模态声压分量的叠加，于是得到声压的解析表达式为

$$p(r,\theta,z) = \sum_{n=0}^{\infty} J_0(\alpha_{0,n} r / a)\left(A_{0,n} e^{-jk_{z,0,n} z} + B_{0,n} e^{jk_{z,0,n} z}\right) + \sum_{m=1}^{\infty}\sum_{n=0}^{\infty} J_m(\alpha_{m,n} r / a)$$

$$\times \left[\left(A_{m,n}^+ e^{-jm\theta} + A_{m,n}^- e^{jm\theta}\right) e^{-jk_{z,m,n} z} + \left(B_{m,n}^+ e^{-jm\theta} + B_{m,n}^- e^{jm\theta}\right) e^{jk_{z,m,n} z}\right] \tag{3.1.37}$$

或

$$p(r,\theta,z) = \sum_{m=0}^{\infty}\sum_{n=0}^{\infty} J_m(\alpha_{m,n} r / a)\Big[\left(A_{1m,n}\cos m\theta + A_{2m,n}\sin m\theta\right) e^{-jk_{z,m,n} z}$$

$$+ \left(B_{1m,n}\cos m\theta + B_{2m,n}\sin m\theta\right) e^{jk_{z,m,n} z}\Big] \tag{3.1.38}$$

式中，(m,n) 模态的轴向波数 $k_{z,m,n}$ 由下式确定：

$$k_{z,m,n} = \left(k^2 - k_{r,m,n}^2\right)^{1/2} = \left[k^2 - (\alpha_{m,n}/a)^2\right]^{1/2} \tag{3.1.39}$$

式（3.1.38）所对应的本征函数有两个：$\psi_{1m,n}(r,\theta) = J_m(\alpha_{m,n} r / a)\cos m\theta$，$\psi_{2m,n}(r,\theta) = J_m(\alpha_{m,n} r / a)\sin m\theta$。

与矩形管道相似，如果用 n 表示横向声压分布中的节线圆号，可以形成如图 3.1.4 所示的节线图。使用这种表示法，在圆形管道和矩形管道中的平面波模态都是 (0, 0)，并

且 m 和 n 具有相同的含义，即横向声压分布中的节线号。

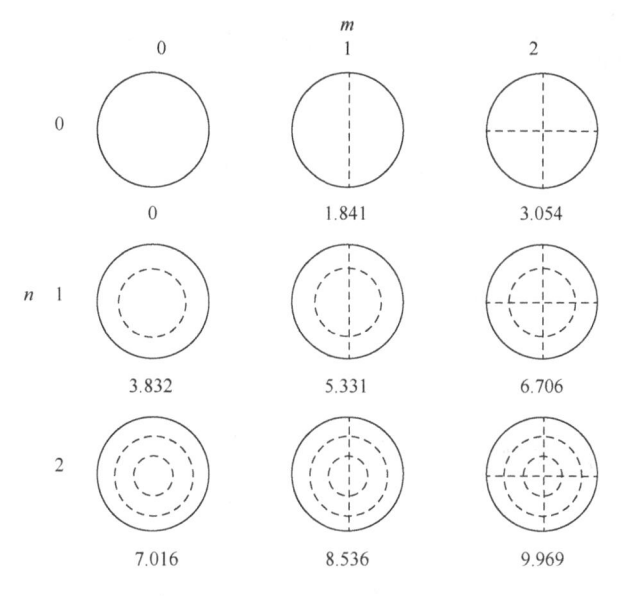

图 3.1.4　圆形管道中横向声压分布的节线

任何一个模态 (m,n) 能够无衰减地传播的条件是轴向波数 $k_{z,m,n}$ 为实数，由式（3.1.39）可知需要满足

$$k \geqslant \alpha_{m,n}/a \tag{3.1.40}$$

或

$$f \geqslant \frac{\alpha_{m,n}}{2\pi a}c \tag{3.1.41}$$

如果 $k_{z,1,0}$ 和 $k_{z,0,1}$ 是实数，也就是 k 大于 $k_{r,1,0}$ 和 $k_{r,0,1}$，第一个周向和径向高阶模态 $(1,0)$ 和 $(0,1)$ 将成为可传播的波，分别对应 $\alpha_{1,0}=1.841$ 和 $\alpha_{0,1}=3.832$。因此，$(1,0)$ 和 $(0,1)$ 模态的激发波数分别为 $1.841/a$ 和 $3.832/a$，也就是说，第一个周向模态在 $ka=1.841$ 时开始传播，第一个径向模态在 $ka=3.832$ 时开始传播。由此可见，如果满足条件

$$f < \frac{1.841}{2\pi a}c \tag{3.1.42}$$

则只有平面波能够传播，高阶模态即使存在，也将按指数规律迅速衰减。因此，平面波的截止频率为

$$f_{\text{cut-off}} = \frac{1.841}{2\pi a}c \tag{3.1.43}$$

将声压表达式代入轴向的动量方程，得到质点振速表达式为

$$u_z(r,\theta,z) = -\frac{1}{j\rho_0\omega}\frac{\partial p(r,\theta,z)}{\partial z} = \frac{1}{\rho_0\omega}\left\{\sum_{n=0}^{\infty}k_{z,0,n}J_0(\alpha_{0,n}r/a)\left(A_{0,n}e^{-jk_{z,0,n}z} - B_{0,n}e^{jk_{z,0,n}z}\right)\right.$$
$$\left. + \sum_{m=1}^{\infty}\sum_{n=0}^{\infty}k_{z,m,n}J_m(\alpha_{m,n}r/a)\left[\left(A_{m,n}^+e^{-jm\theta} + A_{m,n}^-e^{jm\theta}\right)e^{-jk_{z,m,n}z} - \left(B_{m,n}^+e^{-jm\theta} + B_{m,n}^-e^{jm\theta}\right)e^{jk_{z,m,n}z}\right]\right\}$$

$$\tag{3.1.44}$$

或

$$u_z(r,\theta,z) = \frac{1}{\rho_0 \omega} \sum_{m=0}^{\infty} \sum_{n=0}^{\infty} k_{z,m,n} J_m(\alpha_{m,n} r/a) \left[\left(A_{1m,n} \cos m\theta + A_{2m,n} \sin m\theta \right) e^{-jk_{z,m,n}z} \right.$$
$$\left. - \left(B_{1m,n} \cos m\theta + B_{2m,n} \sin m\theta \right) e^{jk_{z,m,n}z} \right] \tag{3.1.45}$$

与矩形管道一样，可以证明高阶模态对圆形管道中的声质量速度或声体积速度没有任何实际意义。

如果管道进出口边界条件关于某个平面具有对称性，则有 $\Theta(\theta) = \Theta(-\theta)$，于是声压和质点振速表达式可以简化为

$$p(r,\theta,z) = \sum_{m=0}^{\infty} \sum_{n=0}^{\infty} J_m(\alpha_{m,n} r/a) \cos m\theta \left(A_{m,n} e^{-jk_{z,m,n}z} + B_{m,n} e^{jk_{z,m,n}z} \right) \tag{3.1.46}$$

$$u_z(r,\theta,z) = \frac{1}{\rho_0 \omega} \sum_{m=0}^{\infty} \sum_{n=0}^{\infty} k_{z,m,n} J_m(\alpha_{m,n} r/a) \cos m\theta \left(A_{m,n} e^{-jk_{z,m,n}z} - B_{m,n} e^{jk_{z,m,n}z} \right) \tag{3.1.47}$$

此时本征函数只有一个：$\psi_{m,n}(r,\theta) = J_m(\alpha_{m,n} r/a) \cos m\theta$。

如果管道进出口边界条件具有轴对称性，则周向模态不会被激发，即声压和质点振速与角度 θ 无关，于是声压和质点振速表达式可进一步简化为

$$p(r,z) = \sum_{n=0}^{\infty} J_0(\alpha_{0,n} r/a) \left(A_{0,n} e^{-jk_{z,0,n}z} + B_{0,n} e^{jk_{z,0,n}z} \right) \tag{3.1.48}$$

$$u_z(r,z) = \frac{1}{\rho_0 \omega} \sum_{n=0}^{\infty} k_{z,0,n} J_0(\alpha_{0,n} r/a) \left(A_{0,n} e^{-jk_{z,0,n}z} - B_{0,n} e^{jk_{z,0,n}z} \right) \tag{3.1.49}$$

此时第一个高阶模态为径向模态(0, 1)，对应的平面波截止频率为

$$f_{\text{cut-off}} = \frac{3.832}{2\pi a} c \tag{3.1.50}$$

本征函数简化为 $\psi_{0,n}(r) = J_0(\alpha_{0,n} r/a)$。

3.2 均匀流动介质中的平面波

声波的传播是由于介质的惯性和弹性效应引起的，因此声波相对于介质的质点在运动。当介质本身以均匀速度 U 运动时，声波相对于介质的运动速度 c 保持不变，所以相对于静止的参考系，顺行波以绝对速度 $U+c$ 运动，而逆行波则以绝对速度 $U-c$ 运动，这种声波叫做运动流体介质中的声波。此时，对于静态介质的线性声学方程（1.2.4）和方程（1.2.5）中对时间的偏微分 $\partial/\partial t$ 将由全微分 $\mathrm{D}/\mathrm{D}t$ 替代，于是均匀流动介质中声波的两个基本方程写出如下形式。

连续性方程：$\dfrac{\mathrm{D}\rho}{\mathrm{D}t} + \rho_0 \dfrac{\partial u}{\partial x} = 0$ \tag{3.2.1}

动量方程：$\rho_0 \dfrac{\mathrm{D}u}{\mathrm{D}t} + \dfrac{\partial p}{\partial x} = 0$ \tag{3.2.2}

式中，$\mathrm{D}/\mathrm{D}t = \partial/\partial t + U \partial/\partial x$。在上述两个方程和式（1.2.8）中消去 ρ 和 u 后，得到如下均匀流动介质中的一维声波方程：

$$\frac{\partial^2 p}{\partial x^2} - \frac{1}{c^2}\frac{D^2 p}{Dt^2} = 0 \tag{3.2.3}$$

将全导数展开后，上式变成

$$\frac{\partial^2 p}{\partial t^2} + 2U\frac{\partial^2 p}{\partial x \partial t} + (U^2 - c^2)\frac{\partial^2 p}{\partial x^2} = 0 \tag{3.2.4}$$

如果声压随时间变化的关系是简谐的，即 $p(x,t) = p(x)\mathrm{e}^{\mathrm{j}\omega t}$，将其代入式（3.2.4），得到只含有坐标的微分方程为

$$\frac{\partial^2 p(x)}{\partial x^2} - M^2 \frac{\partial^2 p(x)}{\partial x^2} - 2\mathrm{j}kM\frac{\partial p(x)}{\partial x} + k^2 p(x) = 0 \tag{3.2.5}$$

式中，$M = U/c$ 为介质流动马赫数。方程（3.2.5）的解可以写成如下形式：

$$p(x) = C_1 \mathrm{e}^{-\mathrm{j}kx/(1+M)} + C_2 \mathrm{e}^{\mathrm{j}kx/(1-M)} \tag{3.2.6}$$

于是有

$$p(x,t) = \left[C_1 \mathrm{e}^{-\mathrm{j}kx/(1+M)} + C_2 \mathrm{e}^{\mathrm{j}kx/(1-M)} \right] \mathrm{e}^{\mathrm{j}\omega t} \tag{3.2.7}$$

将质点振速表达式写成如下形式：

$$u(x,t) = \left[C_3 \mathrm{e}^{-\mathrm{j}kx/(1+M)} + C_4 \mathrm{e}^{\mathrm{j}kx/(1-M)} \right] \mathrm{e}^{\mathrm{j}\omega t} \tag{3.2.8}$$

将式（3.2.7）和式（3.2.8）代入式（3.2.2），令 $\mathrm{e}^{-\mathrm{j}kx/(1+M)}$ 和 $\mathrm{e}^{\mathrm{j}kx/(1-M)}$ 的系数分别为 0，得到 $C_3 = C_1/\rho_0 c$，$C_4 = -C_2/\rho_0 c$。于是，质点振速的表达式写成

$$u(x,t) = \frac{1}{\rho_0 c}\left[C_1 \mathrm{e}^{-\mathrm{j}kx/(1+M)} - C_2 \mathrm{e}^{\mathrm{j}kx/(1-M)} \right] \mathrm{e}^{\mathrm{j}\omega t} \tag{3.2.9}$$

由式（3.2.7）和式（3.2.9）可以看出，介质流动对两个行波分量的运流效应，其中顺行波和逆行波的波数分别为 $k^+ = k/(1+M)$ 和 $k^- = k/(1-M)$。

3.3 均匀流动介质中的三维波

假设等截面管道内流体介质本身以均匀速度 U 运动，则三维声波的连续性方程和动量方程为

$$\frac{D\rho}{Dt} + \rho_0 \nabla \cdot u = 0 \tag{3.3.1}$$

$$\rho_0 \frac{Du}{Dt} + \nabla p = 0 \tag{3.3.2}$$

在上述两个方程和式（1.2.8）中消去 ρ 和 u，得到均匀流动介质中的三维声波方程为

$$\nabla^2 p - \frac{1}{c^2}\frac{D^2 p}{Dt^2} = 0 \tag{3.3.3}$$

将全导数展开后，上式变成

$$\frac{\partial^2 p}{\partial t^2} + 2U\frac{\partial^2 p}{\partial z \partial t} + U^2 \frac{\partial^2 p}{\partial z^2} - c^2 \nabla^2 p = 0 \tag{3.3.4}$$

如果声压随时间变化的关系是简谐的，即 $p(x,y,z,t) = p(x,y,z)\mathrm{e}^{\mathrm{j}\omega t}$，得到均匀流动

介质中简谐声场的控制方程为

$$\nabla^2 p(x,y,z) - M^2 \frac{\partial^2 p(x,y,z)}{\partial z^2} - 2jkM\frac{\partial p(x,y,z)}{\partial z} + k^2 p(x,y,z) = 0 \quad (3.3.5)$$

将声压表示成 $p(x,y,z)=\psi(x,y)Z(z)$，将其代入式（3.3.5），由分离变量法得到以下两个独立方程：

$$\nabla^2_{xy}\psi(x,y) + k_{xy}^2 \psi(x,y) = 0 \quad (3.3.6)$$

$$(1-M^2)\frac{d^2 Z(z)}{dz^2} - 2jkM\frac{dZ(z)}{dz} + (k^2 - k_{xy}^2)Z(z) = 0 \quad (3.3.7)$$

可以看出，均匀流对声场的横向分量没有任何影响，只是影响了轴向分量。

式（3.3.7）的通解可以写成如下形式：

$$Z(z) = C_5 e^{-jk_z^+ z} + C_6 e^{jk_z^- z} \quad (3.3.8)$$

式中，k_z^+ 和 k_z^- 分别为顺行波和逆行波的波数。将式（3.3.8）代入式（3.3.7）得到如下约束关系：

$$k_{xy}^2 + (k_z^\pm)^2 = (k \mp Mk_z^\pm)^2 \quad (3.3.9)$$

由此得到

$$k_z^\pm = \frac{\mp Mk + \left[k^2 - (1-M^2)k_{xy}^2\right]^{1/2}}{1-M^2} \quad (3.3.10)$$

进而可以使用与 3.1 节中相同的求解方法得到声压和质点振速表达式。

3.3.1 矩形管道

使用与 3.1.1 节中相同的求解方法，可以得到方程（3.3.5）的解为

$$p(x,y,z) = \sum_{m=0}^{\infty}\sum_{n=0}^{\infty} \cos\frac{m\pi x}{b} \cos\frac{n\pi y}{h} \left(A_{m,n} e^{-jk_{z,m,n}^+ z} + B_{m,n} e^{jk_{z,m,n}^- z}\right) \quad (3.3.11)$$

式中，$k_{z,m,n}^+$ 和 $k_{z,m,n}^-$ 为 (m,n) 模态在 z 轴正向和反向上的波数：

$$k_{z,m,n}^\pm = \frac{\mp Mk + \left\{k^2 - (1-M^2)\left[\left(\frac{m\pi}{b}\right)^2 + \left(\frac{n\pi}{h}\right)^2\right]\right\}^{1/2}}{1-M^2} \quad (3.3.12)$$

由式（3.3.12）可知，高阶模态（$m, n>0$）能够无衰减地传播的条件是

$$k^2 - (1-M^2)\left[\left(\frac{m\pi}{b}\right)^2 + \left(\frac{n\pi}{h}\right)^2\right] \geq 0 \quad (3.3.13)$$

即

$$f \geq (1-M^2)^{1/2} \frac{c}{2}\left[\left(\frac{m}{b}\right)^2 + \left(\frac{n}{h}\right)^2\right]^{1/2} \quad (3.3.14)$$

假设 $h>b$，则平面波的截止频率为

$$f_{\text{cut-off}} = (1-M^2)^{1/2} \frac{c}{2h} \quad (3.3.15)$$

对于质点振速，假设它具有与式（3.3.11）相同的形式，只是将系数 $A_{m,n}$ 和 $B_{m,n}$ 用 $C_{m,n}$

和 $D_{m,n}$ 来代替，将 p 和 u 的 (m,n) 分量代入轴向动量方程，令 $\mathrm{e}^{-jk_{z,m,n}^+z}$ 和 $\mathrm{e}^{jk_{z,m,n}^-z}$ 的系数分别为 0，于是得到了用 $A_{m,n}$ 表示的 $C_{m,n}$ 和用 $B_{m,n}$ 表示的 $D_{m,n}$，然后将所有模态的 $u_{z,m,n}$ 叠加，最后得到

$$u_z(x,y,z) = \frac{1}{\rho_0 c}\sum_{m=0}^{\infty}\sum_{n=0}^{\infty}\cos\frac{m\pi x}{b}\cos\frac{n\pi y}{h}\left(\frac{k_{z,m,n}^+}{k-Mk_{z,m,n}^+}A_{m,n}\mathrm{e}^{-jk_{z,m,n}^+z} - \frac{k_{z,m,n}^-}{k+Mk_{z,m,n}^-}B_{m,n}\mathrm{e}^{jk_{z,m,n}^-z}\right)$$

(3.3.16)

3.3.2 圆形管道

使用与 3.1.2 节中相同的求解方法，可以得到方程（3.3.5）的解为

$$p(r,\theta,z) = \sum_{n=0}^{\infty}J_0(\alpha_{0,n}r/a)\left(A_{0,n}\mathrm{e}^{-jk_{z,0,n}^+z} + B_{0,n}\mathrm{e}^{jk_{z,0,n}^-z}\right) + \sum_{m=1}^{\infty}\sum_{n=0}^{\infty}J_m(\alpha_{m,n}r/a)$$
$$\times\left[\left(A_{m,n}^+\mathrm{e}^{-jm\theta} + A_{m,n}^-\mathrm{e}^{jm\theta}\right)\mathrm{e}^{-jk_{z,m,n}^+z} + \left(B_{m,n}^+\mathrm{e}^{-jm\theta} + B_{m,n}^-\mathrm{e}^{jm\theta}\right)\mathrm{e}^{jk_{z,m,n}^-z}\right] \quad (3.3.17)$$

或

$$p(r,\theta,z) = \sum_{m=0}^{\infty}\sum_{n=0}^{\infty}J_m(\alpha_{m,n}r/a)\left[\left(A_{1m,n}\cos m\theta + A_{2m,n}\sin m\theta\right)\mathrm{e}^{-jk_{z,m,n}^+z}\right.$$
$$\left.+\left(B_{1m,n}\cos m\theta + B_{2m,n}\sin m\theta\right)\mathrm{e}^{jk_{z,m,n}^-z}\right] \quad (3.3.18)$$

式中，$k_{z,m,n}^+$ 和 $k_{z,m,n}^-$ 为 (m,n) 模态在 z 轴正向和反向上的波数：

$$k_{z,m,n}^{\pm} = \frac{\mp Mk + \left[k^2 - (1-M^2)k_{r,m,n}^2\right]^{1/2}}{1-M^2} \quad (3.3.19)$$

因此，高阶模态 $(m, n>0)$ 能够无衰减地传播的条件是

$$k^2 - (1-M^2)k_{r,m,n}^2 \geqslant 0 \quad (3.3.20)$$

即

$$f \geqslant (1-M^2)^{1/2}\frac{\alpha_{m,n}c}{2\pi a} \quad (3.3.21)$$

于是，平面波的截止频率为

$$f_{\text{cut-off}} = (1-M^2)^{1/2}\frac{1.841c}{2\pi a} \quad (3.3.22)$$

采用与 3.3.1 节中相同的办法，可以得到圆形管道内的质点振速表达式为

$$u_z(r,\theta,z) = \frac{1}{\rho_0 c}\sum_{n=0}^{\infty}J_0(\alpha_{0,n}r/a)\left(\frac{k_{z,0,n}^+}{k-Mk_{z,0,n}^+}A_{0,n}\mathrm{e}^{-jk_{z,0,n}^+z} - \frac{k_{z,0,n}^-}{k+Mk_{z,0,n}^-}B_{0,n}\mathrm{e}^{jk_{z,0,n}^-z}\right)$$
$$+ \frac{1}{\rho_0 c}\sum_{m=1}^{\infty}\sum_{n=0}^{\infty}J_m(\alpha_{m,n}r/a)\left[\frac{k_{z,m,n}^+}{k-Mk_{z,m,n}^+}\left(A_{m,n}^+\mathrm{e}^{-jm\theta} + A_{m,n}^-\mathrm{e}^{jm\theta}\right)\mathrm{e}^{-jk_{z,m,n}^+z}\right.$$
$$\left.- \frac{k_{z,m,n}^-}{k+Mk_{z,m,n}^-}\left(B_{m,n}^+\mathrm{e}^{-jm\theta} + B_{m,n}^-\mathrm{e}^{jm\theta}\right)\mathrm{e}^{jk_{z,m,n}^-z}\right] \quad (3.3.23)$$

或

$$u_z(r,\theta,z) = \frac{1}{\rho_0 c}\sum_{m=0}^{\infty}\sum_{n=0}^{\infty}J_m(\alpha_{m,n}r/a)\left[\frac{k_{z,m,n}^+}{k-Mk_{z,m,n}^+}(A_{1m,n}\cos m\theta + A_{2m,n}\sin m\theta)e^{-jk_{z,m,n}^+ z}\right.$$
$$\left. -\frac{k_{z,m,n}^-}{k+Mk_{z,m,n}^-}(B_{1m,n}\cos m\theta + B_{2m,n}\sin m\theta)e^{jk_{z,m,n}^- z}\right] \quad (3.3.24)$$

如果管道进出口边界条件关于某个平面具有对称性，声压和质点振速表达式可以简化为

$$p(r,\theta,z) = \sum_{m=0}^{\infty}\sum_{n=0}^{\infty}J_m(\alpha_{m,n}r/a)\cos m\theta\left(A_{m,n}e^{-jk_{z,m,n}^+ z}+B_{m,n}e^{jk_{z,m,n}^- z}\right) \quad (3.3.25)$$

$$u_z(r,\theta,z) = \frac{1}{\rho_0 c}\sum_{m=0}^{\infty}\sum_{n=0}^{\infty}J_m(\alpha_{m,n}r/a)\cos m\theta$$
$$\times\left(\frac{k_{z,m,n}^+}{k-Mk_{z,m,n}^+}A_{m,n}e^{-jk_{z,m,n}^+ z}-\frac{k_{z,m,n}^-}{k+Mk_{z,m,n}^-}B_{m,n}e^{jk_{z,m,n}^- z}\right) \quad (3.3.26)$$

如果进出口边界条件也是轴对称的，则声压和质点振速的表达式可简化为

$$p(r,z) = \sum_{n=0}^{\infty}J_0(\alpha_{0,n}r/a)\left(A_{0,n}e^{-jk_{z,0,n}^+ z}+B_{0,n}e^{jk_{z,0,n}^- z}\right) \quad (3.3.27)$$

$$u_z(r,z) = \frac{1}{\rho_0 c}\sum_{n=0}^{\infty}J_0(\alpha_{0,n}r/a)\left(\frac{k_{z,0,n}^+}{k-Mk_{z,0,n}^+}A_{0,n}e^{-jk_{z,0,n}^+ z}-\frac{k_{z,0,n}^-}{k+Mk_{z,0,n}^-}B_{0,n}e^{jk_{z,0,n}^- z}\right) \quad (3.3.28)$$

相应地，平面波截止频率为

$$f_{\text{cut-off}} = \left(1-M^2\right)^{1/2}\frac{3.832c}{2\pi a} \quad (3.3.29)$$

3.4 模态匹配法及其应用

对于由矩形和圆形管道组成的声学结构，可以建立相应的解析策略计算得到各阶模态的幅值系数，进而计算所需的声学量。本节介绍一种计算消声器声学性能的解析方法——模态匹配法。

使用前面获得的声压和质点振速表达式，以及进出口所在截面上的声压和轴向质点振动速度的连续性条件和壁面上的边界条件，结合本征函数的正交性，建立起以模态幅值系数为未知量的线性方程组，然后将无限个模态截断成有限个模态，并取所有管道内的模态数量相等，当进出口处的边界条件给定时，即可求解该方程组并获得模态幅值系数。由于各个管道内所截断的模态数量相等，即模态相互匹配，所以称之为模态匹配法。

下面以如图 3.4.1 所示的具有外插进出口的圆形同轴膨胀腔消声器为例，介绍模态匹配法的实施过程。

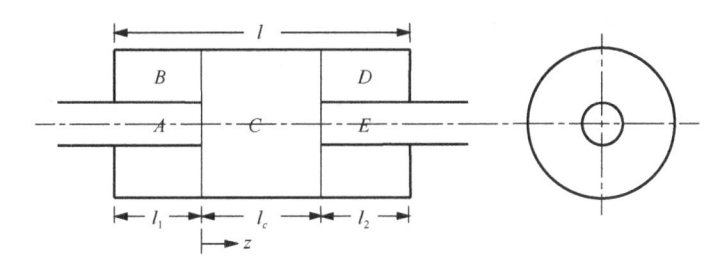

图 3.4.1 具有外插进出口的圆形同轴膨胀腔消声器

假设进出口处的边界条件也是轴对称的,则其内部声场可按轴对称结构来处理。将该消声器划分成 A、B、C、D、E 五个区域,声压和轴向质点振速可分别表示成[6]

$$p_A(r,z) = \sum_{n=0}^{\infty} \left(A_n^+ e^{-jk_{An}z} + A_n^- e^{jk_{An}z} \right) \psi_{An}(r) \tag{3.4.1a}$$

$$u_{Az}(r,z) = \frac{1}{\rho_0 \omega} \sum_{n=0}^{\infty} k_{An} \left(A_n^+ e^{-jk_{An}z} - A_n^- e^{jk_{An}z} \right) \psi_{An}(r) \tag{3.4.1b}$$

$$p_B(r,z) = \sum_{n=0}^{\infty} \left(B_n^+ e^{-jk_{Bn}z} + B_n^- e^{jk_{Bn}z} \right) \psi_{Bn}(r) \tag{3.4.2a}$$

$$u_{Bz}(r,z) = \frac{1}{\rho_0 \omega} \sum_{n=0}^{\infty} k_{Bn} \left(B_n^+ e^{-jk_{Bn}z} - B_n^- e^{jk_{Bn}z} \right) \psi_{Bn}(r) \tag{3.4.2b}$$

$$p_C(r,z) = \sum_{n=0}^{\infty} \left(C_n^+ e^{-jk_{Cn}z} + C_n^- e^{jk_{Cn}z} \right) \psi_{Cn}(r) \tag{3.4.3a}$$

$$u_{Cz}(r,z) = \frac{1}{\rho_0 \omega} \sum_{n=0}^{\infty} k_{Cn} \left(C_n^+ e^{-jk_{Cn}z} - C_n^- e^{jk_{Cn}z} \right) \psi_{Cn}(r) \tag{3.4.3b}$$

$$p_D(r,z) = \sum_{n=0}^{\infty} \left[D_n^+ e^{-jk_{Dn}(z-l_c)} + D_n^- e^{jk_{Dn}(z-l_c)} \right] \psi_{Dn}(r) \tag{3.4.4a}$$

$$u_{Dz}(r,z) = \frac{1}{\rho_0 \omega} \sum_{n=0}^{\infty} k_{Dn} \left[D_n^+ e^{-jk_{Dn}(z-l_c)} - D_n^- e^{jk_{Dn}(z-l_c)} \right] \psi_{Dn}(r) \tag{3.4.4b}$$

$$p_E(r,z) = \sum_{n=0}^{\infty} \left[E_n^+ e^{-jk_{En}(z-l_c)} + E_n^- e^{jk_{En}(z-l_c)} \right] \psi_{En}(r) \tag{3.4.5a}$$

$$u_{Ez}(r,z) = \frac{1}{\rho_0 \omega} \sum_{n=0}^{\infty} k_{En} \left[E_n^+ e^{-jk_{En}(z-l_c)} - E_n^- e^{jk_{En}(z-l_c)} \right] \psi_{En}(r) \tag{3.4.5b}$$

式中,A_n^+、A_n^-、B_n^+、B_n^-、C_n^+、C_n^-、D_n^+、D_n^-、E_n^+、E_n^- 分别是 A、B、C、D、E 五个区域内沿 z 轴正向和反向行波第 n 个模态的幅值系数;

$$\psi_{An}(r) = J_0(\alpha_n r/a_1) \tag{3.4.6a}$$

$$\psi_{Bn}(r) = J_0(\beta_n r/a) - [J_1(\beta_n)/Y_1(\beta_n)] Y_0(\beta_n r/a) \tag{3.4.6b}$$

$$\psi_{Cn}(r) = J_0(\alpha_n r/a) \tag{3.4.6c}$$

$$\psi_{Dn}(r) = J_0(\gamma_n r/a) - [J_1(\gamma_n)/Y_1(\gamma_n)] Y_0(\gamma_n r/a) \tag{3.4.6d}$$

$$\psi_{En}(r) = J_0(\alpha_n r/a_2) \tag{3.4.6e}$$

是 A、B、C、D、E 五个区域的本征函数，a_1、a_2 和 a 分别为进口管、出口管和膨胀腔的半径，α_n、β_n 和 γ_n 分别为满足如下径向边界条件的根：

$$J_1(\alpha_n) = 0 \tag{3.4.7}$$

$$J_1(\beta_n a_1 / a) - [J_1(\beta_n)/Y_1(\beta_n)]Y_1(\beta_n a_1 / a) = 0 \tag{3.4.8}$$

$$J_1(\gamma_n a_2 / a) - [J_1(\gamma_n)/Y_1(\gamma_n)]Y_1(\gamma_n a_2 / a) = 0 \tag{3.4.9}$$

$$k_{An} = [k^2 - (\alpha_n / a_1)^2]^{1/2} \tag{3.4.10a}$$

$$k_{Bn} = [k^2 - (\beta_n / a)^2]^{1/2} \tag{3.4.10b}$$

$$k_{Cn} = [k^2 - (\alpha_n / a)^2]^{1/2} \tag{3.4.10c}$$

$$k_{Dn} = [k^2 - (\gamma_n / a)^2]^{1/2} \tag{3.4.10d}$$

$$k_{En} = [k^2 - (\alpha_n / a_2)^2]^{1/2} \tag{3.4.10e}$$

分别是 A、B、C、D、E 五个区域内第 n 个模态的轴向波数。

膨胀腔的左右两侧端板的刚性壁面边界条件为

$$u_{Bz} = 0, \quad z = -l_1, \ a_1 \leqslant r \leqslant a \tag{3.4.11a}$$

$$u_{Dz} = 0, \quad z = l_c + l_2, \ a_2 \leqslant r \leqslant a \tag{3.4.11b}$$

将式（3.4.2b）和式（3.4.4b）代入式（3.4.11a）和式（3.4.11b），使用本征函数的正交性可以得到

$$B_n^+ = B_n^- \mathrm{e}^{-2jk_{Bn}l_1} \tag{3.4.12a}$$

$$D_n^- = D_n^+ \mathrm{e}^{-2jk_{Dn}l_2} \tag{3.4.12b}$$

在进口截面（$z = 0$）和出口截面（$z = l_c$）上，声压和质点振速的连续性条件为

$$p_C = p_A, \quad z = 0, \ 0 \leqslant r \leqslant a_1 \tag{3.4.13a}$$

$$p_C = p_B, \quad z = 0, \ a_1 \leqslant r \leqslant a \tag{3.4.13b}$$

$$u_{Cz} = \begin{cases} u_{Az}, & z = 0, \ 0 \leqslant r \leqslant a_1 \\ u_{Bz}, & z = 0, \ a_1 \leqslant r \leqslant a \end{cases} \tag{3.4.13c}$$

$$p_C = p_E, \quad z = l_c, \ 0 \leqslant r \leqslant a_2 \tag{3.4.14a}$$

$$p_C = p_D, \quad z = l_c, \ a_2 \leqslant r \leqslant a \tag{3.4.14b}$$

$$u_{Cz} = \begin{cases} u_{Ez}, & z = l_c, \ 0 \leqslant r \leqslant a_2 \\ u_{Dz}, & z = l_c, \ a_2 \leqslant r \leqslant a \end{cases} \tag{3.4.14c}$$

在进口截面，将式（3.4.1a）和式（3.4.3a）代入声压连续性条件式（3.4.13a），然后方程两侧同乘 $\psi_{As}\mathrm{d}S$，并且在 $0 \leqslant r \leqslant a_1$ 上进行积分，得到

$$\sum_{n=0}^{\infty}(C_n^+ + C_n^-)\langle \psi_{Cn}\psi_{As}\rangle_{0 \leqslant r \leqslant a_1} = (A_s^+ + A_s^-)\langle \psi_{As}\psi_{As}\rangle_{0 \leqslant r \leqslant a_1} \tag{3.4.15a}$$

将式（3.4.2a）和式（3.4.3a）代入声压连续性条件式（3.4.13b），然后方程两侧同乘 $\psi_{Bs}\mathrm{d}S$，并且在 $a_1 \leqslant r \leqslant a$ 上进行积分，得到

$$\sum_{n=0}^{\infty}(C_n^+ + C_n^-)\langle \psi_{Cn}\psi_{Bs}\rangle_{a_1 \leqslant r \leqslant a} = B_s^-(\mathrm{e}^{-2jk_{Bs}l_1} + 1)\langle \psi_{Bs}\psi_{Bs}\rangle_{a_1 \leqslant r \leqslant a} \tag{3.4.15b}$$

将式（3.4.1b）、式（3.4.2b）和式（3.4.3b）代入质点振速连续性条件式（3.4.13c），然后两侧同乘 $\psi_{Cs}\mathrm{d}S$，并且在 $0 \leqslant r \leqslant a$ 进行积分，得到

$$k_{Cs}\left(C_s^+ - C_s^-\right)\langle\psi_{Cs}\psi_{Cs}\rangle_{0\leqslant r\leqslant a} = \sum_{n=0}^{\infty} k_{An}\left(A_n^+ - A_n^-\right)\langle\psi_{An}\psi_{Cs}\rangle_{0\leqslant r\leqslant a_1}$$
$$+ \sum_{n=0}^{\infty} k_{Bn} B_n^-\left(\mathrm{e}^{-2jk_{Bn}l_1} - 1\right)\langle\psi_{Bn}\psi_{Cs}\rangle_{a_1\leqslant r\leqslant a} \quad (3.4.15\mathrm{c})$$

在出口处，使用与进口相同的处理方法，可以得到

$$\sum_{n=0}^{\infty}\left(C_n^+ \mathrm{e}^{-jk_{Cn}l_c} + C_n^- \mathrm{e}^{jk_{Cn}l_c}\right)\langle\psi_{Cn}\psi_{Es}\rangle_{0\leqslant r\leqslant a_2} = \left(E_s^+ + E_s^-\right)\langle\psi_{Es}\psi_{Es}\rangle_{0\leqslant r\leqslant a_2} \quad (3.4.16\mathrm{a})$$

$$\sum_{n=0}^{\infty}\left(C_n^+ \mathrm{e}^{-jk_{Cn}l_c} + C_n^- \mathrm{e}^{jk_{Cn}l_c}\right)\langle\psi_{Cn}\psi_{Ds}\rangle_{a_2\leqslant r\leqslant a} = D_s^+\left(1 + \mathrm{e}^{-2jk_{Ds}l_2}\right)\langle\psi_{Ds}\psi_{Ds}\rangle_{a_2\leqslant r\leqslant a} \quad (3.4.16\mathrm{b})$$

$$k_{Cs}\left(C_s^+ \mathrm{e}^{-jk_{Cn}l_c} - C_s^- \mathrm{e}^{jk_{Cn}l_c}\right)\langle\psi_{Cs}\psi_{Cs}\rangle_{0\leqslant r\leqslant a} = \sum_{n=0}^{\infty} k_{En}\left(E_n^+ - E_n^-\right)\langle\psi_{En}\psi_{Cs}\rangle_{0\leqslant r\leqslant a_2}$$
$$+ \sum_{n=0}^{\infty} k_{Dn} D_n^+\left(1 - \mathrm{e}^{-2jk_{Dn}l_2}\right)\langle\psi_{Dn}\psi_{Cs}\rangle_{a_2\leqslant r\leqslant a} \quad (3.4.16\mathrm{c})$$

上述积分可以使用下式求出：

$$\int rB_0(\lambda r)B_0(\mu r)\mathrm{d}r = \begin{cases} \dfrac{r}{\lambda^2 - \mu^2}\left[\lambda B_1(\lambda r)B_0(\mu r) - \mu B_0(\lambda r)B_1(\mu r)\right], & \lambda \neq \mu \\ \dfrac{r^2}{2}\left[B_0^2(\lambda r) + B_1^2(\lambda r)\right], & \lambda = \mu \end{cases} \quad (3.4.17)$$

$$\int rB_m(\lambda r)B_m(\mu r)\mathrm{d}r = \begin{cases} \dfrac{r}{\lambda^2 - \mu^2}\left[\mu B_m(\lambda r)B_m'(\mu r) - \lambda B_m(\mu r)B_m'(\lambda r)\right], & \lambda \neq \mu \\ \dfrac{r^2}{2}\left\{\left[B_m'(\lambda r)\right]^2 + \left(1 - \dfrac{m^2}{\lambda^2 r^2}\right)B_m^2(\lambda r)\right\}, & \lambda = \mu \end{cases} \quad (3.4.18)$$

式中，$B_m(r)$ 可以是任何一类贝塞尔函数。

方程（3.4.15）和方程（3.4.16）对于 $s = 0,1,\cdots,\infty$ 均成立，其中含有无限多个未知量（模态幅值系数），为此需要将无限个模态截断成有限个模态（例如 N 个）。当进口和出口处的边界条件已知时，方程（3.4.15）和方程（3.4.16）形成了 6(N+1) 个方程，含有 6(N+1) 个未知量，求解该方程组即可获得这些模态幅值系数。

为计算传递损失，可以假设消声器进口处的入射波为平面波（设 $A_0 = 1$；$A_n^+ = 0$，$n \geqslant 1$），出口为无反射端（即 $E_n^- = 0$），求解由方程（3.4.15）和方程（3.4.16）形成的方程组，得到模态幅值系数，进而使用下式计算消声器的传递损失：

$$TL = -20\lg\left|(a_2/a_1)E_0\right| \quad (3.4.19)$$

对于给定的消声器结构，使用模态匹配法计算声学特性时，所需截断的模态数量与计算频率和几何形状相关，计算频率越高，所需的模态数量越多，花费的计算时间也就越长。

考虑如图 3.4.1 所示的具有外插进口的圆形同轴膨胀腔消声器，其具体尺寸为：膨胀腔长度 l=282.3mm，直径 d=153.2mm，进出口管内径 d_1=d_2=48.6mm，进出口管插入膨胀腔内的长度分别为 l_1= 80mm，l_2= 0。

图 3.4.2 为使用模态匹配法计算得到的传递损失与实验测量结果的比较。可以看出，二者在整个所关心的频率范围内吻合很好。在模态匹配法中模态数量取 $N=5$。

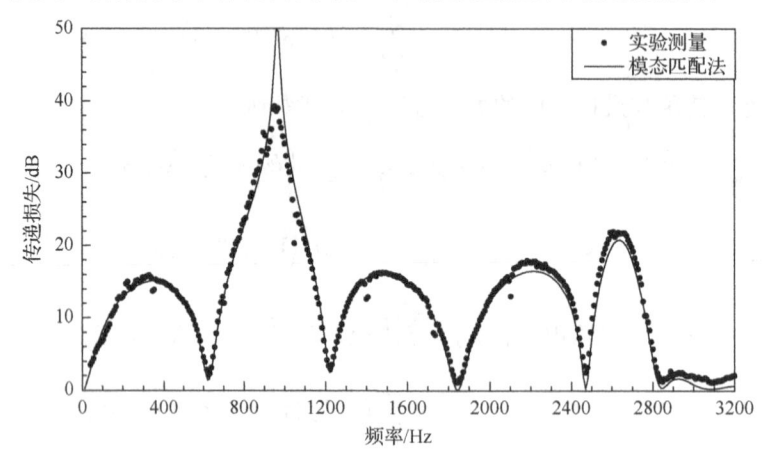

图 3.4.2 具有外插进口的圆形同轴膨胀腔的传递损失

习　题

3.1　横截面为 0.3m×0.2m 刚性壁矩形管道内为 20℃ 静止空气，（1）试计算前 6 阶模态频率，并画出模态节线图；（2）试问在 1600Hz 以内可传播的高阶模态有几个？对应的频率是多少？（3）如果管道内为 400℃ 空气，以 60m/s 速度均匀流动，试问可传播的高阶模态数量是否发生变化？平面波截止频率改变了多少？

3.2　直径为 0.4m 刚性壁圆形管道内为 20℃ 静止空气，（1）试计算前 6 阶模态频率，并画出模态节线图；（2）试问在 1600Hz 以内可传播的高阶模态有几个？对应的频率是多少？（3）如果管道内为 400℃ 空气，以 60m/s 速度均匀流动，试问可传播的高阶模态数量是否发生变化？平面波截止频率改变了多少？

3.3　横截面为 0.2m×0.3m 刚性壁矩形简单膨胀腔，进口为直径 0.1m 的圆形管，出口为直径 0.12m 的圆形管，进出口管与膨胀腔同轴，已知声速 $c=344$m/s，试确定平面波截止频率。

3.4　长度为 100m 的等横截面刚性壁管道中，25℃ 空气以速度 150m/s 流动，在管道的两端各产生一个声波，试问两个声波传到另一端的时间差是多少？

3.5　使用模态匹配法计算圆形同轴膨胀腔的传递损失，讨论模态数量对计算精度的影响，以及高阶模态对传递损失的影响（计算频率至 3200Hz，频率步长取 4Hz）。已知：进出口管直径 $d=48.6$mm，膨胀腔直径 $D=173.2$mm，膨胀腔长度 $l=282.3$mm，声速 $c=344$m/s。

第4章 有界空间中的声场

无界空间中的声场称为自由声场，消声室就是无界空间的模拟，这时声波只是从声源向四周辐射出去，不受边界和其他物体的反射，同时也没有其他声波的干扰。但是在很多实际问题中，声波的辐射与传播是在有界空间中进行的，例如车间内机器辐射的噪声、房间内的讲话声等，这类声场称为有界空间中的声场或室内声场。有界声场与自由声场的差别是，声场除了包括由声源辐射直接到达的声音外，还存在由各界面多次反射而传来的声音，因而形成驻波。处理有界空间中的声场主要有两类方法：波动声学方法和统计声学方法。波动声学方法适用于低频声学问题，统计声学方法适用于高频声学问题。用波动声学处理有界空间中声场的出发点仍然是求解波动方程，其基础是建立和描述空间边界面的边界条件，然后使用数学方法求出满足这些边界条件的波动方程的解，对于规则空间可以采用解析方法，对于非规则空间则需要使用数值方法。多数情况下空间壁面的声学性质往往不可能处处均匀，形状也可能不规则，而且室内常常放置一些物体，还有人存在，这就使空间内声场变得非常复杂，因此，要对一般的有界空间中声场通过波动声学的方法来求得严格的解是比较困难的，统计声学是处理室内声场最有效的方法，在解决一般室内声学实际问题中已颇见成效。使用统计声学方法可以得到关于室内声场的一些统计平均规律，对于体积大而形状不规则的房间适用性好，特别是高频问题。统计声学处理方法主要有基于声线的统计处理方法和基于能量流平衡的统计能量分析方法两种。

4.1 解 析 方 法

用波动声学理论处理有界空间中声场的出发点就是求出满足边界条件的波动方程的解[3]。

常见的边界条件主要有四种：刚性壁面、柔性边界、吸收壁面和弹性结构振动边界。在这四种边界条件中，声压与质点振速之间的关系分别表述如下。

（1）刚性壁面边界上，法向质点振速为零，

$$u_n = 0 \tag{4.1.1}$$

式中，n 为边界的外法线方向。此类边界又称为 Neuman 边界条件。

（2）柔性边界上，声压为零，

$$p = 0 \tag{4.1.2}$$

此类边界又称为压力释放或 Dirichlet 边界条件。

（3）吸收壁面（又称阻抗边界）上，边界条件可表示为

$$\frac{p}{u_n} = Z_n \quad 或 \quad \frac{\partial p}{\partial n} = -\mathrm{j}\rho_0\omega\frac{p}{Z_n} \tag{4.1.3}$$

式中，Z_n 为吸收壁面的复声阻抗率。实际上，Z_n 为零时表示绝对软边界（声压为零），Z_n 为无限大时表示刚性边界（质点振速为零）。

（4）弹性结构振动边界上，满足质点振速连续性条件

$$\frac{\partial p}{\partial n} = -j\rho_0 \omega u_n \tag{4.1.4}$$

式中，u_n 为弹性结构的法向振动速度。

本节以矩形房间为例，介绍使用解析方法来处理室内声场问题。

4.1.1 室内驻波

假设房间的内壁是刚性的，长、宽、高分别为 l_x、l_y、l_z，如果把坐标原点取在房间的一个角上，则刚性壁面的边界条件为

$$\begin{cases} (u_x)_{(x=0,\ x=l_x)} = 0 \\ (u_y)_{(y=0,\ y=l_y)} = 0 \\ (u_z)_{(z=0,\ z=l_z)} = 0 \end{cases} \tag{4.1.5}$$

式中，u_x、u_y、u_z 分别表示质点速度在 x、y、z 方向的分量。采用直角坐标系，使用与3.1.1节相同的分离变量法，由亥姆霍兹方程得到三个独立坐标的常微分方程（3.1.4）～方程（3.1.6）和约束关系式（3.1.7）。方程（3.1.4）～方程（3.1.6）的解可写成式（3.1.8）～式（3.1.10）的形式，也可表示为

$$X(x) = A_x \cos k_x x + B_x \sin k_x x \tag{4.1.6}$$

$$Y(y) = A_y \cos k_y y + B_y \sin k_y y \tag{4.1.7}$$

$$Z(z) = A_z \cos k_z z + B_z \sin k_z z \tag{4.1.8}$$

进而由动量方程得到三个方向质点振速为

$$u_x = -\frac{1}{j\rho_0 \omega} \frac{\partial p}{\partial x} = \frac{jk_x}{\rho_0 \omega}(-A_x \sin k_x x + B_x \cos k_x x) Y(y) Z(z) \tag{4.1.9}$$

$$u_y = -\frac{1}{j\rho_0 \omega} \frac{\partial p}{\partial y} = \frac{jk_y}{\rho_0 \omega}(-A_y \sin k_y y + B_y \cos k_y y) X(x) Z(z) \tag{4.1.10}$$

$$u_z = -\frac{1}{j\rho_0 \omega} \frac{\partial p}{\partial z} = \frac{jk_z}{\rho_0 \omega}(-A_z \sin k_z z + B_z \cos k_z z) X(x) Y(y) \tag{4.1.11}$$

将式（4.1.9）～式（4.1.11）代入边界条件（4.1.5），得到

$$\begin{cases} B_x = 0, \quad k_x = \dfrac{n_x \pi}{l_x} \\ B_y = 0, \quad k_y = \dfrac{n_y \pi}{l_y} \\ B_z = 0, \quad k_z = \dfrac{n_z \pi}{l_z} \end{cases} \tag{4.1.12}$$

式中，n_x、n_y、n_z 为 0 或正整数。于是得到满足边界条件的特解

$$p_{n_x,n_y,n_z} = A_{n_x,n_y,n_z} \cos\left(\frac{n_x\pi}{l_x}x\right)\cos\left(\frac{n_y\pi}{l_y}y\right)\cos\left(\frac{n_z\pi}{l_z}z\right) \qquad (4.1.13)$$

式中，A_{n_x,n_y,n_z} 为任意常数。由约束关系式（3.1.7）得到

$$f_n = \sqrt{f_x^2 + f_y^2 + f_z^2} = \frac{c}{2}\sqrt{\left(\frac{n_x}{l_x}\right)^2 + \left(\frac{n_y}{l_y}\right)^2 + \left(\frac{n_z}{l_z}\right)^2} \qquad (4.1.14)$$

设 $k_x = k\cos\alpha$，$k_y = k\cos\beta$，$k_z = k\cos\gamma$，则对应于每一组 (n_x, n_y, n_z)（亦称为模态）的特解就是传播方向由方向余弦 $(\cos\alpha, \cos\beta, \cos\gamma)$ 决定的一种驻波，或称简正波。亥姆霍兹方程的解应是所有特解的线性叠加，因而房间内的总声压应表示成

$$p = \sum_{n_x=0}^{\infty}\sum_{n_y=0}^{\infty}\sum_{n_z=0}^{\infty} A_{n_x,n_y,n_z} \cos\left(\frac{n_x\pi}{l_x}x\right)\cos\left(\frac{n_y\pi}{l_y}y\right)\cos\left(\frac{n_z\pi}{l_z}z\right) \qquad (4.1.15)$$

此式表明在矩形房间中存在大量的驻波。从理论上说，房间内任意一点的声压是无限多个驻波声压的线性叠加，然而当声源频率等于或接近某次驻波的特征频率时，房间内驻波主要包括该次驻波及其附近的几个驻波，这些驻波称为主导驻波或主导声模态。

4.1.2 简正频率的分布

式（4.1.14）表明，可以将频率表示成一个矢量形式

$$\boldsymbol{f}_n = f_x\boldsymbol{i} + f_y\boldsymbol{j} + f_z\boldsymbol{k}$$

这里 $\boldsymbol{i}$、$\boldsymbol{j}$、$\boldsymbol{k}$ 分别表示在 f_x、f_y、f_z 方向的单位矢量，其分量为

$$f_x = \frac{n_x c}{2l_x}, \quad f_y = \frac{n_y c}{2l_y}, \quad f_z = \frac{n_z c}{2l_z}$$

$\boldsymbol{f}_n$ 的方向代表了相应简正波的行进方向，其大小表示该简正波的频率数值，如果以 f_x、f_y、f_z 构成一频率空间，那么每一简正频率 $\boldsymbol{f}_n$ 以及与其对应的简正波可以用频率空间中的一个特征点"•"来代替，这一点的坐标在 x、y、z 轴的分量分别为 $c/(2l_x)$、$c/(2l_y)$、$c/(2l_z)$ 的整数倍。图 4.1.1 表示与这些简正频率对应的特征点，可以看到所有的简正波都被包括在 x、y、z 轴所构成的 1/8 的频率空间里，这种频率空间中特征点的模型可用于计算在某一频率以下室内存在的简正频率数目。为此，我们把室内可能存在的简正波数分成如下三类。

（1）轴向波——与两个 n 等于零对应的驻波：

x 轴向波，其行进方向与 x 轴平行（$n_y, n_z = 0$）；

y 轴向波，其行进方向与 y 轴平行（$n_x, n_z = 0$）；

z 轴向波，其行进方向与 z 轴平行（$n_y, n_x = 0$）。

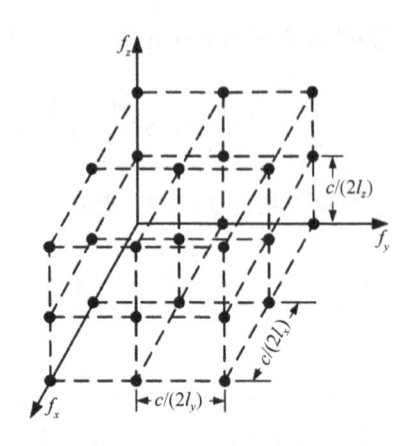

图 4.1.1 简正频率空间

（2）切向波——与一个 n 等于零对应的驻波：

yz 切向波，其行进方向与 yz 平面平行（$n_x = 0$）；

xz 切向波，其行进方向与 xz 平面平行（$n_y = 0$）；

xy 切向波，其行进方向与 xy 平面平行（$n_z = 0$）。

（3）斜向波——与三个 n 都不等于零对应的驻波。

计算上述各类波在某一频率 f 以下，或在某个频带 df 内的准确数目是比较困难的。因此，需要有一个近似计算公式。设每一个特征点占有频率空间中的边长分别为 $c/(2l_x)$、$c/(2l_y)$、$c/(2l_z)$ 的一个矩形格子，因而特征点的平均数目可以由频率空间所占的体积被矩形格子的体积相除而得到。根据以上方法，可以计算各类波的数量。

（1）轴向波的数目。

轴向波由频率空间中坐标轴上的一些特征点所代表，而 f_x 轴向波的数目显然就是以坐标轴为轴心、高为 f、截面积为 $c^2/(4l_yl_z)$ 的矩形体积被小矩形格子体积 $c^3/(8l_xl_yl_z)$ 来除，因此频率低于 f 的所有轴向波的平均数目应等于

$$N_a = \frac{f\left(\dfrac{c^2}{4l_yl_z} + \dfrac{c^2}{4l_xl_z} + \dfrac{c^2}{4l_yl_x}\right)}{\dfrac{c^3}{8l_xl_yl_z}} = \frac{fL}{2c}$$

式中，$L = 4(l_x + l_y + l_z)$ 代表矩形房间的边线总长。

（2）切向波的数目。

切向波由频率空间中在坐标面上的一些特征点所代表。yz 切向波所占的体积就是在 $f_x = 0$ 的坐标面上，以 f 为半径的 1/4 圆面积乘以厚度为 $c/(2l_x)$ 的圆盘体积，再减去计算轴向波时已用过的那部分体积，所以 yz 切向波的平均数等于 $(\pi f^2/c^2)l_yl_z - f/c(l_y + l_z)$。用同样的方法可算出 xz 与 xy 切向波的平均数，于是频率低于 f 的所有切向波平均数就等于

$$N_t = \frac{\pi f^2}{c^2}\left(l_y l_z + l_x l_z + l_y l_x\right) - \frac{f}{c}\left[\left(l_y + l_z\right) + \left(l_y + l_x\right) + \left(l_y + l_x\right)\right] = \frac{\pi f^2}{2c^2}S - \frac{fL}{2c}$$

式中，$S = 2\left(l_y l_z + l_x l_z + l_y l_x\right)$ 代表房间的壁面总面积。

（3）斜向波的数目。

斜向波由频率空间中除去坐标轴和坐标面以外所有特征点代表，所以频率低于 f 的斜向波所占的体积应等于半径为 f 的 1/8 球体积，减去轴向波与切向波的体积，于是斜向波的平均数目等于

$$N_b = \frac{4\pi f^3 V}{3c^3} - \frac{\pi f^2 S}{4c^2} + \frac{fL}{8c}$$

由此得到频率低于 f 的各类波的平均总数为

$$N = N_a + N_t + N_b = \frac{4\pi f^3 V}{3c^3} + \frac{\pi f^2 S}{4c^2} + \frac{fL}{8c} \qquad (4.1.16)$$

式（4.1.16）代表各类波的平均总数，它与准确数之间可能会有偏差。但可以指出，除非房间的尺寸非常对称，一般这种偏差是不大的。例如，有一个 $l_x = 3\text{m}$、$l_y = 4.5\text{m}$、$l_z = 6\text{m}$ 的矩形房间（注意这里 $l_z = 2l_x$），若用式（4.1.14）来计算低于 100Hz 以下的房间简正频率数为 $N=18$，这些简正频率依次列于表 4.1.1 中。如果使用式（4.1.16），计算得到 $N=18.1$，四舍五入也等于 18。但在这 18 个简正波中(1,0,0)与(0,0,2)的简正频率都是 57.2Hz，(0,1,2)与(1,1,0)的简正频率都是 68.6Hz，(0,2,2)与(1,2,0)的简正频率都是 95.1Hz。因此实际的简正频率只有 15 个。这是因为 $l_z = 2l_x$ 的对称性引起的简正频率"简并化"，即不同的简正波具有相同的简正频率。当房间非常对称时，例如 l_x、l_y、l_z 都成整数比，那么简并化更严重，这样由式（4.1.16）算出的简正频率与实际的结果就有很大出入。由于简并化结果，很可能在某一频率范围内没有简正频率，而在另一频率范围内却有较多的简正频率，造成简正频率分布的不均匀。我们知道这里的简正频率就是房间做自由振动频率，因此当房间中某一激发频率与固有频率一致时，房间就产生共振。因此简正频率分布密集均匀就表示房间的传输频率特性均匀，否则就表示频率特性的不均匀。在进行室内音质设计时，应该尽量避免房间的简并化。

表 4.1.1　简正频率

简正波 (n_x, n_y, n_z)	频率/Hz	简正波 (n_x, n_y, n_z)	频率/Hz
(0,0,1)	28.6	(1,2,0)	76.1
(0,1,0)	38.0	(1,0,2)	80.5
(0,1,1)	47.7	(0,2,1)	81.6
(1,0,0)	57.2	(0,0,3)	85.8
(0,0,2)	57.2	(1,1,2)	89.4
(1,0,1)	63.9	(0,1,3)	93.7
(0,1,2)	68.6	(0,2,2)	95.1
(1,1,0)	68.6	(1,2,0)	95.1
(1,1,1)	74.3	(1,2,1)	99.2

将式（4.1.16）对频率进行微分，得到

$$dN = \left(\frac{4\pi f^2 V}{c^3} + \frac{\pi f S}{2c^2} + \frac{L}{8c}\right)df \tag{4.1.17}$$

式（4.1.17）表明，在频率 f 附近的 df 频带内简正频率数基本上与频率平方成正比。如在前面的例子中，当 f=100Hz，df=10Hz 时，得到 dN=4；而当 f=1000Hz，df=10Hz 时，dN=268。dN 随着频率增高而增加得更快，这一规律十分重要。我们可以设想，在 10Hz 频带内存在 268 个简正波或驻波，如此多的驻波方式对一种驻波是波节的地方，对另一种驻波有可能正好是波腹。大量驻波方式的叠加，反而可以把驻波效应"平均"掉，而使室内声场趋向均匀。这一结果说明，从波动声学观点来看，关于扩散声场的假设在一定条件下是可以近似实现的。根据式（4.1.17）可粗略看出，如果声源不是发出单频而是具有一定频带宽度的声波，并且其中心频率比较高，房间的体积比较大，或者说与中心频率对应的声波波长比房间的平均线度小得多，那么房间中激起的简正波数就较多，统计声学中的扩散声场实际上就是波动声学中大房间驻波声场的高频近似。

4.1.3 驻波的衰减

前面两节中我们假设壁面都是刚性的，因而室内声波是不衰减的，这相当于房间的无阻尼自由振动情况。然而壁面不可能完全刚性，它多少具有阻尼的性质，其法向声阻抗率一般为复数，这时部分入射声能就会被壁面所吸收。对于这种情况，波动方程的解仍然可以表示成简谐函数的形式，这时的 k_x、k_y、k_z 等量都将表现为复数，先设它们分别表示成

$$k_x = \frac{\omega_x}{c} + j\frac{\delta_x}{c}, \quad k_y = \frac{\omega_y}{c} + j\frac{\delta_y}{c}, \quad k_z = \frac{\omega_z}{c} + j\frac{\delta_z}{c}$$

而 $\omega^2 = \omega_x^2 + \omega_y^2 + \omega_z^2$，$\delta^2 = \delta_x^2 + \delta_y^2 + \delta_z^2$，$k = \frac{\omega}{c} + j\frac{\delta}{c}$。考虑到 $\sinh x = -j\sin jx$，$\cosh x = \cos jx$，于是波动方程的解可写成如下形式：

$$p = \left[A_x \cosh(\delta_x - j\omega_x)\frac{x}{c} + B_x \sinh(\delta_x - j\omega_x)\frac{x}{c}\right]$$

$$\times \left[A_y \cosh(\delta_y - j\omega_y)\frac{y}{c} + B_y \sinh(\delta_y - j\omega_y)\frac{y}{c}\right]$$

$$\times \left[A_z \cosh(\delta_z - j\omega_z)\frac{z}{c} + B_z \sinh(\delta_z - j\omega_z)\frac{z}{c}\right]e^{(j\omega-\delta)t} \tag{4.1.18}$$

为了简单起见，我们只考虑一个 x 轴向波的情形，则 $\omega = \omega_x$，$\omega_y = \omega_z = 0$，并且认为只有与 x 轴垂直的壁面上存在阻尼，则 $\delta_y = \delta_z = 0$，$\varphi_y = \varphi_z = 0$，因而式（4.1.18）简化为

$$p = \left[A_x \cosh(\delta_x - j\omega_x)\frac{x}{c} + B_x \sinh(\delta_x - j\omega_x)\frac{x}{c}\right]e^{(j\omega-\delta)t} \tag{4.1.19}$$

令常数 $A_x = \cosh\varphi_x$，$B_x = \sinh\varphi_x$，那么上式可改写为

$$p = A\cosh\left[(\delta - j\omega)\frac{x}{c} + \varphi_x\right]e^{(j\omega-\delta)t} \tag{4.1.20}$$

由此可得质点速度为

$$u = \frac{A}{\rho_0 c}\sinh\left[(\delta - j\omega)\frac{x}{c} + \varphi_x\right]e^{(j\omega-\delta)t} \tag{4.1.21}$$

声阻抗率为

$$Z_s = \rho_0 c \coth\left[(\delta - j\omega)\frac{x}{c} + \varphi_x\right] \tag{4.1.22}$$

设与 x 轴垂直的两个壁面的法向声阻抗率相同，并已知 $Z_{s(x=0)} = -Z_n$，$Z_{s(x=l_x)} = Z_n$，而 $Z_n = R_n + jX_n$，其中负号是因为在 x=0 处，正的声压将产生负的质点速度，将 x=0 的边界条件代入式（4.1.22）可得

$$\rho_0 c \coth \varphi_x = -(R_n + jX_n) \tag{4.1.23}$$

或者写成

$$-(r_n + jx_n) = \coth \varphi_x \tag{4.1.24}$$

式中，$r_n = R_n/(\rho_0 c)$ 和 $x_n = X_n/(\rho_0 c)$ 代表法向声阻率比和法向声抗率比。对于吸声很小的壁面，$r_n \gg x_n$ 与 $r_n \gg 1$，所以从式（4.1.24）可近似得

$$\varphi_x \approx -\frac{1}{r_n} \tag{4.1.25}$$

再将 $x = l_x$ 处的边界条件代入可得

$$r_n \approx \coth\left[(\delta - j\omega)\frac{l_x}{c} - \frac{1}{r_n}\right] = \frac{1 - j\tanh\left(\frac{\delta l_x}{c} - \frac{1}{r_n}\right)\tan\frac{\omega l_x}{c}}{\tanh\left(\frac{\delta l_x}{c} - \frac{1}{r_n}\right) - j\tan\frac{\omega l_x}{c}} \tag{4.1.26}$$

式（4.1.26）的左边为实数，所以等式右边的虚部应等于零，即有

$$\tan\frac{\omega l_x}{c} = 0 \tag{4.1.27}$$

由此可得

$$f_n = \frac{nc}{2l_x}, \quad n = 0, 1, 2, \cdots \tag{4.1.28}$$

可见，此时轴向波的简正频率与刚性壁情形相同。考虑到式（4.1.27），由式（4.1.26）得到

$$\frac{1}{r_n} \approx \tanh\left(\frac{\delta l_x}{c} - \frac{1}{r_n}\right) \tag{4.1.29}$$

在 $r_n \gg 1$ 条件下，又可近似为

$$\delta \approx \frac{2c}{r_n l_x} \tag{4.1.30}$$

此式就是轴向波的衰减系数表达式，它与壁面的法向声阻率成反比。

4.1.4 法向声阻抗率与扩散声场吸声系数的关系

壁面的吸声系数通常与声波的入射方向有关，因而声学中一般有两种表示吸声系数的方法。一种是法向吸声系数，通常由驻波管方法测定；另一种是对各方向漫入射的平均吸声系数或称扩散声场吸声系数，通常由混响方法测定。这两种吸声系数之间一般应存在一定的关系，而壁面法向吸声系数与法向声阻抗率之间也是有联系的，因而我们就有可能来确定法向声阻抗率与扩散声场吸声系数之间的关系。

设一平面波 p_i 以 θ 角入射到某一壁面，在壁面上产生一反射波 p_r，反射角等于入射角，见图 4.1.2。它们的质点速度分别为 u_i 与 u_r，由此可以写出壁面法向声阻抗率为

$$Z_n = \frac{p_i + p_r}{u_{in} + u_{rn}} = \frac{p_i + p_r}{(u_i + u_r)\cos\theta} \tag{4.1.31}$$

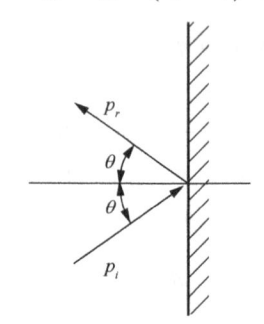

图 4.1.2 声波斜入射

根据平面行波的基本关系 $p_i = u_i\rho_0 c$，$p_r = -u_r\rho_0 c$ 可以确定声压反射系数为

$$|r_p| = \left|\frac{p_r}{p_i}\right| = \left|\frac{Z_n\cos\theta - \rho_0 c}{Z_n\cos\theta + \rho_0 c}\right| \tag{4.1.32}$$

从而求得对于入射角 θ 的壁面吸声系数为

$$\alpha_\theta = 1 - |r_p|^2 = 1 - \left|\frac{Z_n\cos\theta - \rho_0 c}{Z_n\cos\theta + \rho_0 c}\right|^2 \tag{4.1.33}$$

在 $r_n \gg x_n$ 条件下，可以近似得

$$\alpha_\theta \approx \frac{4r_n\cos\theta}{(r_n\cos\theta + 1)^2} \tag{4.1.34}$$

现在来计算对各入射方向的平均吸声系数，它的定义为：某一壁面微元 $\mathrm{d}S$ 对各方向入射的声波总吸收能量 ΔE_α 除以入射波的总能量，即

$$\alpha_i = \frac{\Delta E_\alpha}{\Delta E} \tag{4.1.35}$$

假设室内的平均能量密度为 $\bar{\varepsilon}$，在室内取小体积元，在此体积元内的能量为 $\bar{\varepsilon}\mathrm{d}V$。设从体积元 $\mathrm{d}V$ 到壁面 $\mathrm{d}S$ 所张的立体角为 $\mathrm{d}\Omega = \mathrm{d}S\cos\theta/r^2$，其中 r 为该体积元 $\mathrm{d}V$ 到 $\mathrm{d}S$ 的距离，见图 4.1.3（a）。假设室内是扩散声场，室内平均能量密度处处均匀，并且声能向各个方向的传递概率相等，于是可得从体元 $\mathrm{d}V$ 向面元 $\mathrm{d}S$ 射来的声能为

$$d(\Delta E) = \overline{\varepsilon} dV \frac{d\Omega}{4\pi} = \frac{\overline{\varepsilon} dV \cos\theta}{4\pi r^2} dS \tag{4.1.36}$$

因为在距离 r 和入射角 θ 相同的一些体元的贡献相同，而这些体元的总和就是高为 dr、宽为 $rd\theta$、周长为 $2\pi r\sin\theta$ 的圆环，见图 4.1.3（b），所以式（4.1.36）中的 dV 可用环元的体积来代替，即 $dV = 2\pi r^2 \sin\theta d\theta dr$，于是式（4.1.36）可写成

$$d(\Delta E) = \frac{\overline{\varepsilon}}{2} dS \cos\theta \sin\theta d\theta dr \tag{4.1.37}$$

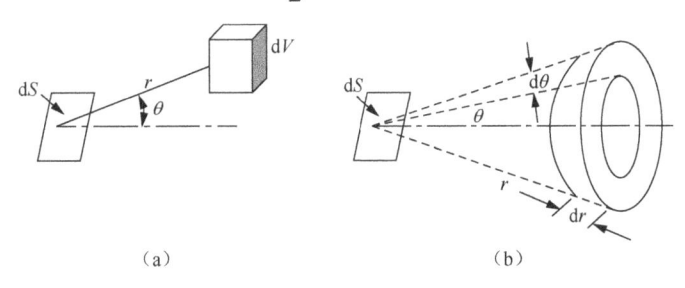

图 4.1.3 微元面积与体积对应关系

然后对所有的入射角 θ 进行积分得

$$\Delta E = \int d(\Delta E) = \int_0^{\pi/2} \frac{\overline{\varepsilon}}{2} dS \cos\theta \sin\theta d\theta = \frac{\overline{\varepsilon} dS dr}{4} \tag{4.1.38}$$

用类似的方法可算得 dS 面元所吸收的能量为

$$\Delta E_a = \frac{\overline{\varepsilon} dS dr}{2} \int_0^{\pi/2} \alpha_\theta \cos\theta \sin\theta d\theta \tag{4.1.39}$$

将式（4.1.34）代入式（4.1.39）积分得

$$\alpha_i = \frac{\Delta E_a}{\Delta E} = \frac{8}{r_n^2}\left[1 + r_n - \frac{1}{1+r_n} - 2\ln(1+r_n)\right]$$

在 $r_n \gg 1$ 条件下，得近似式为

$$\alpha_i \approx \frac{8}{r_n} \tag{4.1.40}$$

这一关系显得十分简单。但要注意，这是在 $r_n \gg x_n$ 与 $r_n \gg 1$ 近似条件下得到的。如果上述条件不满足，法向声阻抗率与扩散声场吸声系数之间的关系自然要复杂得多。

4.1.5 声源的影响

假设室内存在声源，并且声源是任意分布的，它在单位时间内向单位体积的空间"提供"了 $\rho_0 q(x,y,z,t)$ 的媒质质量。于是根据质量守恒定律，媒质的连续性方程（1.2.4）应改为

$$\frac{\partial \rho}{\partial t} + \rho_0 \nabla \cdot u = \rho_0 q \tag{4.1.41}$$

与 1.2 节中的推导类似，可得有源的波动方程为

$$\nabla^2 p - \frac{1}{c^2}\frac{\partial^2 p}{\partial t^2} = -\rho_0 \frac{\partial q}{\partial t} \tag{4.1.42}$$

式（4.1.42）是一个非齐次的偏微分方程。为研究室内稳态声场，需要寻找并分析此方程的特解。为了突出声源对室内声场的影响，而不使问题复杂化，下面还是限于讨论房间壁面是刚性的情况。现将室内声压仍取无源情况的表示形式，即

$$p = \sum_{n_x n_y n_z} p_{n_x n_y n_z} = \sum_{n_x=0}\sum_{n_y=0}\sum_{n_z=0} A_{n_x n_y n_z} \psi_{n_x n_y n_z} e^{j\omega t} \tag{4.1.43}$$

式中，

$$\psi_{n_x n_y n_z} = \cos\frac{n_x \pi}{l_x}x \cos\frac{n_y \pi}{l_y}y \cos\frac{n_z \pi}{l_z}z \tag{4.1.44}$$

为本征函数。

由于声源是简谐的，声源函数可以写成

$$q(x,y,z,t) = q_0(x,y,z) e^{j\omega t} \tag{4.1.45}$$

式中，$q_0(x,y,z)$ 为位置的任意函数，将它展开成傅里叶级数

$$q_0(x,y,z) = \sum_{n_x=0}\sum_{n_y=0}\sum_{n_z=0} B_{n_x n_y n_z} \psi_{n_x n_y n_z} \tag{4.1.46}$$

其系数可表示为

$$\begin{aligned}B_{n_x n_y n_z} &= \frac{\int_0^{l_x}\int_0^{l_y}\int_0^{l_z} q_0(x,y,z)\psi_{n_x n_y n_z}\,\mathrm{d}x\mathrm{d}y\mathrm{d}z}{\int_0^{l_x}\int_0^{l_y}\int_0^{l_z} \psi_{n_x n_y n_z}^2\,\mathrm{d}x\mathrm{d}y\mathrm{d}z}\\ &= VD_{n_x n_y n_z}\int_0^{l_x}\int_0^{l_y}\int_0^{l_z} q_0(x,y,z)\psi_{n_x n_y n_z}\,\mathrm{d}x\mathrm{d}y\mathrm{d}z\end{aligned} \tag{4.1.47}$$

现把式（4.1.43）~式（4.1.46）代入方程（4.1.42）便可得到

$$A_{n_x n_y n_z} = -\frac{j\rho_0 c_0^2 \omega B_{n_x n_y n_z}}{\omega^2 - \omega_{n_x n_y n_z}^2} \tag{4.1.48}$$

式中，$\omega_{n_x n_y n_z}^2 = \omega_{n_x}^2 + \omega_{n_y}^2 + \omega_{n_z}^2 = \left(\frac{n_x \pi c_0}{l_x}\right)^2 + \left(\frac{n_y \pi c_0}{l_y}\right)^2 + \left(\frac{n_z \pi c_0}{l_z}\right)^2$。

将式（4.1.48）代入式（4.1.43）求得室内声压为

$$p = -\frac{j\rho_0 c^2 \omega}{V}\sum_{n_x=0}\sum_{n_y=0}\sum_{n_z=0} D_{n_x}D_{n_y}D_{n_z}\psi_{n_x n_y n_z}\frac{\int_0^{l_x}\int_0^{l_y}\int_0^{l_z} q_0(x,y,z)\psi_{n_x n_y n_z}\,\mathrm{d}x\mathrm{d}y\mathrm{d}z}{\left(\omega^2 - \omega_{n_x n_y n_z}^2\right)}e^{j\omega t} \tag{4.1.49}$$

式（4.1.49）表示室内声场是由无数个驻波方式所组成，每一驻波方式的振幅与声源的分布以及声源的频率有关。当声源的频率等于室内的固有频率时，与此对应的 (n_x, n_y, n_z) 次驻波的振幅趋于无限大。当然，由于空间中总是存在一定的阻尼（如壁面与媒质的吸收），驻波的振幅不会无限大，而只是达到有限的极大值，因而这里出现的无限大就是表示房间出现共振现象。可以设想，如果声源发出的不是单频而是一个频带的声波，而这一频带包含了房间的许多固有频率，那么这一频带的声源将激起室内许多的驻波共

振。显然，房间中被激起的驻波方式越多，室内就越接近"扩散声场"。

现在讨论声源分布对声场的影响。例如，设有一点声源放置在房间的顶角上，其声源函数可表示成

$$q_0(x,y,z) = \begin{cases} q_0, & x = y = z = 0 \\ 0, & x \neq 0, y \neq 0, z \neq 0 \end{cases} \tag{4.1.50}$$

式中，q_0 为一常数。将此式代入式（4.1.49）可得

$$p = -\frac{j\rho_0 c^2 \omega q_0}{V} \sum_{n_x=0}\sum_{n_y=0}\sum_{n_z=0} D_{n_x} D_{n_y} D_{n_z} \frac{\psi_{n_x n_y n_z}}{\omega^2 - \omega_{n_x n_y n_z}^2} e^{j\omega t} \tag{4.1.51}$$

可见，如果将声源放在房间的顶角上，那么所有驻波的振幅都不等于零。如果将声源放在房间中心，声源分布函数可表示成

$$q_0(x,y,z) = \begin{cases} q_0, & x = \dfrac{l_x}{2}, y = \dfrac{l_y}{2}, z = \dfrac{l_z}{2} \\ 0, & x \neq \dfrac{l_x}{2}, y \neq \dfrac{l_y}{2}, z \neq \dfrac{l_z}{2} \end{cases} \tag{4.1.52}$$

将此代入式（4.1.49）可得

$$p = \begin{cases} -j\dfrac{\rho_0 c^2 \omega q_0}{V} \sum_{n_x}\sum_{n_y}\sum_{n_z} \dfrac{D_{n_x} D_{n_y} D_{n_z} \psi_{n_x n_y n_z}}{(\omega^2 - \omega_{n_x n_y n_z}^2)} e^{j\omega t}, & n_x, n_y, n_z \text{为偶数} \\ 0, & n_x, n_y, n_z \text{中一个为奇数} \end{cases} \tag{4.1.53}$$

此式表示，对应于 n_x、n_y、n_z 为奇数的一些驻波振幅等于零，这就是说声源在中心时能激起的驻波方式仅为放在顶角上的 1/8。从这两个例子可以看出，按波动声学观点，声源放在顶角上将比放在其他地方能激起更多的驻波方式，驻波方式越多室内声场越趋均匀，因此把声源放在顶角上也有利于产生扩散声场，特别是在低频更为有效。

4.2 有限元法

对于非规则形状或具有复杂边界的有界空间，内部声场可以使用数值方法进行计算，常用的数值方法包括有限元法和边界元法。由于边界元法已经在第 2 章做过介绍，本节只介绍有限元法[6]。

有限元法计算的具体步骤是：将声学域划分成有限个单元，选取插值函数来近似描述单元内的声学变量，通过加权余量法或变分法等建立积分方程，计算所有单元的系数矩阵，通过系数矩阵组装形成有限元方程，最后结合边界条件求出各节点上的声压。

4.2.1 离散化

有限元计算的第一步就是将声学域离散化，即将声学域离散成有限个单元，并在其上设定有限个节点，用这些单元组成的集合体来代替原来的声学域，而场函数（声压或速度势）的节点值将成为问题的基本未知量。

单元几何形状的选取依赖于所分析对象的几何形状和描述问题所需要的坐标个数。单元有一维、二维和三维单元。一维单元就是连接节点的一条线段，二维单元有三角形和四边形，三维单元有四面体和六面体等。同样形状的单元还可以有不同的节点数，例如，三角形单元有3节点和6节点单元，因此单元种类繁多。

单元节点处的场变量（例如声压）是未知量，单元内任一点处的场变量值可以用节点处的场变量值来表示，在单元内场变量必须是连续的。另外，相邻单元必须具有协调性，即相邻单元不能出现断开（不连续）和重叠。

单元内任意一点的声压 p 可以用该单元上所有节点处的声压来表示，即

$$p = \sum_{i=1}^{m} N_i p_i = \{N\}^{\mathrm{T}} \{p\}_e \tag{4.2.1}$$

式中，m 是单元上的节点数；N_i 是第 i 个插值函数（也称为形函数）；p_i 是第 i 个节点上的声压；$\{N\}$ 是由形函数组成的列向量；$\{p\}_e$ 是由单元 e 上所有节点处的声压组成的列向量。

单元内任意一点的坐标也可以使用该单元上所有节点的坐标来表示，即

$$\begin{cases} x = \sum_{i=1}^{m} N_i x_i = \{N\}^{\mathrm{T}} \{x\}_e \\ y = \sum_{i=1}^{m} N_i y_i = \{N\}^{\mathrm{T}} \{y\}_e \\ z = \sum_{i=1}^{m} N_i z_i = \{N\}^{\mathrm{T}} \{z\}_e \end{cases} \tag{4.2.2}$$

如果单元内的几何关系（坐标）和场变量是以相同的插值函数和顺序来表示，这种单元则称为等参单元。

4.2.2 单元和形函数

形函数是定义于单元内坐标的连续函数，它允许用不大于1的无量纲数来确定单元内的任意一点。对于不同类型的单元，所使用的形函数是不同的。下面介绍几种常见的单元类型，并给出相应的形函数。

1. 一维单元

最常使用的一维单元有2节点单元和3节点单元，如图4.2.1所示。2节点单元的形函数为

$$N_1 = \frac{1}{2}(1-\xi), \quad N_2 = \frac{1}{2}(1+\xi) \tag{4.2.3}$$

3节点单元的形函数为

$$N_1 = \frac{1}{2}\xi(\xi-1), \quad N_2 = (1-\xi^2), \quad N_3 = \frac{1}{2}\xi(\xi+1) \tag{4.2.4}$$

(a) 2节点线性单元

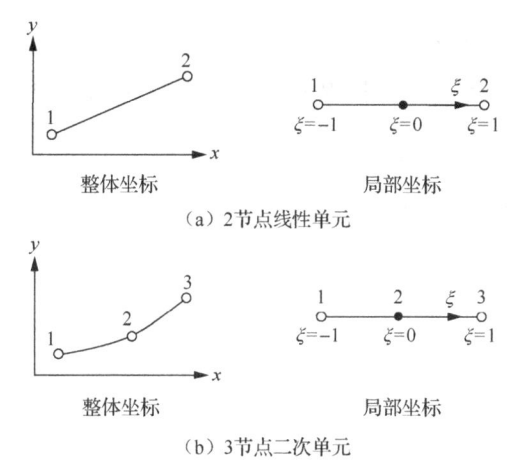

(b) 3节点二次单元

图 4.2.1　一维单元及其变换

由于形函数（4.2.3）和形函数（4.2.4）分别是局部坐标的线性函数和二次函数，所以 2 节点单元为线性单元，3 节点单元为二次单元。

通过这种变换，原来整体坐标系下的任意曲线单元就变成了局部坐标系下的标准直线单元，其坐标范围为[-1,+1]。

2. 二维单元

图 4.2.2 为三角形单元，3 节点三角形单元以 3 个角点作为节点，6 节点三角形单元以 3 个角点和 3 个边中点作为节点。三角形单元的形函数采用面积坐标，为使面积值不成为负值，3 个角点 1、2、3 的次序必须是逆时针转向。3 节点三角形单元的形函数 N_i 就是面积坐标 L_i，即

$$N_i = L_i, \quad i = 1,2,3 \tag{4.2.5}$$

面积坐标 L_1、L_2、L_3 不是相互独立的，它们满足关系 $L_1 + L_2 + L_3 = 1$，也就是说，三个坐标中只有两个是独立的。6 节点三角形单元的形函数为

$$\begin{cases} N_i = (2L_i - 1)L_i, \quad i = 1,2,3 \\ N_4 = 4L_1L_2, \quad N_5 = 4L_2L_3, \quad N_6 = 4L_3L_1 \end{cases} \tag{4.2.6}$$

由于形函数（4.2.5）和形函数（4.2.6）分别是局部坐标的线性函数和二次函数，所以 3 节点三角形单元称为线性单元，6 节点三角形单元称为二次单元。

通过这种变换，原来整体坐标系下的任意三角形就变成了局部坐标系下的标准直角三角形单元。

图 4.2.3 为四边形单元，4 节点四边形单元以 4 个角点作为节点，8 节点四边形单元以 4 个角点和 4 个边中点作为节点。4 节点四边形单元的形函数为

$$N_i = \frac{1}{4}(1 + \xi_i\xi)(1 + \eta_i\eta), \quad i = 1,2,3,4 \tag{4.2.7}$$

8节点四边形单元的形函数为

$$\begin{cases} N_i = \dfrac{1}{4}(1+\xi_i\xi)(1+\eta_i\eta)(\xi_i\xi+\eta_i\eta-1), & i=1,2,3,4 \\ N_i = \dfrac{1}{2}(1+\eta_i\eta+\xi_i\xi)(1-\xi_i^2\eta^2-\eta_i^2\xi^2), & i=5,6,7,8 \end{cases} \quad (4.2.8)$$

式中，(ξ_i,η_i)为节点i的坐标。4节点四边形单元为线性单元，8节点四边形单元为二次单元。

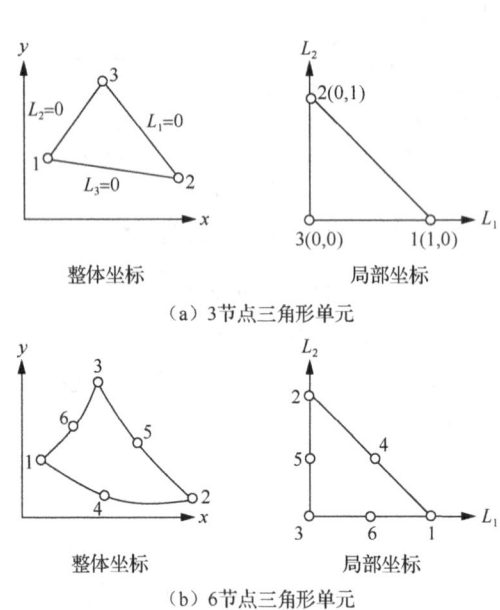

（a）3节点三角形单元

（b）6节点三角形单元

图4.2.2 三角形单元及其变换

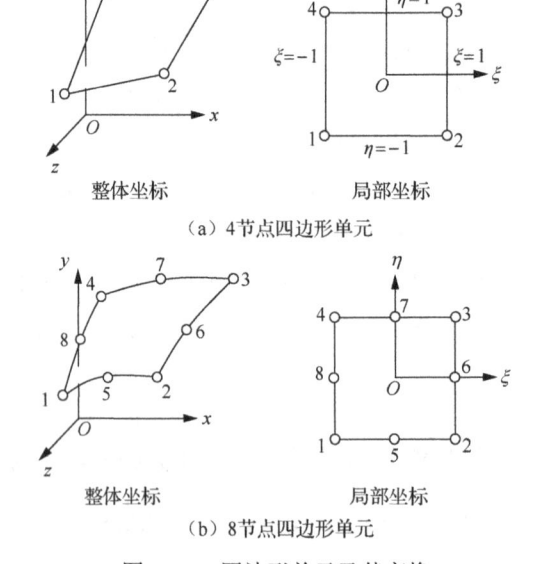

（a）4节点四边形单元

（b）8节点四边形单元

图4.2.3 四边形单元及其变换

通过这种变换，原来整体坐标系下的任意四边形就变成了局部坐标系下的正方形单元。

3. 三维单元

图 4.2.4 为四面体单元，4 节点四面体单元以 4 个角点作为节点，10 节点四面体单元以 4 个角点和 6 个边中点作为节点。四面体单元使用体积坐标，体积坐标是三角形面积坐标在三维问题中的推广。为使四面体的体积不成为负值，单元节点的局部编码 1、2、3、4 必须依照下述顺序：在右手坐标系中，当按照 1→2→3 的方向转动时，右手螺旋应向 4 的方向前进。4 节点四面体单元的形函数为

$$N_i = L_i, \quad i = 1,2,3,4 \tag{4.2.9}$$

式中，体积坐标 L_1、L_2、L_3、L_4 不是独立的，满足关系 $L_1 + L_2 + L_3 + L_4 = 1$，因此只有三个独立坐标。10 节点四面体单元的形函数为

$$\begin{cases} N_i = (2L_i - 1)L_i, \quad i = 1,2,3,4 \\ N_5 = 4L_1L_2, \quad N_6 = 4L_1L_3, \quad N_7 = 4L_1L_4 \\ N_8 = 4L_2L_3, \quad N_9 = 4L_3L_4, \quad N_{10} = 4L_2L_4 \end{cases} \tag{4.2.10}$$

4 节点四面体单元为线性单元，10 节点四面体单元为二次单元。

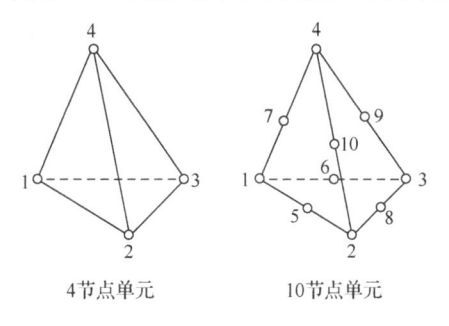

图 4.2.4　四面体单元

通过这种变换，原来整体坐标系下的任意四面体单元就变成了局部坐标系下的标准四面体单元。

图 4.2.5 为六面体单元，8 节点六面体单元以 8 个角点作为节点，20 节点六面体单元以 8 个角点和 12 个边中点作为节点。8 节点六面体单元的形函数为

$$N_i = \frac{1}{8}(1+\xi_i\xi)(1+\eta_i\eta)(1+\zeta_i\zeta), \quad i = 1,2,\cdots,8 \tag{4.2.11}$$

20 节点六面体单元的形函数为

$$N_i = \begin{cases} \dfrac{1}{8}(1+\xi_i\xi)(1+\eta_i\eta)(1+\zeta_i\zeta)(\xi_i\xi+\eta_i\eta+\zeta_i\zeta-2), & i=1,2,\cdots,8 \\ \dfrac{1}{4}(1-\xi^2)(1+\eta_i\eta)(1+\zeta_i\zeta), & i=9,10,\cdots,20 \end{cases} \tag{4.2.12}$$

8 节点六面体单元为线性单元，20 节点六面体单元为二次单元。

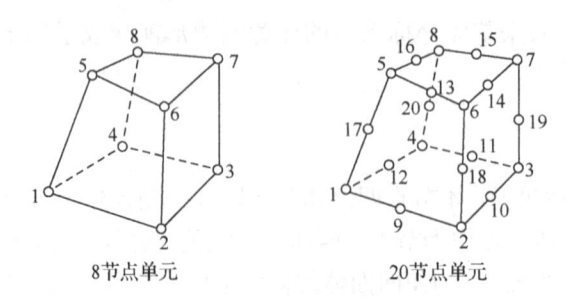

图 4.2.5　六面体单元

通过这种变换，整体坐标系下的任意六面体单元就变成了局部坐标系下的正方体单元。

4.2.3　有限元方程

建立有限元方程的方法有多种，声学中最常使用的方法有加权余量法和变分法。本节介绍伽辽金加权余量法。

伽辽金加权余量法的基本形式为

$$I = \int_V N_i R \mathrm{d}V = 0 \qquad (4.2.13)$$

式中，R 为余量；N_i 为插值函数；V 为声学域的体积。将伽辽金加权余量法应用于亥姆霍兹方程，有

$$I = \int_V N_i (\nabla^2 p + k^2 p) \mathrm{d}V = 0 \qquad (4.2.14)$$

将声学域划分成 N_e 个单元，则有

$$I = \sum_{e=1}^{N_e} I_e \qquad (4.2.15)$$

对于任意一个单元 e 应用伽辽金加权余量法得到

$$I_e = \int_{V_e} N_i (\nabla^2 p + k^2 p) \mathrm{d}V = 0 \qquad (4.2.16)$$

式中，V_e 为单元 e 的体积。对上式中的第一项积分应用格林公式得到

$$\int_{S_e} N_i \frac{\partial p}{\partial n} \mathrm{d}S - \int_{V_e} \nabla N_i \nabla p \mathrm{d}V + k^2 \int_{V_e} N_i p \mathrm{d}V = 0 \qquad (4.2.17)$$

单元内任意一点处的声压 p 可用该单元上所有节点声压值来表示，即将式（4.2.1）代入式（4.2.17），得

$$-\mathrm{j}\rho_0 \omega \int_{S_e} u_n N_i \mathrm{d}S - \int_{V_e} \nabla N_i \{\nabla N\}^\mathrm{T} \mathrm{d}V \{p\}_e + k^2 \int_{V_e} N_i \{N\}^\mathrm{T} \mathrm{d}V \{p\}_e = 0 \qquad (4.2.18)$$

以任意一个形函数作为加权式（4.2.18）均成立，于是可以得到

$$-\mathrm{j}\rho_0 \omega \int_{S_e} u_n \{N\} \mathrm{d}S - \int_{V_e} \{\nabla N\} \{\nabla N\}^\mathrm{T} \mathrm{d}V \{p\}_e + k^2 \int_{V_e} \{N\} \{N\}^\mathrm{T} \mathrm{d}V \{p\}_e = \{0\} \qquad (4.2.19)$$

上式表示为

$$-\mathrm{j}\rho_0 \omega \{F\}_e - [K]_e \{p\}_e + k^2 [M]_e \{p\}_e = \{0\} \qquad (4.2.20)$$

式中，

$$[M]_e = \int_{V_e} \{N\}\{N\}^T dV \qquad (4.2.21)$$

$$[K]_e = \int_{V_e} \{\nabla N\}\{\nabla N\}^T dV \qquad (4.2.22)$$

$$\{F\}_e = \int_{S_e} u_n \{N\} dS \qquad (4.2.23)$$

分别称为单元 e 的质量矩阵、刚度矩阵和边界列向量。可见，$[M]_e$、$[K]_e$ 和 $\{F\}_e$ 只取决于单元形函数。

对于组成声学域的每一个单元，均可得到一组方程，组装所有单元，得到如下有限元方程：

$$([K] - k^2[M])\{p\} = -j\rho_0\omega\{F\} \qquad (4.2.24)$$

式中，$\{p\} = \{p_1 \quad p_2 \quad \cdots \quad p_N\}^T$ 为整个声学域内所有节点上声压组成的列向量；$[M] = \sum_e \int_{V_e} \{N\}_e \{N\}_e^T dV$ 和 $[K] = \sum_e \int_{V_e} \{\nabla N\}_e \{\nabla N\}_e^T dV$ 分别为广义质量矩阵和广义刚度矩阵；$\{F\} = \sum_e \int_{S_e} u_n \{N\}_e dS$ 为所有边界节点上的列向量。

结合边界条件，求解式（4.2.24）即可得到所有节点上的声压值。

4.2.4 单元矩阵

为了计算刚度矩阵、质量矩阵和列向量，需要做如下两个变换：①由于形函数 N_i 是以局部坐标形式表示的，需要用局部坐标导数来表示整体坐标中的导数；②被积分的体积单元和表面单元需要用局部坐标的形式加以表示。

考虑局部坐标系 (ξ,η,ζ) 和对应的整体坐标系 (x,y,z)，由偏微分原理，我们能够写出形函数对坐标 ξ 的导数为

$$\frac{\partial N_i}{\partial \xi} = \frac{\partial N_i}{\partial x}\frac{\partial x}{\partial \xi} + \frac{\partial N_i}{\partial y}\frac{\partial y}{\partial \xi} + \frac{\partial N_i}{\partial z}\frac{\partial z}{\partial \xi} \qquad (4.2.25)$$

同样，可以得到形函数对另外两个坐标的导数，用矩阵形式表示为

$$\begin{Bmatrix} \dfrac{\partial N_i}{\partial \xi} \\ \dfrac{\partial N_i}{\partial \eta} \\ \dfrac{\partial N_i}{\partial \zeta} \end{Bmatrix} = \begin{bmatrix} \dfrac{\partial x}{\partial \xi} & \dfrac{\partial y}{\partial \xi} & \dfrac{\partial z}{\partial \xi} \\ \dfrac{\partial x}{\partial \eta} & \dfrac{\partial y}{\partial \eta} & \dfrac{\partial z}{\partial \eta} \\ \dfrac{\partial x}{\partial \zeta} & \dfrac{\partial y}{\partial \zeta} & \dfrac{\partial z}{\partial \zeta} \end{bmatrix} \begin{Bmatrix} \dfrac{\partial N_i}{\partial x} \\ \dfrac{\partial N_i}{\partial y} \\ \dfrac{\partial N_i}{\partial z} \end{Bmatrix} = [J] \begin{Bmatrix} \dfrac{\partial N_i}{\partial x} \\ \dfrac{\partial N_i}{\partial y} \\ \dfrac{\partial N_i}{\partial z} \end{Bmatrix} \qquad (4.2.26)$$

由于形函数 N_i 是用局部坐标表示的，所以很容易求出式（4.2.26）左边的导数。坐标 x、y、z 可以用节点坐标和形函数来表示，即式（4.2.2），于是雅可比矩阵能够以局部坐标的形式表示成

$$[J] = \begin{bmatrix} \sum_{i=1}^{m} \frac{\partial N_i}{\partial \xi} x_i & \sum_{i=1}^{m} \frac{\partial N_i}{\partial \xi} y_i & \sum_{i=1}^{m} \frac{\partial N_i}{\partial \xi} z_i \\ \sum_{i=1}^{m} \frac{\partial N_i}{\partial \eta} x_i & \sum_{i=1}^{m} \frac{\partial N_i}{\partial \eta} y_i & \sum_{i=1}^{m} \frac{\partial N_i}{\partial \eta} z_i \\ \sum_{i=1}^{m} \frac{\partial N_i}{\partial \zeta} x_i & \sum_{i=1}^{m} \frac{\partial N_i}{\partial \zeta} y_i & \sum_{i=1}^{m} \frac{\partial N_i}{\partial \zeta} z_i \end{bmatrix} \tag{4.2.27}$$

由式（4.2.26）得到形函数对整体坐标的导数为

$$\begin{Bmatrix} \frac{\partial N_i}{\partial x} \\ \frac{\partial N_i}{\partial y} \\ \frac{\partial N_i}{\partial z} \end{Bmatrix} = [J]^{-1} \begin{Bmatrix} \frac{\partial N_i}{\partial \xi} \\ \frac{\partial N_i}{\partial \eta} \\ \frac{\partial N_i}{\partial \zeta} \end{Bmatrix} \tag{4.2.28}$$

为转换积分变量和积分域，体积分可以表示成为

$$dV = dxdydz = |J|d\xi d\eta d\zeta \tag{4.2.29}$$

式中，$|J|$ 为雅可比矩阵的秩。

于是，如果使用六面体单元，质量矩阵和刚度矩阵公式可以写成

$$[M]_e = \int_{-1}^{1}\int_{-1}^{1}\int_{-1}^{1} \{N\}\{N\}^T |J| d\xi d\eta d\zeta \tag{4.2.30}$$

$$[K]_e = \int_{-1}^{1}\int_{-1}^{1}\int_{-1}^{1} \{\nabla N\}\{\nabla N\}^T |J| d\xi d\eta d\zeta \tag{4.2.31}$$

上述两个表达式可以使用标准高斯积分公式进行数值计算。

如果使用四面体单元，需要使用体积坐标，并且将前三个坐标作为独立变量，即

$$\begin{cases} L_1 = \xi \\ L_2 = \eta \\ L_3 = \zeta \\ L_4 = 1 - \xi - \eta - \zeta \end{cases} \tag{4.2.32}$$

由于形函数 N_i 是用 L_1、L_2、L_3、L_4 表示的，需要注意到

$$\frac{\partial N_i}{\partial \xi} = \frac{\partial N_i}{\partial L_1}\frac{\partial L_1}{\partial \xi} + \frac{\partial N_i}{\partial L_2}\frac{\partial L_2}{\partial \xi} + \frac{\partial N_i}{\partial L_3}\frac{\partial L_3}{\partial \xi} + \frac{\partial N_i}{\partial L_4}\frac{\partial L_4}{\partial \xi} \tag{4.2.33}$$

使用式（4.2.32），上述表达式变成

$$\frac{\partial N_i}{\partial \xi} = \frac{\partial N_i}{\partial L_1} - \frac{\partial N_i}{\partial L_4} \tag{4.2.34}$$

其他导数可以采用相同的方法获得。于是，质量矩阵和刚度矩阵公式变成

$$[M]_e = \int_0^1 \int_0^{1-\zeta} \int_0^{1-\eta-\zeta} \{N\}\{N\}^\mathrm{T} |J| \mathrm{d}\xi \mathrm{d}\eta \mathrm{d}\zeta \tag{4.2.35}$$

$$[K]_e = \int_0^1 \int_0^{1-\zeta} \int_0^{1-\eta-\zeta} \{\nabla N\}\{\nabla N\}^\mathrm{T} |J| \mathrm{d}\xi \mathrm{d}\eta \mathrm{d}\zeta \tag{4.2.36}$$

上述两个表达式可以使用 Hammer 积分公式进行数值计算。

为了求列向量 $\{F\}_e$，需要进行表面积分。处理表面积分最方便的方法就是考虑微元面积 $\mathrm{d}S$，求出其法向矢量。对于三维问题，得到外法向表达式（2.6.31）。

于是，单元上的微元面积为

$$\mathrm{d}S = |G| \mathrm{d}\xi \mathrm{d}\eta \tag{4.2.37}$$

式中，$|G| = \sqrt{g_1^2 + g_2^2 + g_3^2}$。

因此，对于四边形单元，式（4.2.23）变成

$$\{F\}_e = \int_{-1}^1 \int_{-1}^1 u_n \{N\} |G| \mathrm{d}\xi \mathrm{d}\eta \tag{4.2.38}$$

式（4.2.38）可以使用标准高斯积分公式进行数值计算。

如果使用三角形单元，需要引入面积坐标，并且考虑只有两个坐标为独立变量。对于线性单元

$$\begin{cases} L_1 = \xi \\ L_2 = \eta \\ L_3 = 1 - \xi - \eta \end{cases} \tag{4.2.39}$$

由于形函数 N_i 是用 L_1、L_2、L_3 表示的，注意到

$$\frac{\partial N_i}{\partial \xi} = \frac{\partial N_i}{\partial L_1}\frac{\partial L_1}{\partial \xi} + \frac{\partial N_i}{\partial L_2}\frac{\partial L_2}{\partial \xi} + \frac{\partial N_i}{\partial L_3}\frac{\partial L_3}{\partial \xi} \tag{4.2.40}$$

使用式（4.2.39），上式简化为

$$\frac{\partial N_i}{\partial \xi} = \frac{\partial N_i}{\partial L_1} - \frac{\partial N_i}{\partial L_3} \tag{4.2.41}$$

其他导数可以采用相同的方法获得。

于是，式（4.2.23）变成

$$\{F\}_e = \int_0^1 \int_0^{1-\eta} u_n \{N\} |G| \mathrm{d}\xi \mathrm{d}\eta \tag{4.2.42}$$

上式可以使用 Hammer 积分公式进行数值计算。

4.3 基于声线的统计处理方法

使用统计声学处理方法可以得到关于室内声场的一些统计平均规律，对于体积大而形状不规则的房间适用性更好，特别是高频问题[3]。

4.3.1 扩散声场

假设在封闭空间中有一个声源发出声波,这一声波将向四周传播。设想把从声源发出的声波分成无限多条声束,各个声束的出射方向都不相同。声束在碰到壁面以前是沿直线进行的,可用声线来表示,当它碰到壁面后就反射,反射角等于入射角。然后再沿着新的方向继续前进,直至碰到另一个壁面再进行反射,如此进行下去。由于声线以声速运动,在一秒钟内每一条声线就可能遇到很多次反射。而声线又多条,并且它们的出射方向各不相同,再假定壁面也呈不规则状,那么声线就在室内"乱窜",并不断地迅速改变其行进方向。结果使室内声的传播完全处于无规则状态,以至从统计观点来说可以认为声通过任何位置的概率是相同的,并且通过的方向也是各个方向概率相同,在同一位置各声线相遇的相位是无规则的,由此造成室内声场的平均能量密度分布是均匀的。我们把这种统计平均的均匀声场称为扩散声场,可以归纳扩散声场的定义如下:

(1)声波以声线方式以声速沿直线传播,声线所携带的声能量向各个方向的传递概率相同;

(2)各声线互不相干,声线在叠加时它们的相位变化是无规则的;

(3)室内平均声能密度处处相同。

这三条定义之间都有内在联系,是互相制约的,缺少其中任一条,扩散声场的假设就会受到全面破坏。

扩散声场的产生从波动声学观点来看也是有根据的。当声源在室内辐射极多时,由于壁面以及各种反射体与散射体的存在,使室内形成数量极多的驻波,造成声压的分布规律极为复杂。如果假设驻波进一步增加,声场将变得更加复杂,从而使驻波声场中声压极大与极小的差异几乎消失,由此形成了"均匀"的声场。

4.3.2 平均自由程

设在室内有一个声源发射声波,声波以声线方式向各方向传播。一般来讲,一条声线在一秒钟内要经过多次的壁面反射。由于声源是向各个方向发射声线的,各声线与壁面相碰的位置也各不相同,在两次壁面反射之间经历的距离也各不相同。因此,我们需要用统计的方法计算出声线在壁面上两次反射之间的平均距离,这个距离称为平均自由程。

我们仍以矩形空间为例来推导平均自由程公式。可以指出,对于球形和圆柱形空间也将得到相同的结果,这说明平均自由程公式与空间形状的关系不大,由此可以将矩形空间得到的结果推广到任何形状的空间,这一结论已为实验所证实。

设矩形空间的长、宽、高分别为 l_x、l_y、l_z,假设在空间 M 处有一声源发出一根声线 MP,它与 z 轴成 θ 角,而在 xy 面的投影线与 x 轴成 φ 角,见图 4.3.1。因为声线的运动速度为声速 c,所以对于任一对立的壁面每秒钟声线的碰撞次数应是声速 c 在这些壁面的垂直分量被它们之间的距离来除。声速 c 在 x、y、z 的分量分别为 $c\sin\theta\cos\varphi$、$c\sin\theta\sin\varphi$ 与 $c\sin\theta$,因此与这些轴的垂直壁面相对应的碰撞数应为

$$\frac{c}{l_x}\sin\theta\cos\varphi + \frac{c}{l_y}\sin\theta\sin\varphi + \frac{c}{l_z}\cos\theta$$

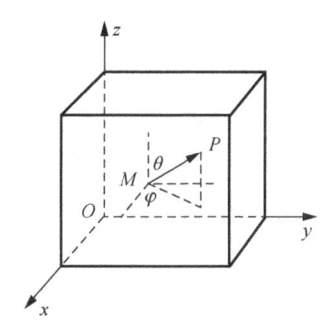

图 4.3.1　声线坐标

设声源 M 在 1s 内发射了 4πn 条声线，其中 n 为单位立体角内的声线数，这样投入到 (θ,φ) 方向在立体角 dΩ = sinθdθdφ 内的声线数应等于 n sinθdθdφ，而每秒钟声线的碰撞总数显然应等于

$$N = 8\int_0^{\frac{\pi}{2}}\int_0^{\frac{\pi}{2}} n\left(\frac{c}{l_x}\sin\theta\cos\varphi + \frac{c}{l_y}\sin\theta\sin\varphi + \frac{c}{l_z}\cos\theta\right)\sin\theta\,d\theta\,d\varphi = n\pi c\frac{S}{V} \quad (4.3.1)$$

式中，$S = 2(l_x l_y + l_x l_z + l_z l_y)$ 为室内壁总面积；$V = l_x l_y l_z$ 为房间的体积。因为在 1s 内所有声线所通过的总距离为 $L = 4\pi n c$，所以用它来除每秒的声线碰撞数 N 就得到了平均自由程

$$\bar{L} = \frac{L}{N} = \frac{4\pi n c}{n\pi c\, S/V} = \frac{4V}{S} \quad (4.3.2)$$

由此看出，平均自由程 $\bar{L}$ 仅与房间的几何参数 S 和 V 有关，而与声源 M 的位置无关，这充分反映了平均自由程具有统计规律的特性。

4.3.3　平均吸声系数

当声波在室内碰到壁面时，如果壁面并非刚性，它对声波具有一定的吸收能力，那么一部分入射波就要被壁面吸收，被壁面所吸收的能量与入射能量的比值称为壁面的吸声系数。因为在扩散声场前提下声能向各方向的传递概率相同，所以对每一吸声表面入射声在所有方向都具有相同的概率，因此这一吸声系数应是对所有入射角的平均结果。

设对于某壁面 S_i 的吸声系数为 α_i，如果对室内所有壁面的吸声系数进行平均，则可得室内平均吸声系数为

$$\bar{\alpha} = \frac{\sum_{i=1}^{n}\alpha_i S_i}{S} \quad (4.3.3)$$

式中，$S = \sum_{i=1}^{n} S_i$ 为壁面总面积。

平均吸声系数 $\bar{\alpha}$ 实际上代表房间壁面单位面积的平均吸声能力，也称为单位面积的

平均吸声能量。如果房间有开着的窗，并且窗的几何尺寸甚至大于声波波长，入射到窗上的声波将全部透射出去，那么开窗面积相当于吸声系数 $\alpha_i=1$ 的吸声面积。房间中一般采用的壁面，不论是普通的抹水泥灰的砖墙，还是水泥地面、木制天花板，或者在壁面上铺上特制的吸声材料等，它们的吸声系数都是频率的函数。

在室内还可能有人和物体，虽然这些人和物体不构成壁面的一部分，但它们对室内的吸声贡献不能不加以考虑。习惯上我们用 $S_j\alpha_j$ 来表示每个人或物体的吸声量，并把它附加到式（4.3.3）的分子中去，而房间壁面总面积不变，在计及这一部分的吸声贡献后室内平均吸声系数变为

$$\bar{\alpha}=\frac{\sum_{i=1}\alpha_i S_i+\sum_{j=1}S_j\alpha_j}{S} \tag{4.3.4}$$

4.3.4 室内混响

房间中从声源发出的声波能量，在传播过程中由于不断被壁面吸收而逐渐衰减，声波在各方向来回反射，而又逐渐衰减的现象称为室内混响。

一般在房间中可以存在两种声，自声源直接到达接收点的声音叫做直达声；而经过壁面一次或多次反射后到达接受点的声音，听起来好像是直达声的延续叫做混响声。

如果到达听者的直达声与第一次反射声之间，或者相继到达的两个反射声之间在时间上相差 50ms 以上，而反射声的强度又足够大，使听者能够分辨出两个声音的存在，那么这种延迟的反射声叫做回声。回声与混响是两个不同的概念，回声的存在将严重破坏室内的听音效果，一般应力求排除。而一定的混响声却是有益的。

室内存在混响这是有界空间的一个重要的声学特性，在无界空间中是不存在这一现象的。下面我们来看一看当声源停止工作后室内混响的规律。

假设声源在发声一段时间之后突然停止，声在室内将逐渐衰减。设声源停止时刻为 $t=0$，此时室内的平均能量密度为 $\bar{\varepsilon}_0$。假设房间的平均吸声系数为 $\bar{\alpha}$，在经过第一次壁面反射后室内的平均能量密度为 $\bar{\varepsilon}_1=\bar{\varepsilon}_0(1-\bar{\alpha})$，第二次反射后为 $\bar{\varepsilon}_1=\bar{\varepsilon}_0(1-\bar{\alpha})^2$，在 N 次反射后为 $\bar{\varepsilon}_1=\bar{\varepsilon}_0(1-\bar{\alpha})^N$。我们已知房间的平均自由程为 $\bar{L}$，所以室内在 1s 内发生的反射次数应是声速除以平均自由程，即 $\frac{c}{L}=\frac{cS}{4V}$，而 ts 发生的反射次数应是 $\frac{c}{L}t=\frac{cS}{4V}t$，于是 ts 后的平均能量密度就变为

$$\bar{\varepsilon}_t=\bar{\varepsilon}_0(1-\bar{\alpha})^{\frac{cS}{4V}t} \tag{4.3.5}$$

因为在扩散声场中各点的总平均能量密度可以看成是由许多互不相干的声线的平均能量密度的叠加，所以其总平均能量密度与总有效声压平方的关系可用 $\bar{\varepsilon}=p_e^2/(\rho_0 c^2)$ 来表示，于是式（4.3.5）可以改写为

$$p_e^2=p_{e0}^2(1-\bar{\alpha})^{\frac{cS}{4V}t} \tag{4.3.6}$$

式中，p_e 为室内某时刻 t 的有效声压；p_{e0} 为 $t=0$ 时的有效声压。我们用一个称为混响时间的量来描述室内声音衰减快慢的程度。它的定义为：在扩散声场中，当声源停止后

从初始的声压级降低 60dB（相当于平均声能密度降为10^{-6}）所需的时间，用符号T_{60}来表示。按混响时间的定义有

$$20\lg\frac{p_e}{p_{e0}} = 10\lg(1-\bar{\alpha})^{\frac{cS}{4V}T_{60}} = -60 \quad (4.3.7)$$

由此解得

$$T_{60} = -55.2\frac{V}{cS\ln(1-\bar{\alpha})} \quad (4.3.8)$$

如果室内平均吸声系数较小，满足$\bar{\alpha} < 0.2$，那么由于$\ln(1-\bar{\alpha}) \approx -\bar{\alpha}$，式（4.3.8）可取近似为

$$T_{60} \approx 55.2\frac{V}{cS\bar{\alpha}} \quad (4.3.9)$$

如果取$c = 344$ m/s，则可得

$$T_{60} \approx 0.161\frac{V}{S\bar{\alpha}} \quad (4.3.10)$$

式（4.3.10）最早由美国声学家赛宾从试验中获得，因此命名为赛宾公式（Sabine expression）。可见混响时间长短正比于房间体积，反比于房间面积和吸声系数。

混响时间对人的听音效果有重要影响，它仍然是迄今为止描述室内音质的一个最重要的参量。经验表明，过长的混响时间会使人感到声音的"浑浊"不清，使语音听音清晰度降低，甚至根本听不清；混响时间太短就有"沉寂"的感觉，声音听起来很不自然。人们对于语言与音乐，对混响时间的要求是不一样的。一般地说，音乐对混响时间的要求长一些，使人们听起来有丰满感觉；而语言则要求短一些，有足够的清晰度。

由式（4.3.9）可知，一般只要已知房间的几何尺寸以及房间的总吸声量，就可以计算出房间的混响时间。在实际的室内音质设计中，一般常常是根据所要求的混响时间和既定的房间体积，按照式（4.3.9）来估算房间的总吸声量，然后再根据壁面情况选择吸声材料。

由于混响时间是比较容易测定的一个量，所以还可以通过对混响时间的测定，再按式（4.3.9）来求得壁面的吸声系数，这就是广为采用的利用混响室来测定吸声材料吸声系数的基本原理。利用这一原理测得的吸声系数反映了不同入射角的平均效果，它同实际使用情况比较接近，是一种较有实用意义的方法（驻波管法测得的吸声系数是法向吸声系数，二者是不同的）。

当房间壁面接近完全吸声时，平均吸声系数接近于1，混响时间T_{60}趋于0，室内声场接近自由声场，能近似实现这种条件的房间叫做消声室。在相反的情况下，房间的壁面接近完全反射，平均吸声系数接近于0，混响时间T_{60}趋于无限大，室内混响强烈，能实现这种条件的房间叫做混响室。一般情况下房间壁面的吸声系数不会等于零，因而混响时间不会趋于无穷大，即使房间的壁面是十分坚硬而光滑的，其吸声系数几乎是零，但由于空气有黏滞性，一部分声能要被空气吸收，所以混响时间只能达到一个有限的数值。

4.3.5 空气吸收对混响时间公式的修正

在上面讨论中,认为室内声波的衰减主要是壁面吸声所引起的,对于房间较小且频率又比较低是可以这样认为的;但如果房间较大,在壁面两次反射之间的距离很大,而频率又较高时,空气对声波的吸收效应就不能不予考虑。试验指出,对于大的房间,频率高于1kHz以上,空气吸收对室内混响的影响是不可低估的。

空气对声波的吸收原因很多,这里只考虑空气对声波吸收的实际效果。我们已假设室内声能是以声线方式传播的,设声线所携带的平均声强为 I,传播方向为 x,当它在空间传播了距离 dx 时,由于媒质的吸收相应地变化了 dI。这一变化量 dI 与原来的声强 I 以及传播距离 dx 成正比,其比例系数为 m,并考虑到声强是随距离增加而减少的,即当 dx 为正时,dI 应负,所以可得如下关系:

$$\frac{dI}{I} = -m dx \tag{4.3.11}$$

由此积分得

$$I = I_0 e^{-mx} \tag{4.3.12}$$

式中,I_0 为参考位置 $x=0$ 处的声强;m 称为声强吸声系数。可见,由于媒介的吸收声强将以指数规律衰减。由于声强与有效声压平方成正比,因而由式(4.3.12)可得有效声压的吸收公式为

$$p_e = p_{e0} e^{-\alpha x} \tag{4.3.13}$$

式中,α 称为声压吸声系数,$m = 2\alpha$。

由于室内每条声线的声强都按指数规律衰减,而传播距离 x 相当于在室内经历了 t s 时间,并且 $x = ct$,因此室内的平均能量密度由于媒质的吸收也将按指数规律衰减,并可表示为

$$\bar{\varepsilon} = \bar{\varepsilon}_0 e^{-mct} \tag{4.3.14}$$

在考虑到媒质的吸收后,室内平均能量密度随时间的总衰减规律可由式(4.3.5)修改成

$$\bar{\varepsilon} = \bar{\varepsilon}_0 (1-\bar{\alpha})^{\frac{cS}{4V}t} e^{-mct} \tag{4.3.15}$$

按照混响时间的定义,由式(4.3.15)可解得

$$T_{60} = 55.2 \frac{V}{-Sc \ln(1-\bar{\alpha}) + 4mVc} \tag{4.3.16}$$

这就是计及媒质吸收后的修正混响时间公式。当 $\bar{\alpha} \leq 0.2$ 时,并取 $c = 344 \text{m/s}$,可取近似值为

$$T_{60} = 0.161 \frac{V}{S\bar{\alpha} + 4mV} \tag{4.3.17}$$

这就是修正的赛宾公式。式(4.3.17)可写成

$$T_{60} = 0.161 \frac{V}{S\bar{\alpha}^*} \tag{4.3.18}$$

式中,$\bar{\alpha}^* = (\bar{\alpha} + 4mV/S)$ 称为等效平均吸声系数。声强吸声系数 m 不仅与媒质的性质

与状态有关，而且还是声波频率的函数。频率越高吸声系数增加得越快，它在修正赛宾公式中的贡献越大。例如，在温度为20℃、相对湿度为50%的空气中频率2000Hz 的声波，$4m$ 值等于 $0.0104\,\mathrm{m^{-1}}$，而 4000Hz 的声波 $4m$ 值等于 $0.0244\,\mathrm{m^{-1}}$。设体积为 $100\,\mathrm{m^3}$ 的混响室，涂油漆的水泥壁面，总表面积为 $135\,\mathrm{m^2}$，壁面平均吸声系数在这两频率约为 0.02，则可以算得在 2000Hz 和 4000Hz 时 $4mV$ 分别为 $1.04\,\mathrm{m^2}$ 与 $2.44\,\mathrm{m^2}$，而 $S\bar{\alpha}$ 都等于 $2.70\,\mathrm{m^2}$。由此可见，在 4000Hz 时这两种吸收的贡献几乎各占一半，而 2000Hz 时壁面吸收要比媒质吸收的贡献大一倍多，可以指出，在频率低于 1000Hz 时，媒质的吸收一般可以忽略不计。

4.3.6 稳态平均声能密度和平均声压级

当声源辐射时，室内声能由两部分组成：一是直达声能，它是声波受到第一次反射以前的声能；另一个是混响声能，它是包括经第一次反射以后的所有声波能量的叠加。当声源开始稳定地辐射声波时，直达声能的一部分被壁面和媒质所吸收，另一部分用来不断增加室内混响声场的平均声能密度，所以声源开始发声后的一段时间内，房间的平均声能密度是随混响平均能量密度的增长而不断增长的。混响平均能量密度越大，被壁面与媒质吸收得就越多，最后由声源提供给混响声场的能量将正好补偿被壁面和媒质所吸收的能量，使得室内混响声平均能量密度达到动态平衡，这一平均能量密度被称为稳态混响平均声能密度。设声源的平均辐射功率为 W，在第一次反射中被壁面等吸收的平均功率为 $W\bar{\alpha}^*$，由声源提供给混响声场部分的平均功率为 $W(1-\bar{\alpha}^*)$。设稳态混响平均声能密度为 $\bar{\varepsilon}_R$，据前面讨论知，在等效平均吸声系数为 $\bar{\alpha}^*$ 的壁面上 1s 的反射次数为 $cS/(4V)$，那么在室内每秒被吸收掉的混响声能为 $\bar{\varepsilon}_R V\bar{\alpha}^* cS/(4V)$。当混响声场达到稳态时，根据动态平衡条件有

$$\bar{\varepsilon}_R V\bar{\alpha}^* \frac{cS}{4V} = W(1-\bar{\alpha}^*) \tag{4.3.19}$$

由此可解得

$$\bar{\varepsilon}_R = \frac{4W}{Rc} \tag{4.3.20}$$

式中，

$$R = \frac{S\bar{\alpha}^*}{1-\bar{\alpha}^*} \tag{4.3.21}$$

称为房间常数，单位为 $\mathrm{m^2}$。从式（4.3.20）看到，稳态混响平均声能密度与声源平均辐射功率成正比，与房间常数成反比。而由式（4.3.21）知，房间常数 R 与房间的平均吸声系数 $\bar{\alpha}^*$ 有关，$\bar{\alpha}^*$ 越大，R 就越大。

前面已经指出，一般室内声场可以看作是直达声和混响声的叠加。假设室内有一无指向性的声源的平均辐射功率为 W，它在空间产生的直达平均声能密度为 $\bar{\varepsilon}_D$。由于直达声与混响声是不相干的，据前面所讨论，它们在空间的叠加应表现为能量密度相加，这时室内叠加声场的总平均能量密度应等于

$$\bar{\varepsilon} = \bar{\varepsilon}_D + \bar{\varepsilon}_R \tag{4.3.22}$$

由于声源是无指向性的，它在空间的辐射应是一均匀的球面波，其平均能量密度可表示成 $\bar{\varepsilon}_D = \dfrac{W}{4\pi r^2 c}$，其中 r 为接收点离声源的径向距离。将该式与式（4.3.20）一并代入式（4.3.22），并考虑到 $\bar{\varepsilon} = \dfrac{p_e^2}{\rho_0 c^2}$，可得

$$p_e^2 = W\rho_0 c\left(\dfrac{1}{4\pi r^2} + \dfrac{4}{R}\right) \tag{4.3.23}$$

或用声压级表示

$$\text{SPL} = \text{SWL} + 10\lg\dfrac{\rho_0 c}{400} + 10\lg\left(\dfrac{1}{4\pi r^2} + \dfrac{4}{R}\right) \tag{4.3.24}$$

如果取 $\rho_0 c = 400\text{N}\cdot\text{s}/\text{m}^3$，那么式（4.3.24）就可改写成

$$\text{SPL} = \text{SWL} + 10\lg\left(\dfrac{1}{4\pi r^2} + \dfrac{4}{R}\right) \tag{4.3.25}$$

从式（4.3.25）可以看出，室内总声压级与离声源距离 r 的关系同自由声场不一样。当 r 较小以至满足 $\dfrac{1}{4\pi r^2} \gg \dfrac{4}{R}$ 时，总声压级以直达声为主，混响声可以忽略。反之，r 较大以至满足 $\dfrac{1}{4\pi r^2} \ll \dfrac{4}{R}$ 时，总声压级以混响声为主，直达声可以忽略，而此时总声压级与 r 无关。例如，两人凑近讲话，听者听到的主要是讲话者的直达声，而房间的影响不起作用；如果两人相距较远，那么听者听到的主要是混响声，房间的影响起主要作用。如果我们取 $\dfrac{1}{4\pi r^2} = \dfrac{4}{R}$，由此确定临界距离

$$r = r_c = 0.25\sqrt{R/\pi} \tag{4.3.26}$$

在此距离上，直达声与混响声的大小相等。当 $r > r_c$ 混响声起主要作用。临界距离 r_c 与房间常数 R 的平方根成正比。如果 R 相当小，那么房间中大部分区域是混响声场，反之 R 相当大，那么房间中大部分区域是直达声场。由此可见，房间常数 R 是描述房间声学特性的一个重要参量。

4.3.7 声源指向性对室内声场的影响

上面我们讨论的前提是声源无指向性，因此式（4.3.25）实际上仅适用于点声源情形。然而大多数实际的声源是有指向性的，特别是高频情形，对于有指向性的声源，室内总声压级公式就要加以修正，为此我们引入一个称为指向性因素的量，用 Q 表示。Q 的定义为：离声源中心某一位置上（一般常指远场）的有效声压平方与同样功率的无指向性声源在同一位置产生的有效声压平方的比值，这一 Q 值自然和观察点与声源中心的连线的方向有关。按照 Q 的定义可以写出在某一方向离声源 r 处的有效声压平方为

$$p_e^2 = \rho_0 c_0 \dfrac{Q\overline{W}}{4\pi r^2} \tag{4.3.27}$$

使用与前面类似的步骤导出总声压级的公式为

$$SPL = SWL + 10\lg\left(\frac{Q}{4\pi r^2} + \frac{4}{R}\right) \qquad (4.3.28)$$

其临界距离为

$$r_c = 0.25\sqrt{QR/\pi} \qquad (4.3.29)$$

由于 Q 值可以大于 1 或小于 1，因而对于不同的方向，临界距离不一样。对于 $Q>1$ 的方向，直达声场范围扩大，混响声场范围缩小；而对于 $Q<1$ 的方向，混响声场范围扩大，直达声场范围缩小。

应该指出，即使声源是无指向性的，如果把它放在房间的不同位置，指向性因素也会起作用，所以我们在上面得到的式（4.3.26）实际上是指点声源放在房间中心的情况。如果点声源放在一刚性壁面中心附近，那么声源能量将集中在半空间内辐射，Q 值等于 2。我们也可用镜像反射原理来解释，由于声源靠近壁面，实声源与虚声源几乎重合，因而向房间内辐射的总声功率应由实声源与虚声源两部分叠加组成，声源功率比点声源在房间中心情况增加一倍，这就相当于指向性因素增加一倍变为 $Q=2$。类似的讨论可以指出，点声源放在两壁面边线中心，那么声源能量集中在 1/4 空间内辐射，$Q=4$。如果点声源放在房间的一角，那么声源能量集中在 1/8 空间内辐射，$Q=8$，这时声源辐射功率相当于放在房间中心的 8 倍，而临界距离增加 $\sqrt{8}$ 倍。声源的辐射功率与它所放置的位置有关，这是不难理解的，因为声源的位置不同，房间对它的反作用也不同，以至声源的辐射阻也不同，由此就必然引起辐射声功率的不同。

4.4 统计能量分析方法

统计能量分析（statistical energy analysis，SEA）主要是从"统计"和"能量"两个角度来分析振动噪声问题，其中"统计"是指系统的模态参数可以相对粗糙，即参数是由服从已知分布的样本总体中抽取出来的。统计能量分析把系统的参数处理成随机变量，即子系统是统计的，所以响应也是随机变量，其结果是空间和频域的平均值而不是子系统内特定位置和频率下的精确解。"能量"是指各子系统的特性均以能量来定性表示，以功率流平衡方程作为联系各子系统的桥梁，通过联立求解所有子系统组成的能量方程组，得到各个子系统在各频段内的能量响应结果，再将其转变成振动加速度、声压等参数，实现动力学系统的振动和噪声预报[7,8]。

4.4.1 能量平衡方程

统计能量分析的基本方程是功率流平衡。图 4.4.1 表示一个机械系统被划分成若干个子系统后，使用统计能量分析的功率流平衡示例。子系统可以是振动子系统（如梁状或板状结构），也可以是声学子系统（如空腔）。

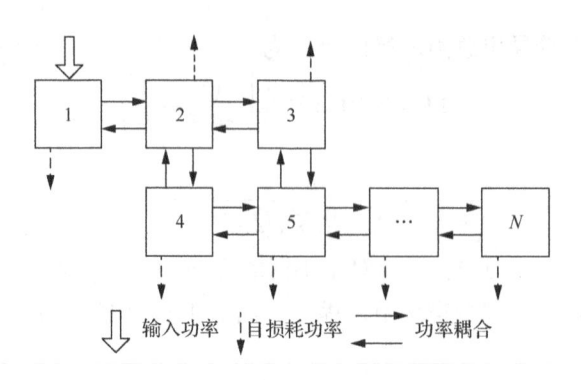

图 4.4.1 SEA 的功率流平衡示例

对每个子系统建立功率输入、耦合和损耗之间的能量平衡式，既输入功率等于输出功率加上这个子系统中的功率损耗，从而建立起 N 个功率流平衡方程。第 1 个子系统的能量流由四个部分组成：①外界输入 1 的能量，用 $W_{1,\text{in}}$ 表示；②子系统 2 输入 1 的能量，用 W_{21} 表示；③子系统 1 输出 2 的能量，用 W_{12} 表示；④子系统自身损耗的能量，用 $W_{1,\text{diss}}$ 表示。于是子系统 1 的功率流平衡方程为

$$W_{1,\text{in}} + W_{21} = W_{12} + W_{1,\text{diss}} \tag{4.4.1a}$$

同理，子系统 2 的功率流平衡方程为

$$W_{12} + W_{32} + W_{42} = W_{21} + W_{23} + W_{24} + W_{2,\text{diss}} \tag{4.4.1b}$$

以此类推，在确定各个子系统间的功率流传递路径后，可以写出任意子系统的功率流平衡方程。

功率 W 可以用能量 E 表述出来。对于单自由度系统，输入功率等于损耗功率，等于能量在单位时间内的衰减，即

$$W = \omega \eta E \tag{4.4.2}$$

式中，ω 为圆频率，即分析带宽 $\Delta\omega$ 的中心频率；η 为能量损耗因子；$\omega\eta$ 为单位时间内能量的衰减率。

把式（4.4.2）广义化，引入耦合损耗因子，在统计能量保守耦合的假设前提下，从子系统 i 传递到子系统 j 的单向功率流可以表示为

$$W_{ij} = \omega \eta_{ij} E_i \tag{4.4.3}$$

式中，η_{ij} 为能量从子系统 i 传递到子系统 j 的耦合损耗因子，物理意义是耦合系统在连接处，对频率和模态取平均意义的模态间作用力大小的一个量度。

由于系统存在阻尼，内部要消耗一部分能量，并转化成其他形式的储能，对于黏性阻尼来说，子系统 i 自损耗功率表示为

$$W_{i,\text{diss}} = \omega \eta_i E_i \tag{4.4.4}$$

式中，η_i 为子系统 i 内部损耗因子。

将式（4.4.3）和式（4.4.4）代入式（4.4.1a）和式（4.4.1b）得到

$$W_{1,\text{in}} = \omega \eta_1 E_1 + (\omega \eta_{12} E_1 - \omega \eta_{21} E_2) \tag{4.4.5a}$$

$$\left(\omega\eta_{21}E_2 - \omega\eta_{12}E_1\right) + \left(\omega\eta_{23}E_1 - \omega\eta_{32}E_3\right) + \left(\omega\eta_{24}E_2 - \omega\eta_{42}E_4\right) + \omega\eta_2 E_2 = 0 \quad (4.4.5b)$$

其他子系统的能量平衡式可用类似的方法表示出来。如果把每个子系统的能量平衡式写成矩阵形式，并把子系统的数量推广到 N 个，可以得到如下能量平衡方程：

$$\omega \begin{bmatrix} \eta_1 + \sum_{j \neq 1}\eta_{1j} & -\eta_{21} & \cdots & -\eta_{N1} \\ -\eta_{12} & \eta_2 + \sum_{j \neq 2}\eta_{2j} & \cdots & -\eta_{N2} \\ \vdots & \vdots & & \vdots \\ -\eta_{1N} & -\eta_{2N} & \cdots & -\eta_N + \sum_{j \neq N}\eta_{Nj} \end{bmatrix} \begin{Bmatrix} E_1 \\ E_2 \\ \vdots \\ E_N \end{Bmatrix} = \begin{Bmatrix} W_{1,\text{in}} \\ W_{2,\text{in}} \\ \vdots \\ W_{N,\text{in}} \end{Bmatrix} \quad (4.4.6)$$

由于式（4.4.6）中的矩阵是非对称矩阵，在实际求解过程中耗时较多，可利用统计能量分析中的互易原理建立系数矩阵为对称矩阵的系统能量平衡方程。统计能量分析中的互易原理表示为

$$\eta_{ij}n_i = \eta_{ji}n_j \quad (4.4.7)$$

式中，n_i 和 n_j 为子系统 i 和 j 的模态密度。于是，系统的能量平衡方程可以写成如下对称矩阵的形式：

$$\omega \begin{bmatrix} \left(\eta_1 + \sum_{j \neq 1}\eta_{1j}\right)n_1 & -\eta_{12}n_1 & \cdots & -\eta_{1N}n_1 \\ -\eta_{21}n_2 & \left(\eta_2 + \sum_{j \neq 2}\eta_{2j}\right)n_2 & \cdots & -\eta_{2N}n_2 \\ \vdots & \vdots & & \vdots \\ -\eta_{N1}n_N & -\eta_{N2}n_N & \cdots & \left(-\eta_N + \sum_{j \neq N}\eta_{Nj}\right)n_N \end{bmatrix} \begin{Bmatrix} \dfrac{E_1}{n_1} \\ \dfrac{E_2}{n_2} \\ \vdots \\ \dfrac{E_N}{n_N} \end{Bmatrix} = \begin{Bmatrix} W_{1,\text{in}} \\ W_{2,\text{in}} \\ \vdots \\ W_{N,\text{in}} \end{Bmatrix} \quad (4.4.8)$$

类似于有限元刚度矩阵，由于连续结构被划分为离散的有限个子系统，各个子系统只与周围子系统弱耦合，式（4.4.8）中的非对角线元素只有少数是非零元素，所以是稀疏矩阵。由稀疏的对称矩阵构成能量平衡方程既节省计算时间，又减少数据储存量，因而计算效率大大提高。

至此，还只是能量分析，没有引入统计的概念，也没有做任何假设。因此，式（4.4.6）和式（4.4.8）适用于任何耦合系统、任何频率。

4.4.2 子系统的能量

对于结构类振动子系统，容易测量得到的物理参数是振动速度。在高频区域，结构子系统的振动模态密集且重合度高，结构振动的动能和势能大致相同，结构子系统 i 的总能量可以推导等于结构质量 M_i 乘以结构多点振动速度平方的平均值 $\langle V_i^2 \rangle$，即

$$E_i = M_i \langle V_i^2 \rangle \quad (4.4.9)$$

式中，$\langle V_i^2 \rangle = \sum_j^{N_i} V_{ij}^2 / N_i$，$N_i$ 为测点数目，对于一个特定频率范围，如果结构振动模态数

目越多，需要测点的数目就越少。

对于声腔类子系统，容易测量得到的物理参数是声压。当声腔模态密度足够大时，声能与声腔空间声压平方的平均值$\langle p_i^2 \rangle$成正比，这样声腔子系统的能量可表示为

$$E_i = \frac{\langle p_i^2 \rangle}{\rho_0 c^2} V_i \tag{4.4.10}$$

式中，$\langle p_i^2 \rangle = \sum_{j}^{N_i} p_{ij}^2 / N_i$，$N_i$为测点数目；$V_i$为声腔的体积。

如果把式（4.4.9）和式（4.4.10）代入式（4.4.6）或式（4.4.8），并且如果已经知道所有子系统的输入功率和损耗因子，那么子系统的振动速度或声压就成为唯一的未知量，即可求出。这样求得的结果自然是特定频段的响应，而且是各个子系统空间的平均结果。

4.4.3 模态密度

由于统计能量分析中的子系统是一些具有相似共振模态构成的贮存振动能量单位，而相似模态群中的模态数直接跟子系统的能量相关，若某一频段Δf内的共振模态数越多，从外界激励源接受振动能量的模态数就越多，系统对外界激励源的响应也就越大。一个子系统在分析带宽Δf内的模态数是由子系统的特性参数模态密度决定的，统计能量中的模态密度类似于热力学中的热容量，是反映振动系统储能能力大小的一个度量。

模态数N为频率f的函数，因而模态密度定义为单位频率的模态数，即

$$n(f) = \frac{\mathrm{d}N}{\mathrm{d}f} \tag{4.4.11}$$

模态密度的确定方法主要是通过两种方式：一是经验公式法，二是试验测量方法。

4.4.4 内损耗因子

内部损耗是指由系统阻尼特性所决定的那部分能量损耗，统计能量分析中用内损耗因子η_i来描述系统阻尼损耗特性，内损耗因子是指单位频率单位时间内子系统的耗能与平均储能之比，即

$$\eta_i = \frac{W}{\omega E} = \frac{1}{2\pi f} \frac{W}{E} \tag{4.4.12}$$

工程中常用的结构大多数是弱阻尼结构，内损耗因子一般远小于0.1。由于内损耗因子主要是用于统计能量分析，工程上还有其他描述阻尼特性的参数，可以利用阻尼损耗因子与这些阻尼参数之间的关系式来获得结构的阻尼损耗因子。

内损耗因子的获得除了依据各种材料结构的数据表格或者计算公式外，一般通过实验测量得到，常用测试方法主要有：稳态半功率点带宽测量法、瞬态衰减包络线测量法和频带平均内损耗因子测量法。由于振动响应计算精度对于内损耗因子的精度要求不高，即使损耗因子存在10%的误差，响应计算的误差才只有1dB。

1. 结构子系统的内损耗因子

内损耗因子 η_i 按照阻尼形成机理由结构损耗因子 η_{is}、声辐射阻尼损耗因子 η_{ir} 以及边界阻尼损耗因子 η_{ib} 组成，即

$$\eta_i = \eta_{is} + \eta_{ir} + \eta_{ib} \tag{4.4.13}$$

工程上对于内损耗因子的构成三种形式的阻尼损耗因子占不同的权重，有如下简化形式：

（1）当子系统之间是刚性连接，边界阻尼因子的贡献远小于结构损耗因子；子结构为非刚性连接，边界阻尼的影响不能忽略。

（2）当子系统为孤立的轻质结构，并具有高辐射比，声辐射阻尼损耗因子占主导，即 $\eta_i \approx \eta_{ir}$；但是结构只是具有高声辐射比，$\eta_i \approx \eta_{is}$。

2. 声场子系统的内损耗因子

若采用瞬态衰减包络线测量法，单频模态位移可以写成

$$x = X \mathrm{e}^{-\frac{1}{2}\omega_n \eta_i} \sin(\omega_d t + \varphi) \tag{4.4.14}$$

由于振级 $L_x = 10\lg(x^2/x_{\text{ref}}^2)$，衰减量为

$$\mathrm{DR} = -\frac{\mathrm{d}L_x}{\mathrm{d}t} = -20\lg \mathrm{e} \cdot \left(\frac{\mathrm{d}x/\mathrm{d}t}{x}\right) = 27.3\eta f \tag{4.4.15}$$

所以声场内损耗因子为

$$\eta_i = \frac{\mathrm{DR}}{27.3 f} \tag{4.4.16}$$

若采用稳态半功率点带宽测量法，子系统的稳态频响函数峰值下降 3dB 时的带宽为 $\Delta_{1/2}\omega_n$，峰值的模态频率为 ω_n，则声场内损耗因子为

$$\eta_i = \frac{\Delta_{1/2}\omega_n}{\omega_n} = \frac{\Delta_{1/2}f_n}{f_n} \tag{4.4.17}$$

此外，声场内损耗因子 η_i 与混响时间 T_{60} 有以下关系式：

$$\eta_i = \frac{2.2}{f T_{60}} \tag{4.4.18}$$

将赛宾公式（4.3.9）代入式（4.4.18），则可以建立声场内损耗因子和声场平均吸声系数之间的关系式：

$$\eta_i = \frac{2.2}{f T_{60}} = \frac{13.82}{\omega \cdot \left(\dfrac{55.2V}{cS\bar{\alpha}}\right)} = cS\bar{\alpha}/(4V\omega) \tag{4.4.19}$$

式（4.4.19）是统计能量分析定义声场内损耗因子的理论基础。

4.4.5 耦合损耗因子

如果已知一个子系统的耦合损耗因子,则可以利用式(4.4.7)求出关联子系统的耦合损耗因子。

结构之间或结构与声腔之间的耦合损耗因子一般可以通过三种方法得到,即解析方法、数值方法和实验方法。解析方法适用于简单结构,如杆、梁、板之间的耦合情况。数值方法适用于相对复杂的结构,可以借助有限元计算得到。实验方法可以通过功率流测量,然后计算出耦合损耗因子;另一种途径是实验统计能量分析,可以看成统计能量分析的逆运算,输入值来自一组特殊设计的实验测量值,输出是系统损耗因子和耦合损耗因子。

习 题

4.1 在一个 $6m\times5m\times4m$ 的刚性壁房间内分别发出中心频率为 100Hz、1000Hz 和 4000Hz,带宽为 10Hz 的声波,(1)试问它们分别能在室内激起多少个简正振动方式?(2)在 95~105Hz 频带内将包含哪几个驻波方式?

4.2 分别使用解析法和有限元法计算 $12m\times4m\times8m$ 刚性壁面封闭房间在 120Hz 以内的所有模态及其频率,然后进行列表对比,选择其中两个轴向波、两个切向波和两个斜向波,画出它们的模态形状。

4.3 有一个混响室,已知空室时混响时间为 T_{60},现在某一壁面上铺上一层面积为 S'、平均吸声系数为 α' 的吸声材料,测得此时的混响时间为 T'_{60},试证明该吸声材料的吸声系数可用下式求得:

$$\alpha' = 0.161\frac{V}{S'}\left(\frac{1}{T'_{60}} - \frac{1}{T_{60}}\right) + \alpha$$

式中,V 为混响室的体积;α 为被吸声材料覆盖前这一壁面的平均吸声系数。

4.4 有一个体积为 $30m\times15m\times5m$ 的厅堂,要求它在空场时的混响时间为 2s,(1)试求室内的平均吸声系数;(2)如果希望在厅堂中达到 80dB 的稳态混响声压级,试问要求声源辐射多少平均声功率(假设声源为无指向性)?(3)厅堂中坐满 400 个观众,已知每个观众的吸声量为 $S_j\alpha_j = 0.5m^2$,试问此时室内的混响时间变为多少?(4)如果声源的平均辐射声功率保持不变,那么此时室内稳态混响声压级为多少?(5)试问此时离开声源中心 10m 处的总声压级是多少?

4.5 有一噪声很高的车间测得混响时间为 T_{60},后来经过声学处理在墙壁上铺上吸声材料,室内的混响时间降为 T'_{60},试证明此车间在声学处理前后的稳态混响声压级差为 $\Delta L_p = 10\lg(T_{60}/T'_{60})$。

4.6 统计能量分析的基本方程和适用条件各是什么?有哪两个基本类型的子系统?写成它们的能量表达式。

第 5 章 吸声材料和吸声结构

吸声材料和吸声结构在噪声控制工程中被广泛使用,通过吸收声能实现降低噪声的目的[2,4,9]。多孔吸声材料通常对中高频噪声具有良好的吸声效果,而对于低频噪声需要使用共振结构实现吸声降噪。

5.1 多孔吸声材料

1. 吸声材料类型

吸声材料包括多孔材料和纤维材料,这些材料都有开放的孔隙,其典型尺寸在 1mm 以下,远小于声波波长。图 5.1.1 为典型多孔吸声材料和纤维吸声材料。

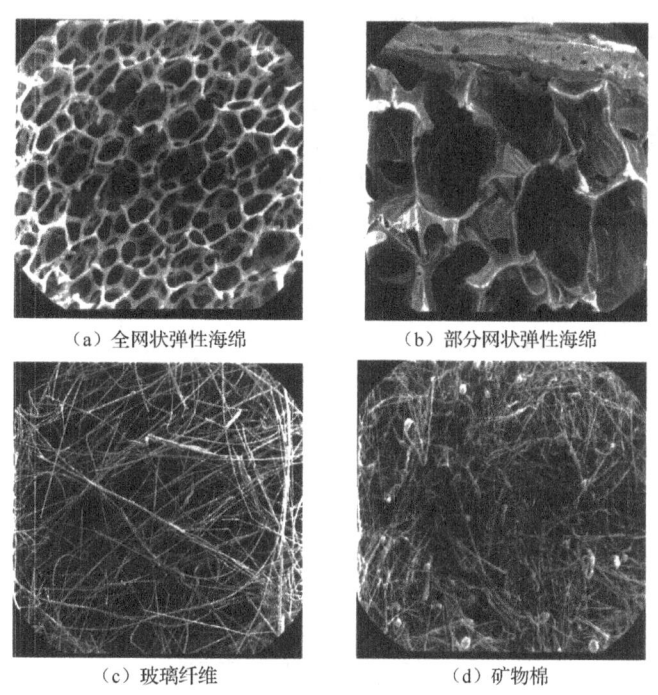

(a) 全网状弹性海绵　　(b) 部分网状弹性海绵

(c) 玻璃纤维　　(d) 矿物棉

图 5.1.1　典型多孔吸声材料[2]

2. 吸声材料吸声机理

由于声波的作用,材料孔隙中的空气分子以声波激励的频率振动,从而导致摩擦损失,并且将声能转化成热能。此外,流动方向的改变以及空气通过不规则孔隙时的膨胀和收缩导致声波传播方向上的动量损失。这两种现象是吸声材料中高频声能损失的主要原因。

3. 吸声材料特性

由于吸声材料本身结构的不规则性，目前还没有能够考虑所有因素的理论解可供使用。吸声材料几何形状和结构的复杂性迫使我们使用粗略特性来描述其声学属性，这些特性可以通过对实验样品的测量而得到。为模拟吸声材料的声学特性，要求使用一些经验数据。实验表明，影响吸声材料声学特性的主要因素有孔隙率、流阻率和结构因子。

孔隙率定义为孔隙的体积与吸声材料所占的总体积之比，即

$$h = \frac{V_g}{V_m} = 1 - \frac{V_s}{V_m} \tag{5.1.1}$$

式中，V_g、V_s 和 V_m 分别为气相、固相（骨架）和吸声材料的体积，且 $V_m = V_g + V_s$。

孔隙率也可以表示为

$$h = 1 - \frac{\rho_m}{\rho_s} \tag{5.1.2}$$

式中，ρ_s 为固相材料的密度；ρ_m 为吸声材料的平均密度。对于矿物棉、玻璃纤维和多孔弹性泡沫，孔隙率一般在95%以上。

流阻率（比流阻）是吸声材料最重要的特性参数，定义为

$$\sigma = -\frac{1}{U}\frac{\Delta p}{\Delta x} \tag{5.1.3}$$

式中，Δp 是厚度为 Δx 的吸声材料两侧的静压差；U 是通过吸声材料的气流速度。流阻率的单位为 $N \cdot s/m^4$ 或 $kg/(m^3 \cdot s)$，在工程中经常使用 mks Rayl/m。

厚度为 Δx 的吸声材料层的流阻为 $\sigma \Delta x$。普通吸声材料的流阻率在 $2 \times 10^3 \sim 2 \times 10^5$ kg/($m^3 \cdot s$)。对于给定的材料平均密度，流阻率随着纤维直径的减小而急剧增加。图5.1.2为几种典型材料流阻率随密度的变化情况。

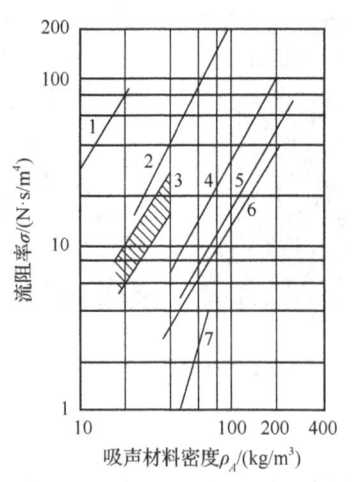

1-超细玻璃纤维；2-棉花；3-聚氨酯泡沫；4-矿物棉；
5-不可卷曲玻璃纤维；6-玻璃纤维；7-纺织纤维

图5.1.2 材料流阻率随密度的变化[2]

吸声材料骨架几何形式对有效密度和压缩性的影响可以用结构因子来表示，表示有效流体密度与它的自由空间值之比。

结构因子随频率的升高而降低，其范围在 $s=6$ 到 $s=1$ 之间，一般情况下 $s=1.3$。多数商业声学软件中将结构因子取为 $s=1$。

5.2 均质吸声材料中的声波方程

下面以平面声波为例，推导均质吸声材料中的声波方程。

在1.2节中，我们由线性化的质量守恒方程、动量守恒方程与表示气体声压和密度变化量之间关系的等熵关系式推导获得了理想静态气体中的声波方程。对于均质吸声材料中的声波，需要修改守恒方程以考虑孔隙率、流阻率和结构因子的影响，以及等熵可压缩性偏差的影响。

考虑到固相材料所占体积的影响，以及平均模量与 γP_0 的不一致产生偏差的影响，无约束流体的质量守恒方程需要修改为

$$\left(\rho_0/\kappa\right)\frac{\partial p}{\partial t}+\left(\rho_0/h\right)\frac{\partial u}{\partial x}=0 \tag{5.2.1}$$

式中，κ 是气体的有效平均模量。在纤维材料中，κ 的典型变化范围在 P_0（在 $\sigma/(\omega\rho_0)=100$ 时）和 γP_0（在 $\sigma/(\omega\rho_0)<0.1$ 时）之间，这两个 $\sigma/(\omega\rho_0)$ 值对应于几十赫兹和几万赫兹。

考虑到孔隙率、流阻率和结构因子的影响，无约束流体的动量方程需要修改为

$$\frac{\partial p}{\partial x}=-\left(s\rho_0/h\right)\frac{\partial u}{\partial t}-\sigma u \tag{5.2.2}$$

式中，右边第一项中孔隙率 h 的存在被解释为材料孔隙中的平均质点加速度与单位面积的体积加速度（$\partial u/\partial t$）相比的放大因子，第二项表示单位体积的黏滞性阻力。在简谐运动的情况下，上式可表示成

$$\frac{\partial p}{\partial x}=-\left(s\rho_0/h-\mathrm{j}\sigma/\omega\right)\frac{\partial u}{\partial t} \tag{5.2.3}$$

与式（1.2.5）相比，可以把 $(s\rho_0/h-\mathrm{j}\sigma/\omega)$ 看作复密度，用 $\tilde{\rho}$ 来表示，即

$$\tilde{\rho}=s\rho_0/h-\mathrm{j}\sigma/\omega \tag{5.2.4}$$

这种解释表明，吸声材料中平面行波的简谐声压和质点加速度之间的相位差不再像自由空间中那样为90°。

对方程（5.2.1）取关于时间 t 的微分，对方程（5.2.2）取关于坐标 x 的微分，消去公共项 $\partial^2 u/\partial x\partial t$，得到如下方程：

$$\frac{\partial^2 p}{\partial x^2}-\left(s\rho_0/\kappa\right)\frac{\partial^2 p}{\partial t^2}-\left(\sigma h/\kappa\right)\frac{\partial p}{\partial t}=0 \tag{5.2.5}$$

式（5.2.5）称为修正的平面声波方程。可以看出，参数 h、s、σ 和平均模量 κ 一起影响

平面波的传播速度。注意到，当 $\sigma=0$，$\kappa=\gamma P_0$，$s=1$，$h=1$ 时，式（5.2.5）就简化成式（1.3.1）。

对于简谐平面声波，可以设定 $p(x,t)=p(x)\mathrm{e}^{\mathrm{j}\omega t}$，将其代入式（5.2.5），得

$$\frac{\partial^2 p(x)}{\partial x^2}+\omega^2(s\rho_0/\kappa-\mathrm{j}\omega\sigma h/\kappa)p(x)=0 \tag{5.2.6}$$

引入复波数

$$\tilde{k}=\omega\sqrt{s\rho_0/\kappa-\mathrm{j}\omega\sigma h/\kappa} \tag{5.2.7}$$

式（5.2.6）变成

$$\frac{\partial^2 p(x)}{\partial x^2}+\tilde{k}^2 p(x)=0 \tag{5.2.8}$$

其解可以表示为

$$p(x)=A\exp(-\mathrm{j}\tilde{k}x)+B\exp(\mathrm{j}\tilde{k}x) \tag{5.2.9}$$

$$u(x)=\frac{1}{\tilde{z}}\left[A\exp(-\mathrm{j}\tilde{k}x)-B\exp(\mathrm{j}\tilde{k}x)\right] \tag{5.2.10}$$

式中，$\tilde{z}=\tilde{\rho}\tilde{c}$ 为吸声材料的特性阻抗；$\tilde{c}=\omega/\tilde{k}$ 为吸声材料中的声速。值得一提的是，声速 $\tilde{c}$ 和特性阻抗 $\tilde{z}$ 也都是复数。

对于简谐行波 $p(x)=A\exp(-\mathrm{j}\tilde{k}x)$，可以把复波数写成 $\tilde{k}=\beta-\mathrm{j}\alpha$，其中 α 称为衰减常数，β 称为传播常数。吸声材料中声压随空间的分布如图 5.2.1 所示。因此，吸声材料可以作为有损失的各向同性介质来处理。

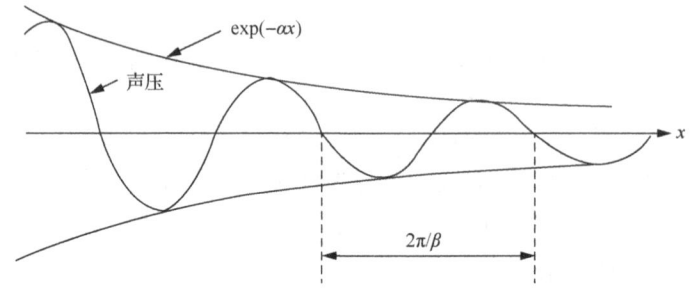

图 5.2.1 简谐行波的指数衰减

对于均质吸声材料中的三维声波，使用与平面声波相似的推导过程可以得到如下控制方程：

$$\nabla^2 p-(s\rho_0/\kappa)\frac{\partial^2 p}{\partial t^2}-(\sigma h/\kappa)\frac{\partial p}{\partial t}=0 \tag{5.2.11}$$

如果声波随时间变化的关系是简谐的，可以得到

$$\nabla^2 p+\tilde{k}^2 p=0 \tag{5.2.12}$$

上式称为修正的亥姆霍兹方程。质点振速与声压间的关系可以通过线性化的动量方程建立起如下关系：

$$u=\mathrm{j}\frac{\nabla p}{\tilde{\rho}\omega} \tag{5.2.13}$$

5.3 吸声材料声学特性表述

由上节可知，为计算吸声材料的声学特性（例如吸声系数），首先需要获得复波数和复阻抗。如果复波数 $\tilde{k}$ 和复阻抗 $\tilde{z}$ 能够只用一个参数表述，那么对于吸声材料声学特性的表述将最为简单。

图 5.3.1(a) 为使用频率作为横坐标时不同密度岩棉的法向吸声系数 α_0（厚度在 0.5~1m，取决于吸声材料的平均密度）。可以看出，频率不是能够将所有测量数据聚集在一条曲线上的单一参数。图 5.3.1（b）为以无量纲参数 $E=\rho_0 f/\sigma$ 作为横坐标时使用与图 5.3.1（a）相同的数据画出的。可见，无量纲参数 $E=\rho_0 f/\sigma$ 是能够将所有测量数据聚集在一条曲线上的单一参数。

（a）频率作为横坐标

（b）无量纲参数 $E=\rho_0 f/\sigma$ 作为横坐标

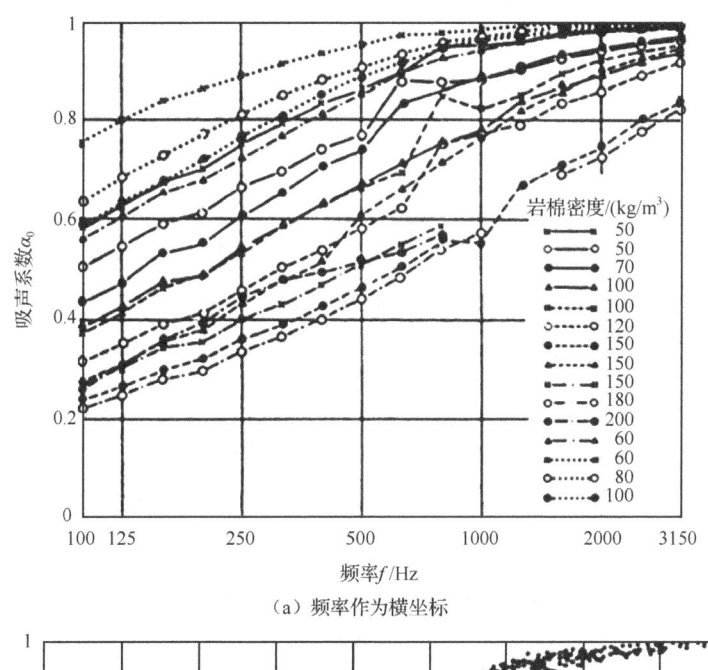

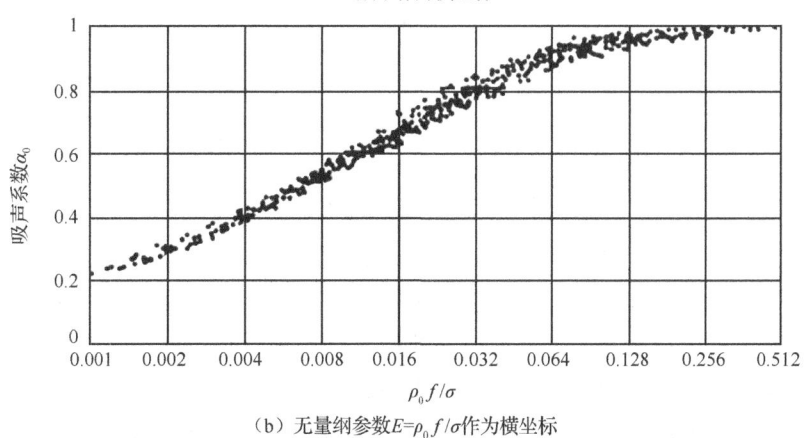

图 5.3.1 使用阻抗管测量得到的不同岩棉材料的法向入射吸声系数[2]

无量纲参数 $E = \rho_0 f/\sigma$ 不仅能够用于描述多孔吸声材料的吸声能量，而且也能用于表述均质材料的波数和特性阻抗。图 5.3.2 为以无量纲参数 $E = \rho_0 f/\sigma$ 作为横坐标的开孔弹性泡沫特性阻抗。可以看出，对于开孔弹性泡沫无量纲参数 $E = \rho_0 f/\sigma$ 仍然是能够将所有测量数据聚集在一条曲线上的单一参数。

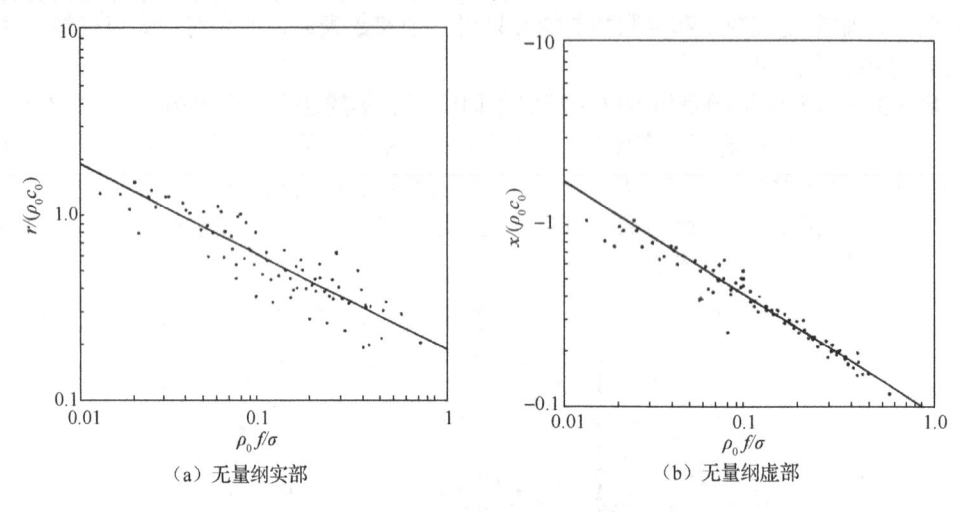

(a) 无量纲实部

(b) 无量纲虚部

图 5.3.2　开孔弹性泡沫特性阻抗[2]

在描述吸声材料声学特性时，使用无量纲参数 $E = \rho_0 f/\sigma$ 作为变量极为方便。基于大量实验测量结果，吸声材料的复波数和复特性阻抗可以使用如下经验公式来表示[2]：

$$k_n = \tilde{k}/k_0 = \left(1 + a_1 E^{-\alpha_1}\right) - j a_2 E^{-\alpha_2} \tag{5.3.1}$$

$$z_n = \tilde{z}/z_0 = \left(1 + b_1 E^{-\beta_1}\right) - j b_2 E^{-\beta_2} \tag{5.3.2}$$

表 5.3.1 给出了矿物棉和岩棉，以及玻璃纤维吸声材料的回归系数 a_1、a_2、α_1、α_2、b_1、b_2、β_1 和 β_2。

表 5.3.1　计算纤维状吸声材料波数和特性阻抗的回归系数[2]

材料	E	a_1	α_1	a_2	α_2	b_1	β_1	b_2	β_2
矿物棉和岩棉	$E \leq 0.025$	0.136	0.641	0.322	0.502	0.081	0.699	0.191	0.556
	$E > 0.025$	0.103	0.716	0.179	0.663	0.0563	0.725	0.127	0.655
玻璃纤维	$E \leq 0.025$	0.135	0.646	0.396	0.458	0.0668	0.707	0.196	0.549
	$E > 0.025$	0.102	0.705	0.179	0.674	0.0235	0.887	0.0875	0.770

对于高温环境中使用的吸声材料（例如内燃机排气消声器中的吸声材料），为计算声学性能需要预先知道在设计温度下吸声材料的声学特性。一般来讲，设计温度下吸声材料的波数和特性阻抗并不一定需要通过实验测量获得，可以通过标定室温下吸声材料声学特性的值来求出。为此，需要首先求出在设计温度下的无量纲参数 $E = \rho_0 f/\sigma$，因为吸声材料的波数和特性阻抗取决于这个量。考虑温度对空气的密度 ρ_0 和动力黏度 η 的影响为

$$\rho_0(T') = \rho_0(T'_0)\frac{T'_0}{T'} \qquad (5.3.3)$$

$$\eta(T') = \eta(T'_0)\left(\frac{T'_0}{T'}\right)^{-0.65} \qquad (5.3.4)$$

由此得到在设计温度下的无量纲参数为

$$E(T') = E(T'_0)\left(\frac{T'_0}{T'}\right)^{1.65} \qquad (5.3.5)$$

式中，T' 和 T'_0 分别代表设计温度和室温（热力学温度）。考虑到声速随温度变化关系 $c = c_0 (T'/T'_0)^{1/2}$，于是在设计温度下吸声材料的波数和特性阻抗可表示为

$$\tilde{k}(T') = k_n\left[E(T')\right]k_0\left(\frac{T'_0}{T'}\right)^{1/2} \qquad (5.3.6)$$

$$\tilde{z}(T') = z_n\left[E(T')\right]z_0\left(\frac{T'_0}{T'}\right)^{1/2} \qquad (5.3.7)$$

式中，$k_n\left[E(T')\right]$ 和 $z_n\left[E(T')\right]$ 分别为正则化的波数和特性阻抗，它们分别由式（5.3.1）和式（5.3.2）计算得到。

5.4 表面声阻抗率

5.4.1 局部反应模型

声阻抗率（specific acoustic impedance）定义为声压的复数幅值与质点振速特定方向分量的复数幅值之比。声阻抗率与不同介质交界面上的声场有关，如果质点速度分量与交界面垂直，相应的声阻抗率被称为法向面声阻抗率（normal surface specific acoustic impedance），或简称为边界阻抗率（specific boundary impedance）。边界阻抗率取决于入射波的形式，这是因为在交界面上任意一点处的质点速度法向分量不仅受局部声压的影响，而且还受来自其他所有点处的声波的影响，因此不可能确定独立于交界面上入射波的幅值和相位的单一边界阻抗。通常情况下，一层平面材料的边界阻抗不仅是材料声学特性的函数，而且还是材料厚度和其他面上阻抗的函数。

然而当吸声材料很薄或吸声系数很低时，为简单起见，可以假设入射波在吸声材料表面上任意一点处产生的质点速度只与局部声压线性相关，也就是说材料展示出"局部反应"（local reaction）。基于这一模型，材料表面的声学特性可以使用单一的边界阻抗率来表述。

5.4.2 声功率吸声系数

吸声材料的边界阻抗率通常是复数，可以表示为 $z_n = r_n + \mathrm{j}x_n$，其中 r_n 和 x_n 分别称为边界声阻率和边界声抗率。在工程声学中经常使用边界阻抗率与空气特性阻抗的比值来

表述边界，其实部和虚部分别称为边界声阻率比和边界声抗率比。

平面声波入射到具有均匀阻抗的无限大平面上时会产生一个镜面反射平面波（反射角等于入射角），如图 5.4.1 所示。实际上，所有的吸声材料表面都有边缘，从而产生对入射波的阻抗不连续导致向很多方向散射声能量。然而，当平面尺寸远大于声波波长时，入射声功率被边缘散射的部分很小，除接近剪切入射角（90°）情形之外，理想化的无边界模型能够得到较为精确的吸声系数。顺便提及，入射到房间表面的声波不仅能够通过几何形状不规则而向许多方向散射，而且也可以利用在表面上覆盖一层具有不同阻抗的混合盖板来散射声波，例如消声瓦或涂层表面。

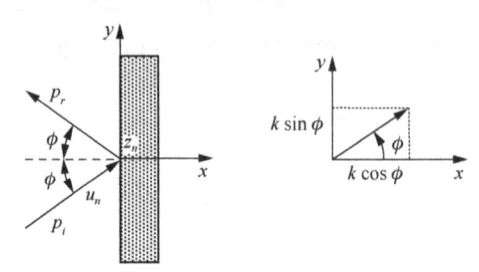

图 5.4.1　具有均匀阻抗无限大平面上的平面波入射

基于局部反应模型，可以推导出以边界阻抗率比和入射角表示的声功率吸声系数表达式。参照图 5.4.1，入射和反射声波的声压表示为

$$p_i(x,y,t) = \tilde{A}\exp[j(-k_x x - k_y y)]\exp(j\omega t) \tag{5.4.1}$$

$$p_r(x,y,t) = \tilde{B}\exp[j(k_x x - k_y y)]\exp(j\omega t) \tag{5.4.2}$$

式中，$k_x = k\cos\phi$；$k_y = k\sin\phi$。

在 $x=0$ 表面上，

$$p_s = (p_i + p_r)_{x=0} = (\tilde{A}+\tilde{B})\exp(-jk_y y) \tag{5.4.3}$$

$$u_{ns} = (u_{ni} + u_{nr})_{x=0} = [(\tilde{A}-\tilde{B})\cos\phi/(\rho_0 c)]\exp(-jk_y y) \tag{5.4.4}$$

由此得到

$$\frac{\tilde{B}}{\tilde{A}} = \frac{z_n'\cos\phi - 1}{z_n'\cos\phi + 1} \tag{5.4.5}$$

式中，$z_n' = z_n/(\rho_0 c)$。

垂直于表面方向的入射声强为

$$I_i = \frac{1}{2}\left|\tilde{A}\right|^2 \cos\phi/(\rho_0 c) \tag{5.4.6}$$

反射声强为

$$I_r = \frac{1}{2}\left|\tilde{B}\right|^2 \cos\phi/(\rho_0 c) \tag{5.4.7}$$

声功率吸声系数定义为被吸声材料吸收的声功率与入射波声功率之比，即

$$\alpha(\phi) = \frac{I_i - I_r}{I_i} = 1 - \left|\frac{\tilde{B}}{\tilde{A}}\right|^2 = \frac{4r'_n \cos\phi}{(1 + r'_n \cos\phi)^2 + (x'_n \cos\phi)^2} \tag{5.4.8}$$

式中，$r'_n = r_n / (\rho_0 c)$；$x'_n = x_n / (\rho_0 c)$。可见，声阻比和声抗比均影响吸声系数。被吸声材料吸收的声强为

$$I_t = I_i - I_r = \frac{1}{2}|p_s|^2 \text{Re}(1/z_n) = \frac{1}{2}|u_{ns}|^2 \text{Re}(z_n) \tag{5.4.9}$$

式（5.4.8）表明，吸声系数与入射角相关。为求出最大吸声系数对应的入射角，可以通过求 $\alpha(\phi)$ 关于入射角 ϕ 的一阶和二阶导数得到。由此得到最大吸声系数对应的入射角为

$$\phi_{\max} = \cos^{-1}|z'_n|^{-1} = \cos^{-1}|r'^2_n + x'^2_n|^{-1/2} \tag{5.4.10}$$

最大吸声系数为

$$\alpha_{\max} = 2r'_n / (|z'_n| + r'_n) \tag{5.4.11}$$

由式（5.4.10）可以看出，随着 $|z'_n|$ 的增大，最大吸声系数对应的入射角接近90°，即切向入射。显然，如果 x'_n 等于 0 且 r'_n 等于 1，法向入射吸声系数 $\alpha(0)$ 能够等于 1。设计一个机械结构以实现在空气中获得非常低的宽频声阻抗率是不现实的，但在水中却是可能的，如已经证实的贴敷在潜艇壳体上的消声瓦用于降低被主动声呐探测到的概率。

5.5 有限厚度材料的吸声

在工程应用中，吸声材料通常是以片状形式加以使用，特别是在建筑行业中最为普遍。如果声波在材料中传播遇到了另一种具有不同阻抗的平面，就会发生反射并返回到外表面，其中一部分传入流体介质，另一部分再次被反射进入吸声材料。由前面的讨论可知，对于任何一个厚度都存在优化的流阻率使得法向入射声吸收最大。如果流阻率太高，会有过多的声能在表面发生反射，而被吸声材料吸收的能量很少。如果流阻率太低，声波在材料内部不能被充分耗散，使得传出的声能过多。

在处理吸声问题时，通常需要求出被吸声体吸收或反射的那部分声能。最简单的情况是吸声表面是平面且足够大，以至于被吸声体边缘散射的声波可以忽略不计。于是，对于平面入射波，吸声体的声功率吸声系数为

$$\alpha = \frac{E_a}{E_i} = 1 - |R|^2 \tag{5.5.1}$$

式中，E_a 和 E_i 分别为吸收声能和入射声能；R 是反射系数，定义为交界面上反射声压和入射声压之比。高吸声系数（$\alpha \to 1$）要求低反射系数（$|R| \to 0$），注意 $|R|$=0.1 对应 $\alpha = 0.99$。本节研究无限大各向同性吸声材料层的吸声性能。

5.5.1 有限厚度吸声层

有限厚度吸声材料层背面通常为刚性壁板，为提高低频吸声性能，可以在吸声材料

和壁板之间增加一个空气腔,形成如图 5.5.1 所示的两种类型。下面以有空气腔的吸声材料层为例推导边界阻抗率和反射系数表达式。

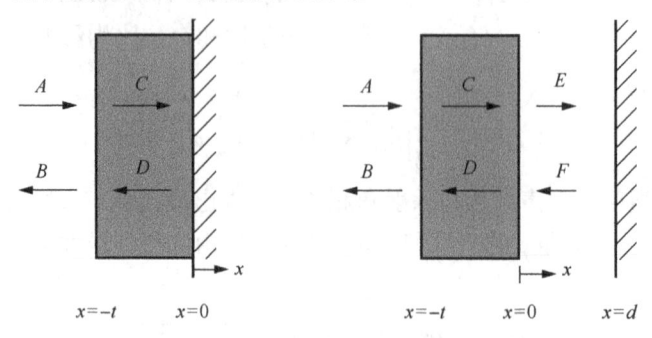

图 5.5.1 平面波入射到背后为刚性平面的吸声材料层产生的声场

平面波沿着吸声材料表面法向方向传播,到达吸声材料表面时一部分声波被反射,另一部分传入吸声材料并在其中继续传播,且在传播过程中逐渐衰减,到达吸声材料另一表面时一部分被反射回吸声材料,另一部分传入空气介质并向下游传播,遇到壁板时被全部反射。三种介质中的声压和质点速度可表示为

$$p_1(x) = A\exp(-jkx) + B\exp(jkx) \tag{5.5.2}$$

$$u_1(x) = \frac{1}{z_0}\left[A\exp(-jkx) - B\exp(jkx)\right] \tag{5.5.3}$$

$$p_2(x) = C\exp(-j\tilde{k}x) + D\exp(j\tilde{k}x) \tag{5.5.4}$$

$$u_2(x) = \frac{1}{\tilde{z}_c}\left[C\exp(-j\tilde{k}x) - D\exp(j\tilde{k}x)\right] \tag{5.5.5}$$

$$p_3(x) = E\exp(-jkx) + F\exp(jkx) \tag{5.5.6}$$

$$u_3(x) = \frac{1}{z_0}\left[E\exp(-jkx) - F\exp(jkx)\right] \tag{5.5.7}$$

在 $x = d$ 表面上,质点速度为 0,由此得到

$$E = F\exp(j2kd) \tag{5.5.8}$$

在 $x = 0$ 表面上,由声压和质点速度连续性条件得到

$$C + D = E + F \tag{5.5.9}$$

$$\frac{1}{\tilde{z}_c}(C - D) = \frac{1}{z_0}(E - F) \tag{5.5.10}$$

由上述两式得到

$$C = \frac{1}{2}\left[\left(1 + \tilde{z}_c'\right)E + \left(1 - \tilde{z}_c'\right)F\right] \tag{5.5.11}$$

$$D = \frac{1}{2}\left[\left(1 - \tilde{z}_c'\right)E + \left(1 + \tilde{z}_c'\right)F\right] \tag{5.5.12}$$

式中,$z_c' = \tilde{z}_c/z_0$ 为吸声材料声阻抗率与空气介质声阻抗率之比。

于是，得到边界阻抗率比（在 $x = -t$ 面上）

$$z'_n = z'_c \frac{\left[\left(1+\tilde{z}_c'\right)\exp(\mathrm{j}2kd)+\left(1-\tilde{z}_c'\right)\right]\exp(\mathrm{j}2\tilde{k}t)+\left[\left(1-\tilde{z}_c'\right)\exp(\mathrm{j}2kd)+\left(1+\tilde{z}_c'\right)\right]}{\left[\left(1+\tilde{z}_c'\right)\exp(\mathrm{j}2kd)+\left(1-\tilde{z}_c'\right)\right]\exp(\mathrm{j}2\tilde{k}t)-\left[\left(1-\tilde{z}_c'\right)\exp(\mathrm{j}2kd)+\left(1+\tilde{z}_c'\right)\right]}$$

(5.5.13)

在 $x = -t$ 表面上，由声压和质点速度连续性条件得到

$$A\exp(\mathrm{j}kt)+B\exp(-\mathrm{j}kt)=C\exp(\mathrm{j}\tilde{k}t)+D\exp(-\mathrm{j}\tilde{k}t) \quad (5.5.14)$$

$$\frac{1}{z_0}\left[A\exp(\mathrm{j}kt)-B\exp(-\mathrm{j}kt)\right]=\frac{1}{\tilde{z}_c}\left[C\exp(\mathrm{j}\tilde{k}t)-D\exp(-\mathrm{j}\tilde{k}t)\right] \quad (5.5.15)$$

由此得到

$$A=\frac{\left(1+1/\tilde{z}_c'\right)C\exp(\mathrm{j}\tilde{k}t)+\left(1-1/\tilde{z}_c'\right)D\exp(-\mathrm{j}\tilde{k}t)}{2\exp(\mathrm{j}kt)} \quad (5.5.16)$$

$$B=\frac{\left(1-1/\tilde{z}_c'\right)C\exp(\mathrm{j}\tilde{k}t)+\left(1+1/\tilde{z}_c'\right)D\exp(-\mathrm{j}\tilde{k}t)}{2\exp(-\mathrm{j}kt)} \quad (5.5.17)$$

结合式（5.5.8）、式（5.5.11）、式（5.5.12）、式（5.5.16）和式（5.5.17）得到声压反射系数

$$|R|=\left|\frac{\left[\left(1-\tilde{z}_c'^2\right)\exp(2\mathrm{j}kd)+\left(1-\tilde{z}_c'\right)^2\right]\exp(\mathrm{j}2\tilde{k}t)-\left[\left(1-\tilde{z}_c'^2\right)\exp(2\mathrm{j}kd)+\left(1+\tilde{z}_c'\right)^2\right]}{\left[\left(1+\tilde{z}_c'\right)^2\exp(2\mathrm{j}kd)+\left(1-\tilde{z}_c'^2\right)\right]\exp(\mathrm{j}2\tilde{k}t)-\left[\left(1-\tilde{z}_c'\right)^2\exp(2\mathrm{j}kd)+\left(1-\tilde{z}_c'^2\right)\right]}\right|$$

(5.5.18)

将式（5.5.18）代入式（5.5.1）可以计算出声功率吸声系数。

没有空气腔时（$d=0$），边界阻抗率比和声压反射系数可简化为

$$z'_n = -\mathrm{j}z'_c \cot \tilde{k}t \quad (5.5.19)$$

$$|R|=\left|\frac{1-\mathrm{j}/z'_c \tan \tilde{k}t}{1+\mathrm{j}/z'_c \tan \tilde{k}t}\right| \quad (5.5.20)$$

图 5.5.2 比较了厚度为 50mm 和 100mm 的吸声材料，以及厚度为 50mm 吸声材料后面有深度为 50mm 空腔的吸声系数。可以看出，有限厚吸声材料低频吸声系数很低，随着频率的升高，吸声系数快速增大，达到第一个峰值后吸声系数出现波动，但总体呈上升趋势。增加吸声材料厚度，使得低频吸声系数增大，中高频吸声系数的波动量减小，吸声系数曲线趋于平坦。与不加空气腔的吸声材料相比，空气腔增大了低频吸声系数，但吸声系数曲线波动量变大，特别是第一个波谷加深。总体来讲，较厚的吸声材料可以在较宽的频带内获得较高且平坦的吸声效果。

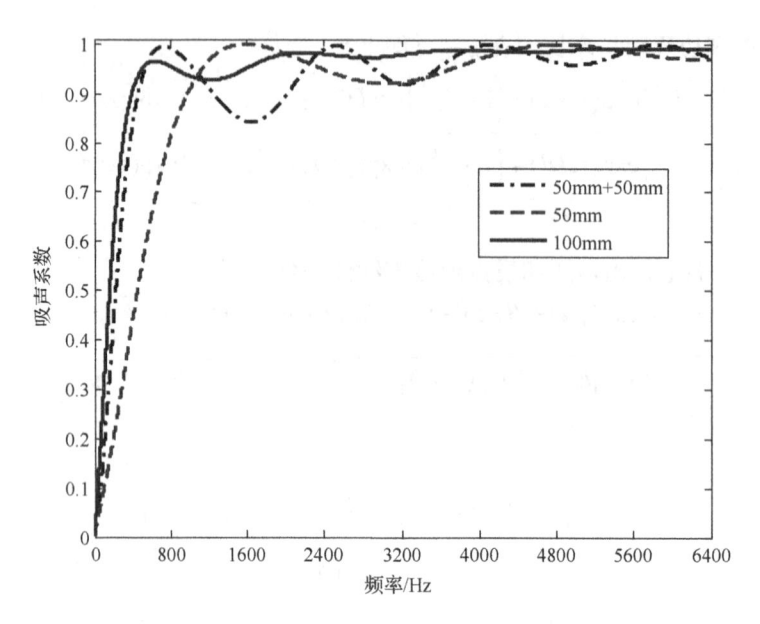

图 5.5.2 有限厚度吸声材料的吸声系数

5.5.2 穿孔护面板的影响

由于吸声材料比较松软，在工程应用中通常需要使用穿孔护面板加以保护，如果穿孔率低于 30%，则穿孔护面板对边界阻抗和吸声特性会产生影响。当声波入射到远小于波长的小孔时会引起质点轨迹的收敛或发散，以及孔附件流体中的非轴向加速度，孔壁上的黏性应力会产生一定阻力，小孔的声抗主要取决于它的几何形状，但是也受附近其他孔的影响，这些孔影响了孔外流体质点的运动形式。由于穿孔板一般是多孔薄壁结构，解析描述每个孔内的声传播以及孔间的相互作用是非常困难的，因此在声学计算中通常使用穿孔声阻抗率来表示穿孔板的声学特性。穿孔声阻抗率是一些物理变量的复杂函数，包括穿孔率、孔径、壁厚等，同时也是频率的函数[6]。

穿孔板的无量纲声阻抗率定义为

$$\zeta_p = \frac{\Delta p}{z_0 u_1} = R_p + jX_p \qquad (5.5.21)$$

式中，Δp 为穿孔板两侧的声压差；u_1 为入射面的质点振速；z_0 为空气介质的特性阻抗；R_p 和 X_p 分别称为声阻和声抗，可表示为

$$R_p = \frac{\sqrt{8\rho_0 \mu \omega}(1 + t_w/d_h)/z_0}{\phi} \qquad (5.5.22)$$

$$X_p = \frac{k(t_w + \alpha d_h)}{\phi} \qquad (5.5.23)$$

其中，ϕ 为穿孔率，μ 为动力黏度，ω 为圆频率，t_w 为穿孔板的厚度，d_h 为孔的直径，k 为波数，α 为孔的端部修正系数。对于均匀分布的穿孔，端部修正系数可表示为

$$\alpha = 0.8488\left(1 - 1.30222\phi^{1/2} + 0.05285\phi + 0.082\phi^{3/2} + 0.17125\phi^2\right) \tag{5.5.24}$$

当穿孔板一侧是空气介质，另一侧为吸声材料时，穿孔板的声阻抗率修正为

$$\zeta_p = \frac{R_h + jk\left\{t_w + 0.5\alpha\left[1 + (\tilde{k}/k)(\tilde{z}/z_0)\right]d_h\right\}}{\phi} \tag{5.5.25}$$

式中，$\tilde{z}$ 为吸声材料的特性阻抗；$\tilde{k}$ 为吸声材料中的波数。

5.6 共振吸声结构

5.6.1 亥姆霍兹共振器

图 5.6.1 为镶嵌在大的刚性平面上的亥姆霍兹共振器模型，它由颈（可以看作为短管）和空腔组成。对于亥姆霍兹共振器的声学响应，可以使用声学-机械类比方法或平面波理论进行处理，下面分别介绍这两种方法。

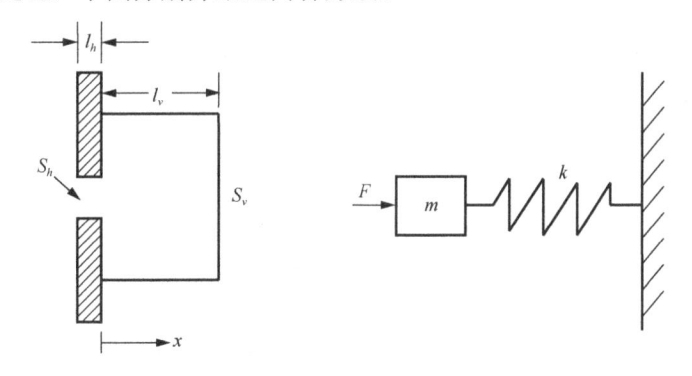

图 5.6.1 亥姆霍兹共振器及等效系统

1. 声学-机械类比方法

当声波波长远大于空腔的主体尺寸时，空腔内的流体展示出类似于弹簧的特性。颈的横向尺寸极小，因此可以假设在共振器开口处的入射声压是均匀的，并且对激励声压的响应与入射声场无关。作用在颈内流体上的外部压力是由作用在共振器入口处的声压和颈内空气运动产生的声压组成。

与机械振动系统相比较，颈内的空气像一个活塞一样来回振动，它的作用相当于机械系统中的振子；空腔内的空气具有压缩性，它的作用相当于机械系统中的弹簧。由牛顿第二定律得到

$$m\ddot{x} = (p_i - p_c)S_h \tag{5.6.1}$$

式中，$m = \rho_0 l_h S_h$ 为颈内的空气质量；x 为颈内空气的位移；p_i 和 p_c 为颈两侧的声压；S_h 为颈的横截面积。由理想气体绝热过程，颈内的压力变化可表示为

$$dP = -\gamma P \frac{dV}{V} = -\rho_0 c^2 \frac{dV}{V} \tag{5.6.2}$$

式中，γ 为比热比；ρ_0 为空气的密度；c 为声速；V 为空腔的体积。对于小幅振动，$dP = p_c$，$dV = -S_h x$，于是式（5.6.2）可以改写成

$$m\ddot{x} + \frac{\rho_0 c^2 S_h^2}{V} x = p_i S_h \quad (5.6.3)$$

机械系统振动方程为

$$m\ddot{x} + kx = F \quad (5.6.4)$$

如果 $F = p_i S_h$，比较式（5.6.3）和式（5.6.4），得到空腔的刚度表达式为

$$k = \frac{\rho_0 c^2 S_h^2}{V} \quad (5.6.5)$$

将颈内的空气质量表达式和空腔的等效刚度表达式代入质量-弹簧系统共振频率公式 $\omega_r = \sqrt{k/m}$，得到亥姆霍兹共振器的共振频率

$$f_r = \frac{c}{2\pi} \sqrt{\frac{S_h}{Vl_h}} \quad (5.6.6)$$

式中，$V = S_v l_v$ 为空腔的体积。显然，亥姆霍兹共振器的共振频率是腔的体积、颈的长度和横截面积的函数。共振频率与颈的横截面积的平方根成正比，与颈的长度的平方根和腔的体积的平方根成反比。

2. 平面波理论

假设平面声波垂直入射到亥姆霍兹共振器表面，一部分声波会被反射，另一部分进入颈管并向下游传播，到达空腔进口处一部分声波被反射回上游，剩余部分进入空腔，遇到壁板时被全部反射。当声波频率较低时（平面波截止频率以下），可以使用平面波传播理论推导共振器的反射系数。短管和空腔内的声压和质点速度可表示为

$$p_h(x) = A\exp(-jkx) + B\exp(jkx) \quad (5.6.7)$$

$$u_h(x) = \frac{1}{z_0}\left[A\exp(-jkx) - B\exp(jkx)\right] \quad (5.6.8)$$

$$p_v(x) = C\exp(-jkx) + D\exp(jkx) \quad (5.6.9)$$

$$u_v(x) = \frac{1}{z_0}\left[C\exp(-jkx) - D\exp(jkx)\right] \quad (5.6.10)$$

式中，A 和 B 为颈管内正向和反向行波的幅值；C 和 D 为空腔内正向和反向行波的幅值。在 $x = l_v$ 面上，质点速度为 0，由此得到

$$C = D\exp(j2kl_v) \quad (5.6.11)$$

在 $x = 0$ 面上，由声压和体积速度相等得到

$$A + B = C + D \quad (5.6.12)$$

$$S_h(A - B) = S_v(C - D) \quad (5.6.13)$$

由上述两式得到

$$A = \frac{1}{2}\left[(1+m)C + (1-m)D\right] \quad (5.6.14)$$

$$B = \frac{1}{2}\left[(1-m)C + (1+m)D\right] \quad (5.6.15)$$

式中，$m = S_v/S_h$ 为空腔与颈管横截面积之比。

将式（5.6.11）代入式（5.6.14）和式（5.6.15）得到反射系数（在 $x=0$ 面上）

$$\frac{B}{A} = \frac{2\cos kl_v - j2m\sin kl_v}{2\cos kl_v + j2m\sin kl_v} = \frac{1 - jm\tan kl_v}{1 + jm\tan kl_v} \quad (5.6.16)$$

亥姆霍兹共振器进口处的声阻抗率可表示为

$$Z_a = \frac{p_h(-l_h)}{S_h u_h(-l_h)} = \frac{\rho_0 c}{S_h}\frac{A\exp(jkl_h) + B\exp(-jkl_h)}{A\exp(jkl_h) - B\exp(-jkl_h)} = \frac{\rho_0 c}{S_h}\frac{1 + B/A\exp(-2jkl_h)}{1 - B/A\exp(-2jkl_h)} \quad (5.6.17)$$

将式（5.6.16）代入式（5.6.17），整理后得到

$$Z_a = \frac{\rho_0 c}{jS_h}\frac{1 - m\tan kl_v \tan kl_h}{\tan kl_v + \tan kl_h} \quad (5.6.18)$$

亥姆霍兹共振器产生共振（即吸声系数达到无限大）的条件是声抗为 0，即

$$1 - (S_v/S_c)\tan kl_h \tan kl_v = 0$$

如果频率很低，满足 $kl_h \ll 1$ 和 $kl_v \ll 1$，上式可以近似为

$$kl_h kl_v = S_c/S_v$$

由此得到与式（5.6.13）完全相同的共振频率计算公式。

需要指出的是，当颈管的长度较短时，管口辐射声场对共振频率的影响（颈管两端附近区域产生的三维波效应或高阶模态耗散效应）需加以考虑。

当声波波长远大于管径（或孔径）时，管口辐射对声阻抗率的影响可近似看作是在管口接长了一定的长度，这段长度叫做端部修正，其物理意义是管口附近的媒质会随同短管内媒质一起振动，从而使声质量增大，即相当于管道接长。考虑了端部修正后的管道长度叫做管道的有效长度。

细管向空腔内辐射时，端部修正的近似表达式为

$$\delta \approx \frac{8}{3\pi}a_h\left(1 - 1.25\sqrt{\phi}\right) \approx 0.85 a_h\left(1 - 1.25\sqrt{\phi}\right) \quad (5.6.19)$$

式中，ϕ 为细管和空腔的横截面积之比；a_h 为细管的半径。式（5.6.19）适用于 $\phi \leq 0.2$ 的情形。

考虑端部修正后，亥姆霍兹共振器的共振频率计算公式为

$$f_r = \frac{c}{2\pi}\sqrt{\frac{S_h}{Vl'_h}} \quad (5.6.20)$$

式中，$l'_h = l_h + \delta_1 + \delta_2$ 为颈管的有效长度，即实际长度加上端部修正，δ_1 和 δ_2 分别为颈向外部和腔内辐射声场对应的端部修正。

5.6.2 穿孔板吸声结构

穿孔板是噪声控制中广泛使用的共振吸声结构，如图 5.6.2 所示。在刚性壁前一定距离处平行放置一块穿孔板，穿孔板与板后的空气层就组成了一个共振吸声结构。

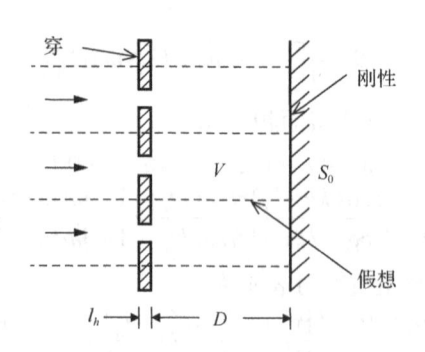

图 5.6.2 穿孔板共振器

为方便起见,设穿孔均匀地分布在板上,各个孔的大小和形状完全相同。在相邻穿孔之间作与板相垂直的假想平面,使它与两孔中心的距离相等。这些假想平面把穿孔板连同板后的空气层分隔成为许多小块,各个穿孔分别占据相同的多边形空间。每个穿孔与其相对应的空气层组成的系统类似于颈和空腔组成的共振器,穿孔板共振吸声结构可以看成由这些互相独立的共振器"并联"而成。穿孔板共振结构的共振频率也就是单个共振器的共振频率。

用 $V(=S_0 D)$ 表示每个共振器空腔的体积,$S_h(=S_0 \phi)$ 表示单个孔的面积,所以式(5.6.20)可改写为

$$f_r = \frac{c}{2\pi}\sqrt{\frac{\phi}{D l'_h}} \qquad (5.6.21)$$

例 5.6.1 穿孔板厚度 1.5mm,穿孔直径 4mm,穿孔率 4%,空腔深度 100mm,求共振频率。

解 由式(5.6.19)计算得到小孔对一侧的端部修正 $\delta = 1.275$mm,小孔有效长度 $l'_h = l_h + 2\delta = 1.5 + 2 \times 1.275 = 4.05$mm,由式(5.6.21)计算得到共振频率为 544Hz。

如果不考虑端部修正,计算得到的共振频率为 894Hz。可见,二者差别很大,说明端部修正对穿孔板共振频率的影响不可忽略。

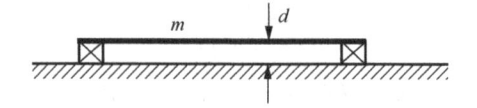

5.6.3 板式共振吸声体

板式共振吸声体也可以由刚性支撑面、框架和非渗透材料(如铝)薄板组成,如图 5.6.3 所示。

图 5.6.3 板式共振吸声体

基本共振频率由板的单位面质量和空气层深度决定,空气层的刚度远大于薄板的刚度。最普遍使用的共振频率计算公式为

$$f_0 = (1/2)\left(\rho_0 c^2 / md\right)^{1/2} \qquad (5.6.22)$$

式中，m 是单位面积板的质量；d 是腔的深度。吸声的优化可以通过匹配板的阻尼比和它的辐射阻尼比来实现，越好的优化阻尼得到越宽的吸声频带。

板的高阶振动模态不能产生像基频模态那样的有效阻尼，这是因为它们在共振频率的辐射声阻非常低。因此，这类共振器有一个主吸声峰。由于机械阻尼比的不稳定性以及吸声性能严重取决于封闭腔的声学模态特性，板式共振吸声体的吸声性能极难预测。图 5.6.4 为板式共振吸声体的吸声性能。

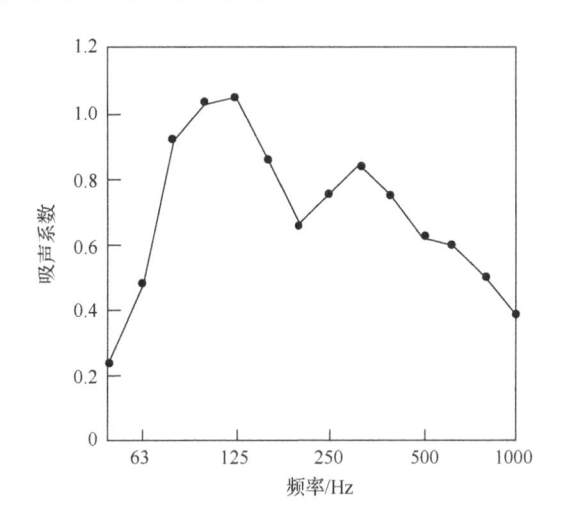

图 5.6.4 板式共振吸声体的吸声性能

5.7 复合吸声结构

为获得从低频到高频良好的吸声效果，复合吸声结构在工程中得以应用。图 5.7.1 是一种复合板共振吸声结构，它是由两层不同厚度的聚酯纤维板、1mm 厚钢板、穿孔外板和刚性壁面组成。相应的吸声系数测试结果如图 5.7.2 所示，其中 100Hz 的吸声峰值主要来源于薄板的共振吸声，宽频吸声则是由多孔材料对声能的吸收所形成。

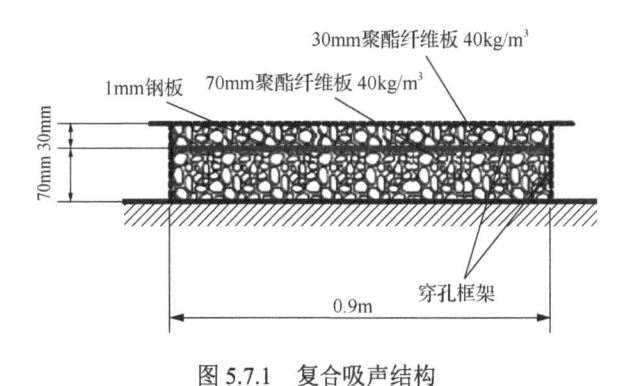

图 5.7.1 复合吸声结构

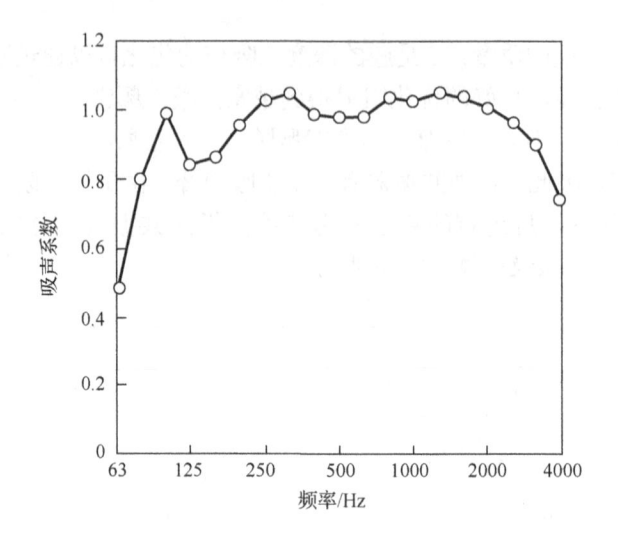

图 5.7.2　复合吸声结构吸声系数

习　题

5.1　一种吸声砖的表面声阻抗率为(900-j1200)Pa·s/m，（1）达到最低反射时的入射角是多少？（2）入射角为 80°时吸声系数是多少？（3）正入射时吸声系数是多少？

5.2　计算厚度为 50mm 和 100mm 的吸声材料，以及厚度为 50mm 的吸声材料后面有 50mm 的空腔结构的吸声系数，分析吸声特性。已知室温下该吸声材料的波数和特性阻抗表达式为

$$\tilde{k}/k = 1 + 53.991 f^{-0.6663} - j61.85 f^{-0.6465}$$
$$\tilde{z}_c/z_0 = 1 + 42.169 f^{-0.7295} - j20.66 f^{-0.5429}$$

5.3　如果在上述 50mm 厚的吸声材料表面增加一层穿孔护面板，板厚为 2mm，孔径为 4mm，计算穿孔率分别为 5%、10%、20%、30%和 40%时的吸声系数，分析穿孔率对吸声特性的影响。

5.4　计算习题 5.2 中 50mm 厚的吸声材料在 500℃环境中的吸声系数，通过与室温下吸声系数的比较分析温度对吸声性能的影响规律。

5.5　采用厚度为 2mm 的穿孔钢板，穿孔直径为 4mm，空腔深度设置为 120mm，为使共振频率达到 300Hz，确定穿孔率应为多少？

第6章 噪声隔离

6.1 隔声性能定义

隔声是机械噪声控制工程中经常使用的一种技术措施，它利用板、墙或构件作为屏蔽来隔离空气中传播的噪声，从而获得安静的环境[2,4,10]，这些结构称为隔声结构。隔声结构的声学性能指标有三个——传递损失（隔声量）、噪声衰减和插入损失，其定义和基本状态如表 6.1.1 所示。

表 6.1.1 隔声性能定义及基本状态

名称	符号、定义	图示方法	说明
传递损失	$TL = L_{W_i} - L_{W_t}$	W_i 为构件前的入射声功率 W_t 为构件后的透射声功率	表示构件本身固有的隔声能力，通常在符合规范要求的实验室测定
噪声衰减	$NR = L_1 - L_2$	结构内外两个特定点处的声压级 L_1、L_2 的差值	现场测定的实际隔声效果，它不仅是结构本身的衰减，还包括现场声波吸收及侧向传声、结构传声的影响
插入损失	$IL = L_0 - L$	L_0 为隔声结构设置前声压级 L 为隔声结构设置后声压级	现场测定的某一特定点，在隔声结构设置前后的声压级之差，它不仅包括现场条件方面的影响，还包括设置隔声结构前后声场变化带来的影响

隔声结构的透声系数定义为

$$\tau = \frac{W_t}{W_i} = \frac{I_t}{I_i} \tag{6.1.1}$$

式中，I_i 和 I_t 分别为入射声强和透射声强。

隔声结构的传递损失 TL（也称隔声量）为隔声结构一侧的入射声功率级与另一侧的透射声功率级之差，或入射声强级和透射声强级之差，可表示为

$$TL = 10\lg\frac{I_i}{I_t} = 10\lg\frac{1}{\tau} \tag{6.1.2}$$

6.2 单层板的隔声

使用隔声板隔离噪声传播是噪声控制的一种有效手段。为设计隔声结构，需要预测隔声板在宽频范围内的传递损失。本节介绍声波通过单层板透射的一般情况。

均质平板的传递损失随频率的变化如图 6.2.1 所示。从图中可以看到，平板的隔声性能主要分为三个区域：区域 I 为刚度控制区，区域 II 为质量控制区，区域 III 为阻尼控制区（声波吻合区）。下面给出每个区域内传递损失的预测方法。

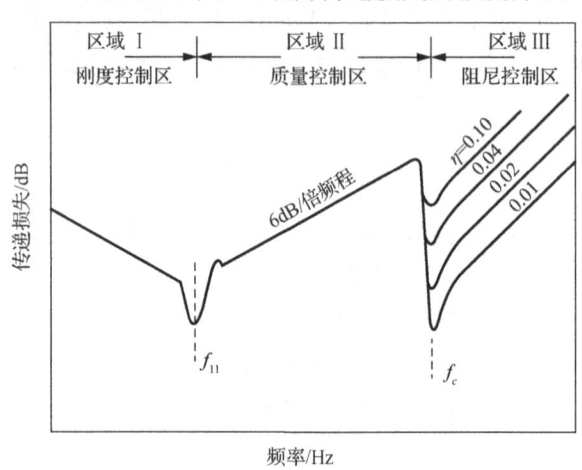

图 6.2.1 均质平板的传递损失随频率的变化

1. 区域 I：刚度控制区

低频时，平板呈现整体振动，隔声特性主要由板的刚度决定。首先考虑一个单层板，如图 6.2.2 所示，该平板两侧介质相同且厚度较薄。平板两侧的声压和质点振速表达式可写成如下形式：

$$p_1(x,t) = A_1 e^{j(\omega t - kx)} + B_1 e^{j(\omega t + kx)} \tag{6.2.1}$$

$$p_2(x,t) = A_2 e^{j(\omega t - kx)} \tag{6.2.2}$$

$$u_1(x,t) = [1/(\rho_0 c)]\left[A_1 e^{j(\omega t - kx)} - B_1 e^{j(\omega t + kx)} \right] \tag{6.2.3}$$

$$u_2(x,t) = [1/(\rho_0 c)] A_2 e^{j(\omega t - kx)} \tag{6.2.4}$$

对于非常薄的平板，平板表面的质点振速等于平板的振动速度 $V(t)$。将 $x = 0$ 代入式（6.2.3）和式（6.2.4）得

$$A_1 - B_1 = A_2 \tag{6.2.5}$$

$$V(t) = \frac{A_2 e^{j\omega t}}{\rho_0 c} \tag{6.2.6}$$

图 6.2.2 刚度控制区隔声板的振动

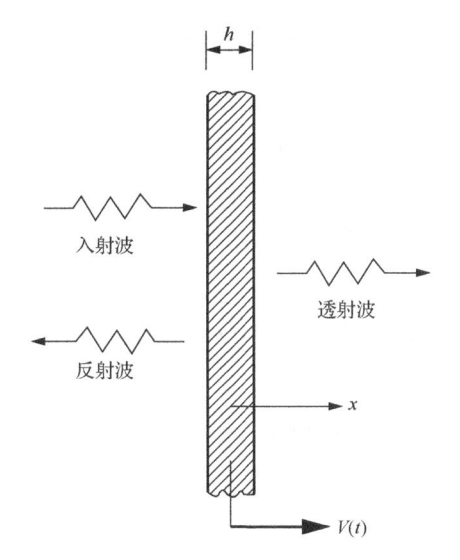

$V(t)$是平板的振动速度

如果平板具有有限大小的刚度，则作用在平板上的净力等于平板的"弹簧力"。用符号C_s来表示特征机械柔度或单位面积的机械柔度，柔度是弹簧刚度的倒数。对薄板表面做力的平衡，可得如下表达式：

$$p_1(0,t) - p_2(0,t) = -\frac{1}{C_s}\int V(t)\mathrm{d}t = -\frac{A_2 \mathrm{e}^{\mathrm{j}\omega t}}{\mathrm{j}\omega\rho_0 c C_s} \tag{6.2.7}$$

将式（6.2.1）和式（6.2.2）代入式（6.2.7）中，可以得到如下系数关系式：

$$A_1 + B_1 - A_2 = \frac{\mathrm{j}A_2}{\omega\rho_0 c C_s} \tag{6.2.8}$$

联立式（6.2.5）和式（6.2.8），可得到如下系数比值表达式：

$$\frac{A_2}{A_1} = \frac{1 - \mathrm{j}/(2\omega\rho_0 c C_s)}{1 + 1/(2\omega\rho_0 c C_s)^2} \tag{6.2.9}$$

由式（6.2.9）可得到法向入射波的透声系数为

$$\tau_n = \frac{I_t}{I_i} = \frac{|p_t|^2}{|p_i|^2} = \left|\frac{A_2}{A_1}\right|^2 = \frac{1}{1 + 1/(2\omega\rho_0 c C_s)^2} \tag{6.2.10}$$

将$\omega = 2\pi f$代入式（6.2.10），得到如下表达式：

$$1/\tau_n = 1 + (4\pi f \rho_0 c C_s)^{-2} = 1 + (K_s)^{-2} \tag{6.2.11}$$

式中，

$$K_s = 4\pi f \rho_0 c C_s \tag{6.2.12}$$

对于斜入射波，重复上述推导过程，可得任意入射角度θ下的透声系数为

$$\tau(\theta) = \frac{1}{1 + (\cos\theta/K_s)^2} \tag{6.2.13}$$

通常情况下，声波会以各种角度入射到平板表面（随机入射）。对于随机入射的声波，平均透声系数可以写为

$$\tau = 2\int_0^{\frac{\pi}{2}} \tau(\theta)\cos\theta\sin\theta \mathrm{d}\theta \tag{6.2.14}$$

将式（6.2.13）代入式（6.2.14）中，得到刚度控制区的透声系数表达式为

$$\tau = K_s^2 \ln\left(1 + K_s^{-2}\right) = K_s^2 \ln\left(1/\tau_n\right) \tag{6.2.15}$$

则刚度控制区的传递损失为

$$\mathrm{TL} = 10\lg(1/\tau) = 10\lg\left(1/K_s^2\right) - 10\lg\left[\ln\left(1 + K_s^{-2}\right)\right] \tag{6.2.16}$$

法向入射波的传递损失为

$$\mathrm{TL}_n = 10\lg(1/\tau_n) = 10\lg\left(1 + K_s^{-2}\right) \tag{6.2.17}$$

$$\mathrm{TL}_n = 10\lg e \ln\left(1 + K_s^{-2}\right) = 4.3429\ln\left(1 + K_s^{-2}\right) \tag{6.2.18}$$

或

$$\ln\left(1 + K_s^{-2}\right) = 0.23026\mathrm{TL}_n \tag{6.2.19}$$

将式（6.2.19）代入式（6.2.16），得到刚度控制区的传递损失表达式为

$$\mathrm{TL} = 20\lg(1/K_s) - 10\lg(0.23026\mathrm{TL}_n) \tag{6.2.20}$$

对于矩形平板，特征机械柔度的表达式为

$$C_s = \frac{768\left(1 - \sigma^2\right)}{\pi^8 E h^3 \left(1/a^2 + 1/b^2\right)^2} \tag{6.2.21}$$

式中，a 和 b 为平板的宽度和高度；h 为平板的厚度；E 和 σ 分别为平板材料的杨氏模量和泊松比。对于直径为 D、厚度为 h 的圆形平板，特征机械柔度为

$$C_s = \frac{3D^4\left(1 - \sigma^2\right)}{256Eh^3} \tag{6.2.22}$$

2. 共振频率

随着入射波频率的增加，隔声板会在某些频率下发生共振，该频率称为共振频率。最小的共振频率标志着区域 I 和区域 II 隔声特性之间的过渡。共振频率是平板尺寸的函数，对于尺寸为 $a \times b \times h$ 的矩形平板，共振频率的计算公式为

$$f_{mn} = \left(\pi/4\sqrt{3}\right)c_L h\left[(m/a)^2 + (n/b)^2\right] \tag{6.2.23}$$

式中，m 和 n 是正整数；c_L 是纵向声波在固体平板材料中的传播速度，

$$c_L = \left[\frac{E}{\rho_w\left(1 - \sigma^2\right)}\right]^{1/2} \tag{6.2.24}$$

其中，ρ_w 为平板材料的密度。通常，最小共振频率（基频）是最重要的频率，式（6.2.23）中取 $m = n = 1$ 得到基频表达式为

$$f_{11} = \left(\pi/4\sqrt{3}\right)c_L h\left[(1/a)^2 + (1/b)^2\right] \tag{6.2.25}$$

最初的几个共振频率下传递损失的大小主要取决于板边缘处的阻尼。对于直径为 D、厚度为 h 的边缘固支圆板，基频的表达式为

$$f_{11} = \frac{10.2 c_L h}{\pi\sqrt{3} D^2} \tag{6.2.26}$$

对于边缘简支的圆板，基频表达式为

$$f_{11} = \frac{5.25 c_L h}{\pi\sqrt{3} D^2} \tag{6.2.27}$$

3. 区域 II：质量控制区

当入射波的频率高于第一阶共振频率时，平板的传递损失主要由平板质量决定，与平板刚度无关。在该区域，一部分声能穿过平板，其余部分声能在平板表面被反射。

如果满足①平板厚度不能忽略，且平板以一个整体的形式振动；②入射波的频率不能太高，声能在平板中不出现耗散，则下面的分析是有效的。

在如图 6.2.3 所示的三种不同介质中，声压的表达式可以写成以下形式：

$$p_1(x,t) = A_1 e^{j(\omega t - k_1 x)} + B_1 e^{j(\omega t + k_1 x)} \tag{6.2.28}$$

$$p_2(x,t) = A_2 e^{j(\omega t - k_2 x)} + B_2 e^{j(\omega t + k_2 x)} \tag{6.2.29}$$

$$p_3(x,t) = A_3 e^{j[\omega t - k_3(x-h)]} \tag{6.2.30}$$

式中，系数 A_1、A_2、A_3、B_1、B_2 为复数。

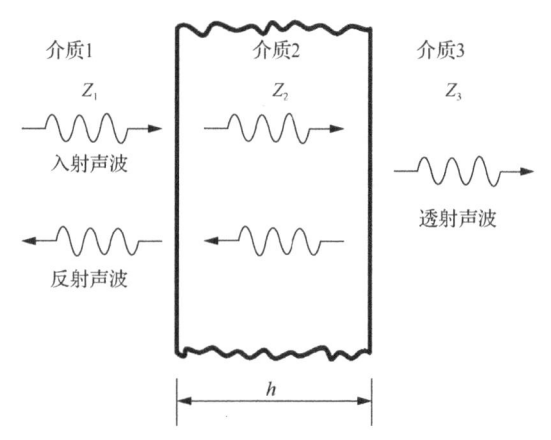

图 6.2.3 法向入射波在三个不同介质中的传输

对于法向入射波，三种介质中的瞬时质点振速可以写成如下形式：

$$u_1(x,t) = (1/Z_1)\left[A_1 e^{j(\omega t - k_1 x)} - B_1 e^{j(\omega t + k_1 x)}\right] \tag{6.2.31}$$

$$u_2(x,t) = (1/Z_2)\left[A_2 e^{j(\omega t - k_2 x)} - B_2 e^{j(\omega t + k_2 x)}\right] \tag{6.2.32}$$

$$u_3(x,t) = (1/Z_3) A_3 e^{j[\omega t - k_3(x-h)]} \tag{6.2.33}$$

在第一个交界面（$x=0$）上，介质1和介质2中的声压和质点振速相同，将该条件代入式（6.2.28）、式（6.2.29）、式（6.2.31）、式（6.2.32）中，得到如下关系式：

$$A_1 + B_1 = A_2 + B_2 \tag{6.2.34}$$

$$\frac{A_1 - B_1}{Z_1} = \frac{A_2 - B_2}{Z_2} \tag{6.2.35}$$

在第二个交界面（$x=h$）上，声压和质点振速也相等。将该条件代入式（6.2.29）、式（6.2.30）、式（6.2.32）和式（6.2.33）中，得到如下关系式：

$$A_2 e^{-jk_2 h} + B_2 e^{jk_2 h} = A_3 \tag{6.2.36}$$

$$\frac{A_2 e^{-jk_2 h} - B_2 e^{jk_2 h}}{Z_2} = \frac{A_3}{Z_3} \tag{6.2.37}$$

联立式（6.2.34）～式（6.2.37）得到如下比值：

$$\frac{A_1}{A_3} = \frac{1}{4}\left(1 + \frac{Z_1}{Z_2}\right)\left(1 + \frac{Z_2}{Z_3}\right) e^{jk_2 h} + \frac{1}{4}\left(1 - \frac{Z_1}{Z_2}\right)\left(1 - \frac{Z_2}{Z_3}\right) e^{-jk_2 h} \tag{6.2.38}$$

将式中的指数项用三角函数来表示，式（6.2.38）可写为

$$\frac{A_1}{A_3} = \frac{1}{2}\left(1 + \frac{Z_1}{Z_3}\right)\cos k_2 h + j\frac{1}{2}\left(\frac{Z_1}{Z_2} + \frac{Z_2}{Z_3}\right)\sin k_2 h \tag{6.2.39}$$

由式（6.2.39）得到 A_1/A_3 的幅值为

$$\left|\frac{A_1}{A_3}\right| = \frac{1}{2}\left[\left(1 + \frac{Z_1}{Z_3}\right)^2 \cos^2 k_2 h + \left(\frac{Z_1}{Z_2} + \frac{Z_2}{Z_3}\right)^2 \sin^2 k_2 h\right]^{1/2} \tag{6.2.40}$$

声能从介质1通过介质2传输到介质3的透声系数为

$$\tau_n = \frac{I_t}{I_i} = \frac{|p_3|^2 / Z_3}{|p_i|^2 / Z_1} = \left|\frac{A_3}{A_1}\right|^2 \frac{Z_1}{Z_3} \tag{6.2.41}$$

将 $|A_1/A_3|$ 代入式（6.2.41）中，得到透声系数的表达式为

$$\tau_n = \frac{4(Z_1/Z_3)}{\left(1 + \frac{Z_1}{Z_3}\right)^2 \cos^2 k_2 h + \left(\frac{Z_1}{Z_2} + \frac{Z_2}{Z_3}\right)^2 \sin^2 k_2 h} \tag{6.2.42}$$

由式（6.2.39）可得透射波和入射波之间的相位角的正切值为

$$\tan\phi = \frac{(Z_1/Z_2 + Z_2/Z_3)\tan k_2 h}{1 + Z_1/Z_3} \tag{6.2.43}$$

对于式（6.2.42）有几种特殊情况。首先假设平板两侧的介质相同，即介质1和介质3相同，这相当于声波通过平板从空气（介质1）传输到平板另一侧空气（介质3），此时 $Z_1 = Z_3$，式（6.2.42）可以简化为

$$\tau_n = \frac{4}{4\cos^2 k_2 h + (Z_1/Z_2 + Z_2/Z_1)^2 \sin^2 k_2 h} \tag{6.2.44}$$

由于大多数固体的特征阻抗远远大于空气的特征阻抗，如

混凝土：$Z_2 = 7.44 \times 10^6$ Rayl

空气（25℃）：$Z_1 = 409.8$ Rayl

$Z_2/Z_1 = 18155$

因此，式（6.2.44）中的 Z_1/Z_2 可以忽略。

在感兴趣的频率范围内分析声波穿过墙的传输时，k_2h 的值通常很小。例如，对于 100mm 厚的混凝土墙（$c_2 = 3100$m/s），在 1000Hz 频率下，可以得到

$$k_2h = \frac{2\pi f h}{c_2} = \frac{2\pi \times 1000 \times 0.100}{3100} = 0.203 \text{rad}$$

由此发现，$\sin k_2h = 0.201 \approx k_2h = 0.203$（误差在 1%以内），$\cos k_2h = 0.980 \approx 1$（误差在 2%以内）。因此可以认为，当 $k_2h \leq 0.25$ rad，可做如下近似：

$$\sin k_2h \approx k_2h, \quad \cos k_2h \approx 1$$

误差在 3%左右，取 $Z_1 = Z_3$ 并做以上近似，式（6.2.44）简化为

$$\tau_n = \frac{1}{1 + (Z_2/2Z_1)^2 (k_2h)^2} \tag{6.2.45}$$

将 $k_2 = 2\pi f/c_2$ 代入式（6.2.45）中，得到如下关系式：

$$\frac{1}{\tau_n} = 1 + \left(\frac{\pi \rho_2 h f}{\rho_1 c_1}\right)^2 \tag{6.2.46}$$

引入参数 $M_S = \rho_2 h$，记为面质量，式（6.2.46）可改写为如下形式：

$$\frac{1}{\tau_n} = 1 + \left(\frac{\pi M_S f}{\rho_1 c_1}\right)^2 \tag{6.2.47}$$

法向入射波的传递损失和透声系数有如下关系：

$$\text{TL}_n = 10\lg\frac{1}{\tau_n} = 10\lg\left[1 + \left(\frac{\pi M_S f}{\rho_1 c_1}\right)^2\right] \tag{6.2.48}$$

通过实验发现，在质量控制区，随机入射的传递损失 TL 与法向入射波的传递损失 TL_n 有如下关系[2]：

$$\text{TL} = \text{TL}_n - 5 \tag{6.2.49}$$

一般来说，式（6.2.46）中的第二项远大于1。此时，法向入射透声系数的倒数与 f^2 成正比，传递损失与 $20\lg f$ 成正比。此时，如果频率加倍，质量控制区的传递损失将增加 $20\lg 2 = 6$dB。

例 6.2.1 频率为 250Hz、声强级为 90dB 的声波以法向方向入射到橡木门板上，入射波一侧的空气温度为 0℃，另一侧温度为 25℃，门板厚度为 40mm，求透射波的声压级。

材料的属性如下。

0℃空气：$\rho_1 = 1.292$kg/m^3，$c_1 = 331.3$m/s，$Z_1 = 428.1$Rayl。

橡木：$\rho_2 = 770$kg/m^3，$c_2 = 4300$m/s，$Z_1 = 3.30 \times 10^6$Rayl。

25℃空气：$\rho_3 = 1.184 \text{kg/m}^3$，$c_1 = 346.1 \text{m/s}$，$Z_1 = 409.8 \text{Rayl}$。

橡木板的波数为

$$k_2 = \frac{2\pi f}{c_2} = \frac{2\pi \times 250}{4300} = 0.3653 \text{m}^{-1}$$

$$k_2 h = 0.3653 \times 0.040 = 0.01461 \text{rad}$$

由式（6.2.42）计算得到透声系数为

$$\tau_n = \frac{4 \times 428.1/409.8}{\left(1 + \frac{428.1}{409.8}\right)^2 \cos^2 0.01461 + \left(\frac{428.1}{3.30 \times 10^6} + \frac{3.30 \times 10^6}{409.8}\right)^2 \sin^2 0.01461} = 3.02 \times 10^{-4}$$

传递损失为

$$\text{TL}_n = 10\lg(1/\tau_n) = 10\lg(1/3.02 \times 10^{-4}) = 35.2 \text{dB}$$

入射波的声强为

$$I_i = 10^{-12} \times 10^{90/10} = 0.0010 \text{W/m}^2$$

根据透声系数的定义得到透射波的声强为

$$I_t = \tau_n I_i = 3.02 \times 10^{-4} \times 0.0010 = 0.302 \times 10^{-6} \text{W/m}^2$$

透射波的声强级为

$$\text{SIL}_t = 10\lg(0.302 \times 10^{-6}/10^{-12}) = 54.8 \text{dB}$$

也可以通过下式计算透射波的声强级：

$$\text{SIL}_t = \text{SIL}_i - \text{TL}_n = 90 - 35.2 = 54.8 \text{dB}$$

平面波的声压级可以由下式计算：

$$p_t = (Z_3 I_t)^{1/2} = (409.8 \times 0.302 \times 10^{-6})^{1/2} = 0.011 \text{Pa}$$

透射波的声压级为

$$\text{SPL}_t = 20\lg[0.011/(20 \times 10^{-6})] = 54.9 \text{dB}$$

透射波和入射波之间的相位角可以由式（6.2.43）计算：

$$\tan\phi = \frac{(428.1/3.30 \times 10^6 + 3.30 \times 10^6/409.8)\tan 0.01461}{1 + 428.1/409.8} = 57.54$$

由此得到 $\phi = 89.0°$，透射波与入射波几乎相差 90°。

4. 临界频率

随着质量控制区内入射波频率的增加，材料中弯曲波的波长（与频率相关）接近空气中声波的波长。吻合现象（波长相等）首先发生在掠入射或入射角为 90°时。当这种情况发生时，平板中的入射波和弯曲波相互增强。由此产生的平板振动导致平板传递损失急剧降低，该点对应于区域Ⅱ到区域Ⅲ的过渡。

临界频率（声波吻合频率）的表达式如下[2]：

$$f_c = \frac{\sqrt{3}c^2}{\pi c_L h} \tag{6.2.50}$$

联立表达式 $M_S = \rho_w h$ 和式（6.2.50），发现 $M_S f_c$ 是平板物理属性和平板周围空气声速的函数，即

$$M_S f_c = \frac{\sqrt{3}c^2 \rho_w}{\pi c_L} \tag{6.2.51}$$

吻合效应的产生是由于均质薄板都具有一定的弹性，在声波的激励下会产生受迫弯曲振动，在板内以弯曲波形式沿着板前进。当入射波达到某一频率时，板中弯曲波的波长 λ_B 在入射波方向的投影正好等于空气中声波的波长 λ，板上的两列波产生了波的吻合，此时板中波的运动与空气中声波的运动达到高度耦合，使声波无阻碍地透过薄板而辐射至另一侧，形成隔声量曲线上的低谷，这个现象称为吻合效应。由图 6.2.4 可见，产生吻合现象的条件为 $\lambda = \lambda_B \sin\theta$，或

$$\sin\theta = \frac{\lambda}{\lambda_B} = \frac{c}{c_B}$$

式中，λ 和 c 为空气中声波的波长和声速；λ_B 和 c_B 为板中弯曲波的波长和波速。由上式可见，发生吻合现象时每一个频率对应于一定的入射角 θ。出现吻合效应的最低频率（当 $\theta = 90°$ 声波掠入射时）称为临界频率 f_c。

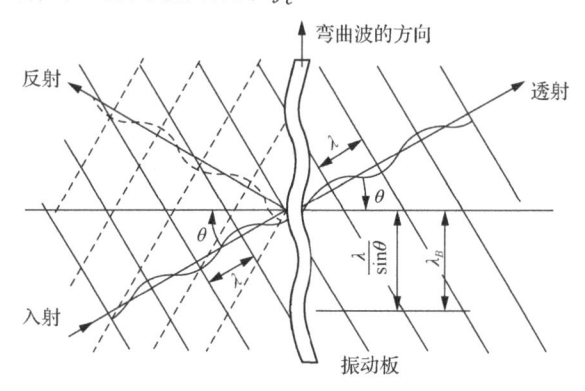

图 6.2.4 平面声波与无限大板的耦合效应

5. 区域 III：阻尼控制区

当入射波的频率大于临界频率时，传递损失主要取决于入射波的频率和平板材料的内部阻尼。

当声波频率大于临界频率，且以各种角度入射（随机入射）时，阻尼控制区的传递损失有如下经验公式[2]：

$$TL = TL_n(f_c) + 10\lg\eta + 33.22\lg(f/f_c) - 5.7 \tag{6.2.52}$$

式中，$TL_n(f_c)$ 为临界频率下法向入射波的传递损失，

$$TL_n(f_c) = 10\lg\left[1 + \left(\frac{\pi M_S f_c}{\rho_1 c_1}\right)^2\right] \tag{6.2.53}$$

其中，η 为平板材料的阻尼系数。

在阻尼控制区，传递损失与 $33.22\lg(f/f_c)$ 成正比。如果频率增加一倍，传递损失将增加 $33.22\lg 2 = 10\text{dB}$。

例 6.2.2 已知橡木门的宽、高、厚分别为 0.90m、1.80m、35mm，门两侧的空气温度为 20℃，试确定以下频率下的传递损失：（1）63Hz；（2）250Hz；（3）2000Hz。

20℃空气属性：密度 $\rho = 1.204\text{kg/m}^3$，声速 $c = 343.2\text{m/s}$，特征阻抗 $Z_1 = 413.3\text{Rayl}$。

橡木的材料属性：$\rho_w = 770\text{kg/m}^3$，纵波声速 $c_L = 3860\text{m/s}$，临界频率积 $M_s f_c = 11700\text{Hz}\cdot\text{kg/m}^2$，阻尼系数 $\eta = 0.008$，杨氏模量 $E = 11.2\text{GPa}$，泊松比 $\sigma = 0.15$。

由式（6.2.25）得到一阶共振频率为

$$f_{11} = 0.4534 \times 3860 \times 0.035 \times (1/0.90^2 + 1/1.80^2) = 94.5\text{Hz}$$

橡木门的面质量为 $M_s = \rho_w h = 770 \times 0.035 = 26.95\text{kg/m}^2$。

由 $M_s f_c$ 的值计算得到临界频率为

$$f_c = \frac{M_s f_c}{M_s} = \frac{11700}{26.95} = 434.1\text{Hz}$$

（1）当 $f = 63\text{Hz}$ 时。

$f = 63\text{Hz} < f_{11}(=94.5\text{Hz})$，属于刚度控制区，由式（6.2.21）计算得到特征机械柔度为

$$C_s = \frac{768 \times (1-0.15^2)}{\pi^8 \times 11.2 \times 10^9 \times 0.035^3 (1/0.90^2 + 1/1.80^2)^2} = 70.81 \times 10^{-9}\text{m}^3/\text{N}$$

式（6.2.12）定义的参数如下：

$$K_s = 4\pi f Z_1 C_s = 4\pi \times 63 \times 413.3 \times 70.81 \times 10^{-9} = 0.02317$$

由式（6.2.15）计算得到透声系数为

$$\tau = K_s^2 \ln(1 + K_s^{-2}) = 0.02317^2 \ln(1 + 0.02317^{-2}) = 0.004042$$

63Hz 声波入射的传递损失为

$$\text{TL} = 10\lg(1/0.004042) = 23.9\text{dB}$$

（2）当 $f = 250\text{Hz}$ 时。

此时 $f_{11}(=94.5\text{Hz}) < 250\text{Hz} < f_c(=434.1\text{Hz})$，属于质量控制区，由式（6.2.47）计算得到法向入射波的透声系数为

$$\frac{1}{\tau_n} = 1 + \left(\frac{\pi M_s f}{\rho_1 c_1}\right) = 1 + \left(\frac{\pi \times 26.95 \times 250}{413.3}\right)^2 = 2623.8$$

由式（6.2.48）得到法向入射波的传递损失为

$$\text{TL}_n = 10\lg\frac{1}{\tau_n} = 10\lg 2623.8 = 34.2\text{dB}$$

由式（6.2.49）计算可得，250Hz 声波随机入射的传递损失为

$$\text{TL} = 34.2 - 5 = 29.2\text{dB}$$

（3）当 $f = 2000\text{Hz}$ 时。

此时 $f = 2000\text{Hz} > f_c (= 434.1\text{Hz})$，属于阻尼控制区。由式（6.2.53）计算可得临界频率下法向入射波的传递损失为

$$\text{TL}_n(f_c) = 10\lg\left[1 + \left(\frac{\pi \times 11700}{413.3}\right)^2\right] = 10\lg(1 + 7909) = 39.0\text{dB}$$

根据式（6.2.52）计算可得，2000Hz 下随机入射波的传递损失为

$$\text{TL} = 39.0 + 10\lg 0.008 + 33.22\lg(2000/434.1) - 5.7 = 34.3\text{dB}$$

以此类推得到 $f = 1000\text{Hz}$，$\text{TL} = 24.3\text{dB}$；$f = 500\text{Hz}$，$\text{TL} = 14.3\text{dB}$。

例 6.2.3 已知钢板（密度 7700kg/m^3）的尺寸为 $0.90\text{m} \times 1.80\text{m}$，两侧空气（20℃）的特征阻抗为 413.3Rayl，声速为 343.2m/s。已知 500Hz 下的传递损失是 30dB，求平板的厚度。

由于无法确定 500Hz 位于哪一区域，因此该问题有多种情况。首先假设 500Hz 位于质量控制区，由式（6.2.49）可知法向入射波的传递损失为

$$\text{TL}_n = \text{TL} + 5 = 30 + 5 = 35\text{dB}$$

由式（6.2.48）有

$$\text{TL}_n = 10\lg\left[1 + \left(\frac{\pi M_s f}{\rho_1 c_1}\right)^2\right] = 35$$

计算得到面质量为

$$M_S = 14.79\text{kg/m}^2$$

由此可得木板厚度为

$$h = \frac{M_S}{\rho_w} = \frac{14.79}{7700} = 0.00192\text{m} = 1.92\text{mm}$$

现在需要验证该假设是否正确。钢板的 $M_s f_c$ 值为 $M_s f_c = 98040\text{Hz} \cdot \text{kg/m}^2$，由此得到临界频率为

$$f_c = \frac{M_S f_c}{M_S} = \frac{98040}{14.79} = 6629\text{Hz}$$

由式（6.2.25）得到钢板的一阶共振频率为

$$f_{11} = 0.4534 \times 5100 \times 0.00192 \times \left[(1/0.900)^2 + (1/1.800)^2\right] = 6.85\text{Hz}$$

由于 $f_{11} < f(=500\text{Hz}) < f_c$，因此该频率位于质量控制区，平板厚度 $h = 1.92\text{mm}$。

6.3 传递损失近似计算方法

在隔声结构初步设计阶段，通常需要快速估算平板的传递损失。如果平板尺寸 a 和 b 至少为厚度 h 的 20 倍，那么平板的第一阶共振频率通常小于 125Hz，传递损失曲线主

要位于质量控制区（区域 II）和阻尼控制区（区域 III）。本节介绍平板传递损失近似计算方法。

在质量控制区，随机入射波的传递损失为

$$\mathrm{TL} = \mathrm{TL}_n - 5 = 10\lg\left[1 + \left(\frac{\pi M_s f}{\rho_1 c_1}\right)^2\right] - 5 \quad (6.3.1)$$

当频率大于 60Hz 时，$(\pi M_s f/\rho_1 c_1)^2$ 的值通常大 1，因此式（6.3.1）可以近似为

$$\mathrm{TL} = 10\lg\left(\frac{\pi M_s f}{\rho_1 c_1}\right)^2 - 5 \quad (6.3.2)$$

式（6.3.2）也可以写成如下形式：

$$\mathrm{TL} = 20\lg M_s + 20\lg f - 20\lg(\rho_1 c_1/\pi) - 5 \quad (6.3.3)$$

标准大气压下（101.3kPa），温度为 22℃ 时，空气密度 $\rho_1 = 1.196\,\mathrm{kg/m^3}$，声速 $c_1 = 344\,\mathrm{m/s}$，此时式（6.3.3）中第三项的值为

$$20\lg(\rho_1 c_1/\pi) = 42.3\,\mathrm{dB}$$

当频率位于质量控制区时，传递损失可以近似写成如下表达式：

$$\mathrm{TL} = 20\lg M_s + 20\lg f - 47.3 \quad (6.3.4)$$

由式（6.3.4）可以看出，频率增加一倍，传递损失有如下变化：

$$\Delta\mathrm{TL} = 20\lg 2 \approx 6\,\mathrm{dB}$$

该近似方法将区域 II 和区域 III 之间的过渡"峰谷"替换为水平线或平台，如图 6.3.1 所示。平台区的高度（TL_P）和宽度（$\Delta f_P = f_2 - f_1$）取决于材料，表 6.3.1 给出了这些参数的一些典型值。

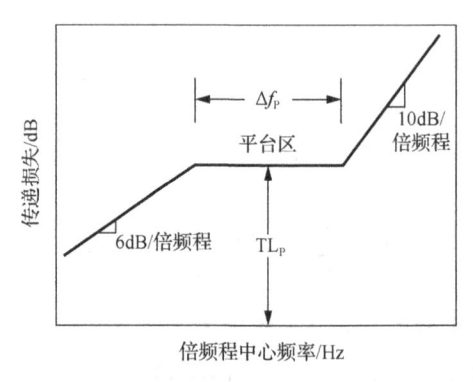

图 6.3.1 平板传递损失曲线示意图

表 6.3.1 近似法估算传递损失时平台区的高度和宽度

材料	TL_P/dB	Δf_P（用频带数表示）	f_2/f_1
铝	29	3.5	11
砖	37	2.2	4.5
混凝土	38	2.2	4.5
玻璃	27	3.3	10

续表

材料	TL_P/dB	Δf_P（用频带数表示）	f_2/f_1
胶合板	19	2.7	6.5
砂膏	30	3.0	8
钢	40	3.5	11

在阻尼控制区域，式（6.2.52）中包含频率的唯一项为 $33.22\lg(f/f_c)$，当频率比值为 2 时，其值为

$$33.22\lg 2 = 10\text{dB}$$

因此，传递损失曲线的斜率为 10dB/倍频程。

例 6.3.1 使用近似法估算厚度为 3mm 的钢板的传递损失曲线。

钢板的面质量 $M_S = \rho h = 7700 \times 0.003 = 23.1 \text{kg/m}^2$

由式（6.3.4）计算得到 125Hz 频率下的传递损失为

$$TL = 20\lg 23.1 + 20\lg 125 - 47.3 = 21.9\text{dB}$$

由表 6.3.1 查得，钢板平台区的高度 $TL_P = 40\text{dB}$。由式（6.3.4）计算得到平台区的起始频率为

$$TL_P = 20\lg 23.1 + 20\lg f_1 - 47.3 = 40$$

由此解得 $f_1 = 1003\text{Hz}$。

由表 6.3.1 的频率比计算得到平台区的终止频率为

$$f_2 = (f_2/f_1)f_1 = 11 \times 1003 = 11033\text{Hz}$$

从 63Hz 到 1003Hz 的传递损失曲线位于区域 II：质量控制区域。在此范围内，可由 125Hz 下的传递损失加减 6dB/Octave 来计算其他频率下的传递损失。当频率大于 11033Hz 时，传递损失曲线位于阻尼控制区，16kHz 下的传递损失由下式计算：

$$TL = TL_P + 33.22\lg(f/f_2) = 40 + 33.22\lg(16000/11033) = 45.4\text{dB}$$

完整的传递损失计算结果和曲线如表 6.3.2 和图 6.3.2 所示。

表 6.3.2 例 6.3.1 传递损失计算结果

f/Hz	TL/dB	注释
63	15.9	125Hz 计算值减 6dB
125	21.9	计算值
250	27.9	125Hz 计算值加 6dB
500	33.9	再加 6dB
1000	39.9	再加 6dB
1003	40	平台区起点
2000	40	平台区
4000	40	平台区
8000	40	平台区
11033	40	平台区终点
16000	45.4	计算值

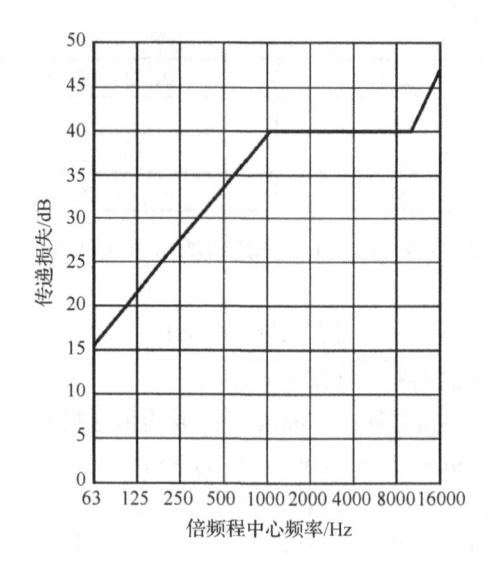

图 6.3.2　例 6.3.1 的计算结果

6.4　复合结构的隔声

前几节介绍了声波通过均质单组件平板的传输，本节我们将考虑复杂结构的隔声性能，并加以分析。

6.4.1　并联结构

一种常见的构造形式由复合墙中并联构件组成，如墙上的窗或门，由于所有组件的入射声强相同，因此通过墙壁透射的总声功率是通过每个单元透射的功率之和，即

$$W_t = \sum W_{t,j} = \tau W_i = \tau S I_i = I_i \sum \tau_j S_j \tag{6.4.1}$$

式中，$S = \sum S_j$ 为总面积；τ_j 为每个组件的透声系数。复合墙中构件的总透声系数为

$$\tau = \frac{\sum \tau_j S_j}{S} \tag{6.4.2}$$

由于开口的透声系数为 1（所有能量通过开口传输），因此平板开口的影响通常非常显著，可以通过下面的例子来说明这种效果。

例 6.4.1　已知一个无开口的墙壁的传递损失为 20dB，如果在该墙壁上增加一个面积占比 10%的开口，求该墙壁的传递损失降低了多少。

由墙壁的传递损失得到 $1/\tau_1 = 10^{20/10} = 100$，由此得到透声系数为

$$\tau_1 = 0.01$$

开口的透声系数为

$$\tau_2 = 1.0$$

由式（6.4.2）可得

$$\tau = \frac{0.9S \times 0.01 + 0.1S \times 1.0}{S} = 0.109$$

增加开口后得墙壁的传递损失为
$$\text{TL} = 10\lg(1/0.109) = 9.6\text{dB}$$

由此可见，仅占总墙壁面积 10%的开口将传递损失从 20dB 降低到略小于 10dB 的值，因此为了有效降低噪声，任何开口必须尽可能小或完全消除。

6.4.2 有间隙的双层板

双层板结构由两块存在空气间隙的平板组成，通常用作屏障以减少噪声传播，如图 6.4.1 所示。除了每个单层板的传递损失影响外，总传递损失还受到空气间隙的影响。双层板的传递损失曲线可分为如下三种状态。

区域 A 低频区，发生在间距较近的平板上。当两个平板间距较小时，就声波传输而言，两块平板可视作一个整体，平板之间空气的影响可以忽略不计。该情况发生在以下频率范围内：

$$\frac{\rho c}{\pi (M_{S1} + M_{S2})} < f < f_0 \tag{6.4.3}$$

式中，ρ 和 c 分别为平板周围空气的密度和声速；M_{S1} 和 M_{S2} 分别为平板 1 和平板 2 的面质量；f_0 为存在间隙的双层板的共振频率，

$$f_0 = \frac{c}{2\pi} \left[\frac{\rho}{d} \left(\frac{1}{M_{S1}} + \frac{1}{M_{S2}} \right) \right]^{1/2} \tag{6.4.4}$$

其中，d 为平板之间的距离。

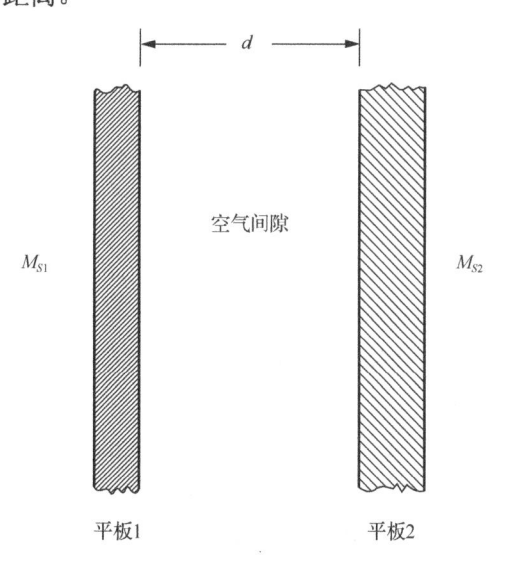

图 6.4.1 双层板示意图

区域 A 范围内的传递损失由下式确定：

$$\text{TL} = 20\lg(M_{S1} + M_{S2}) + 20\lg f - 47.3 \tag{6.4.5}$$

区域 B 随着平板之间距离的增大，平板之间的间隙中存在驻波，该情况发生在以下频率范围内：

$$f_0 < f < \frac{c}{2\pi d} \tag{6.4.6}$$

此时的传递损失表达式为

$$TL = TL_1 + TL_2 + 20\lg(4\pi f d/c) \tag{6.4.7}$$

式中，TL_1 和 TL_2 是每块平板单独作用时的传递损失。

区域 C 当平板之间的距离足够大时，两块平板各自独立起作用，两块平板之间的间隙可视作一个房间，该情况发生在

$$f > \frac{c}{2\pi d} \tag{6.4.8}$$

频率范围内，此时的传递损失表达式为

$$TL = TL_1 + TL_2 + 10\lg\left(\frac{4}{1+2/\alpha}\right) \tag{6.4.9}$$

式中，α 为平板的表面吸声系数。

本节给出的传递损失表达式仅适用于间隙介质为空气的情况，声波可以通过第二条路径传递，称为结构传输侧翼路径，此时声波通过平板之间的机械连接进行传递。

例 6.4.2 使用两块厚度为 6mm 的玻璃板来降低声音通过 1.0m×2.0m 开口的传输，两块玻璃板间隔 75mm，周围空气温度 24℃，密度 $\rho = 1.188\text{kg/m}^3$，声速 $c = 345.6\text{m/s}$，玻璃的表面吸声系数 $\alpha = 0.03$。求频率为 250Hz、1000Hz、4000Hz 时的传递损失。

可以查到玻璃的属性如下。

纵波声速：$c_L = 5450\text{m/s}$。

密度：$\rho_W = 2500\text{kg/m}^3$。

临界频率积：$M_s f_c = 30210\text{Hz}\cdot\text{kg/m}^2$。

阻尼因子：$\eta = 0.002$。

杨氏模量：$E = 71.0\text{GPa}$。

泊松比：$\sigma = 0.21$。

首先确定单层玻璃板的传递损失，由式（6.2.25）计算得到一阶共振频率为

$$f_{11} = 0.4534 \times 5450 \times 0.006 \times (1/1.0^2 + 1/2.0^2) = 18.5\text{Hz}$$

单层玻璃板的面质量为

$$M_s = \rho_W h = 2500 \times 0.006 = 15.0\text{kg/m}^2$$

由 $M_s f_c$ 的值计算得到临界频率为

$$f_c = \frac{M_s f_c}{M_s} = \frac{30210}{15.0} = 2014\text{Hz}$$

可见，频率 250Hz 和 1000Hz 位于单层板的质量控制区。由式（6.2.47）计算得到 250Hz 下法向入射的透声系数为

$$\frac{1}{\tau_n} = 1 + \left(\frac{\pi M_s f}{Z_1}\right)^2 = 1 + \left(\frac{\pi \times 15.0 \times 250}{1.188 \times 345.6}\right)^2 = 824.3$$

由式（6.2.48）计算得到法向入射下的传递损失为
$$\text{TL}_n = 10\lg(1/\tau_n) = 10\lg 824.3 = 29.2\text{dB}$$

由式（6.2.49）计算得到随机入射下的传递损失为
$$\text{TL} = \text{TL}_n - 5 = 24.2\text{dB}$$

频率为 1000Hz 时，同样可计算得到
$$1/\tau_n = 13175$$
$$\text{TL}_n = 41.2\text{dB}$$
$$\text{TL} = 36.2\text{dB}$$

频率 4000Hz 位于阻尼控制区，由式（6.2.53）计算得到临界频率下法向入射的传递损失为
$$\text{TL}_n(f_c) = 10\lg\left[1 + \left(\frac{\pi \times 30210}{410.6}\right)^2\right] = 47.3\text{dB}$$

由式（6.2.52）计算得到 4000Hz 下单层玻璃板的传递损失为
$$\text{TL} = 47.3 + 10\lg 0.002 + 33.22\lg(4000/2014) - 5.7 = 24.5\text{dB}$$

单层玻璃板完整的传递损失如表 6.4.1 和图 6.4.2 所示。

接下来讨论双层玻璃板的情况，玻璃板的面质量 $M_{S1} = M_{S2} = 15.0\text{kg/m}^2$。将双层玻璃板划分为不同区域的频率如下：

$$\frac{\rho c}{\pi(M_{S1} + M_{S2})} = \frac{410.6}{\pi(15.0 + 15.0)} = 4.4\text{Hz}$$

$$f_0 = \frac{345.6}{2\pi}\left[\frac{1.188}{0.075}\left(\frac{1}{15.0} + \frac{1}{15.0}\right)\right]^{1/2} = 79.9\text{Hz}$$

$$\frac{c}{2\pi d} = \frac{345.6}{2\pi \times 0.075} = 733\text{Hz}$$

由此可知 f=63Hz 位于区域 A。

（1）当 f=250Hz 时，79.9Hz $< f <$ 733Hz，位于区域 B，由式（6.4.7）计算得到传递损失为
$$\text{TL} = 24.2 + 24.2 + 20\lg(4\pi \times 250 \times 0.075/345.6) = 45.1\text{dB}$$

（2）当 f=1000Hz 时，733Hz $< f$，位于区域 C，由式（6.4.9）计算得到传递损失为
$$\text{TL} = 36.2 + 36.2 + 10\lg\left(\frac{4}{1 + 2/0.03}\right) = 60.1\text{dB}$$

（3）当 f=4000Hz 时，双层玻璃板位于区域 C，单层板中属于阻尼控制区。根据阻尼控制区内单层玻璃板的传递损失，由式（6.4.9）计算得到传递损失为
$$\text{TL} = 24.5 + 24.5 + 10\lg\left(\frac{4}{1 + 2/0.03}\right) = 36.7\text{dB}$$

双层玻璃板完整的传递损失如表 6.4.1 和图 6.4.2 所示。

表 6.4.1 例 6.4.2 传递损失计算结果

		频率/Hz							
		63	125	250	500	1000	2000	4000	8000
单层板	区域	II	II	II	II	II	II	III	III
	TL/dB	12.3	18.2	24.2	30.2	36.2	42.2	24.5	34.5
双层板	区域	A	B	B	B	C	C	C	C
	TL/dB	18.2	27.1	45.1	63.1	60.1	72.1	36.7	56.7

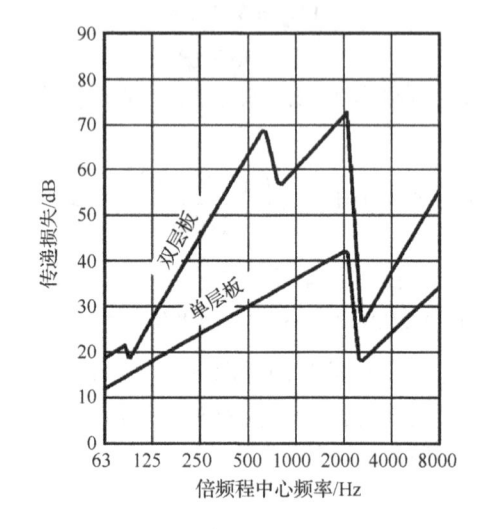

图 6.4.2 例 6.4.2 传递损失

6.4.3 复合板

由两个或两个以上实体层组成的复合板通常用作外壳和其他声学结构的隔墙，如图 6.4.3 所示，如果各层的界面黏合没有任何间隙，则复合板将围绕整个中性轴弯曲。设 χ 为两种材料的界面到复合板整体中性轴的距离，材料 1 一侧为正，我们可以根据各层材料属性得出以下参数：

$$\chi = \frac{E_1 h_1^2 - E_2 h_2^2}{2(E_1 h_1 + E_2 h_2)} \tag{6.4.10}$$

图 6.4.3 双层复合板

由式（6.2.48）和式（6.2.49）可以确定质量控制区的传递损失为

第6章 噪声隔离

$$\text{TL} = 10\lg\left[1+\left(\frac{\pi M_s f}{\rho_1 c_1}\right)^2\right] - 5 \tag{6.4.11}$$

双层复合板的面质量可以写为

$$M_s = \rho_1 h_1 + \rho_2 h_2 \tag{6.4.12}$$

复合板的临界频率可以使用下式计算：

$$f_c = \frac{c^2}{2\pi}\left(\frac{M_s}{B}\right)^{1/2} \tag{6.4.13}$$

式中，c 复合板周围空气声速；B 是复合板的抗弯刚度，

$$B = \frac{E_1 h_1^3}{12(1-\sigma_1^2)}\left[1+3(1-2\chi/h_1)^2\right] + \frac{E_2 h_2^3}{12(1-\sigma_2^2)}\left[1+3(1+2\chi/h_2)^2\right] \tag{6.4.14}$$

注意，式中 χ 的正负号要保留。当整个中性轴位于材料 1 一侧时，χ 为正数。

复合板的传递损失由式（6.2.52）计算时，总阻尼系数 η 可使用下式计算：

$$\eta = \frac{(\eta_1 E_1 h_1 + \eta_2 E_2 h_2)(h_1+h_2)^2}{E_1 h_1^3\left[1+3(1-2\chi/h_1)\right] + E_2 h_2^3\left[1+3(1+2\chi/h_2)\right]} \tag{6.4.15}$$

例 6.4.3 将厚度为 1.6mm 的铝板（材料 1）黏合到厚度为 4.8mm 的橡胶板（材料 2）上，平板尺寸为 400mm×750mm，平板周围空气为 21℃，密度 $\rho_0 = 1.200\text{kg/m}^3$，声速 c=343.8m/s。求复合平板在 500Hz 和 8000Hz 下的传递损失。

可以查到铝（下标 1）和橡胶（下标 2）的属性如下。

密度：$\rho_1 = 2800\text{kg/m}^3$，$\rho_2 = 950\text{kg/m}^3$。

杨氏模量：$E_1 = 73.1\text{GPa}$，$E_2 = 2.3\text{GPa}$。

泊松比：$\sigma_1 = 0.33$，$\sigma_2 = 0.4$。

阻尼因子：$\eta_1 = 0.001$，$\eta_2 = 0.008$。

复合板的面质量为

$$M_s = 2800 \times 0.0016 + 950 \times 0.0048 = 9.04 \text{kg/m}^2$$

由式（6.4.10）计算得到复合板中性轴的位置为

$$\chi = 0.000524\text{m}=0.524\text{mm}$$

由式（6.4.14）计算得到复合板的抗弯刚度为

$$B = 175.6 \text{Pa} \cdot \text{m}^3$$

由式（6.4.13）计算得到复合板的临界频率为

$$f_c = \frac{343.8^2}{2\pi}\left(\frac{9.04}{175.6}\right)^{1/2} = 4268\text{Hz}$$

如果平板仅由铝制成，则由式（6.2.50）可得临界频率为

$$f_c = \frac{\sqrt{3}\times 343.8^2}{\pi\times 4520\times 0.0016} = 7515\text{Hz}$$

（1）当 f=500Hz 时，$f < f_c$，属于质量控制区，则复合板的传递损失可由式(6.4.11)计算得

$$TL = 10\lg\left[1 + \left(\frac{\pi \times 9.04 \times 500}{1.200 \times 343.8}\right)^2\right] - 5 = 25.7 \text{dB}$$

单层铝板的传递损失为 TL=19.7dB，橡胶板质量的增加使传递损失增加了 6dB。

（2）当 f=8000Hz 时，$f > f_c$，属于阻尼控制区，由式（6.4.15）计算得到复合板的阻尼因子为

$$\eta = 0.00469$$

由式（6.2.53）计算得到临界频率下法向入射波的传递损失为

$$TL_n(f_c) = 49.4 \text{dB}$$

由式（6.2.52）计算得到复合板的传递损失 TL=29.5dB。

对于单个铝板，由式（6.2.53）计算得到临界频率下法向入射波的传递损失为

$$TL_n(f_c) = 48.2 \text{dB}$$

因此，8000Hz 下单个铝板的传递损失为

$$TL = 48.2 + 10\lg 0.001 + 33.22\log(8000/7515) - 5.7 = 13.4 \text{dB}$$

由此可见，在 8000Hz 频率下橡胶层的添加使得传递损失增加约 16dB。

6.4.4 加肋板

平板上增加肋板可以增加平板的刚度，并降低给定施加荷载的应力。如图 6.4.4 所示，平行于肋的方向（刚度更大的方向）上的刚度与垂直于肋的方向上的刚度不同，这种刚度上的差异会影响平板的传递损失[2]。

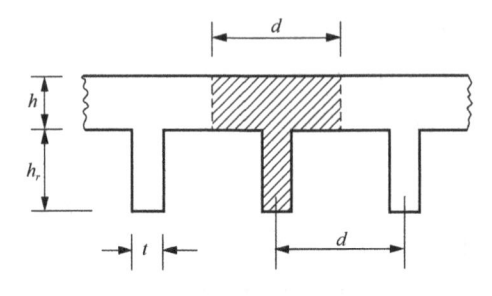

图 6.4.4 加肋板示意图

在质量控制区（即 $f < f_{c1}$），可使用如下面质量的表达式，根据式（6.2.49）计算传递损失为

$$M_s = \rho_w h \left[1 + (h_r/h)(t/d)\right] \tag{6.4.16}$$

对于正交各向异性板（如加肋板），有两种不同的临界频率，对应于板的不同刚度。类似于式（6.4.13），这两种临界频率的表达式如下：

$$f_{c1} = \frac{c^2}{2\pi}\left(\frac{M_s}{B_1}\right)^{1/2} \tag{6.4.17}$$

$$f_{c2} = \frac{c^2}{2\pi}\left(\frac{M_s}{B_2}\right)^{1/2} \tag{6.4.18}$$

在两个垂直方向上的抗弯刚度的表达式如下：
$$B_1 = EI/d \tag{6.4.19}$$
式中，I 是图 6.4.4 中阴影部分所示 T 形截面中性轴的转动惯量；d 是肋板的中心间距。
$$B_2 = \frac{Eh^3}{12\left[1 - t/d + t/d/(1 + h_r/h)^3\right]} \tag{6.4.20}$$
在中频范围内，即 $f_{c1} < f < f_{c2}$，传递损失的表达式为
$$\text{TL} = \text{TL}_n(f_{c1}) + 10\lg\eta + 30\lg(f/f_{c1}) - 40\lg\left[\ln(4f/f_{c1})\right] + 10\lg\left[2\pi^3(f_{c2}/f_{c1})^{1/2}\right] \tag{6.4.21}$$
式中，$\text{TL}_n(f_{c1})$ 是由式（6.2.53）计算得到的第一个临界频率 f_{c1} 下的传递损失。

在高频范围内，即 $f > f_{c2}$，传递损失的表达式为
$$\text{TL} = \text{TL}_n(f_{c2}) + 10\lg\eta + 30\lg(f/f_{c2}) - 2 \tag{6.4.22}$$

6.5 隔声罩设计

隔声罩是将声源封闭在一个相对小的空间内，以减少向周围空间辐射噪声的封闭型罩壳结构。当难以从声源本身降噪，而生产操作又允许将噪声源封闭起来时，使用隔声罩可以获得理想的降噪效果。

隔声罩壁板一般由内层穿孔护面板、吸声材料层、阻尼层和外层钢板组成，图 6.5.1 为隔声罩的简化模型。隔声罩的隔声性能通常使用插入损失来表示，定义为声源辐射的声功率级和隔声罩向外透射的声功率级之差，即
$$\text{IL} = L_W - L_{W_T} = 10\lg(W/W_T) \tag{6.5.1}$$
式中，W 为声源辐射的声功率；W_T 为隔声罩向外透射的声功率。下面推导隔声罩插入损失计算公式。

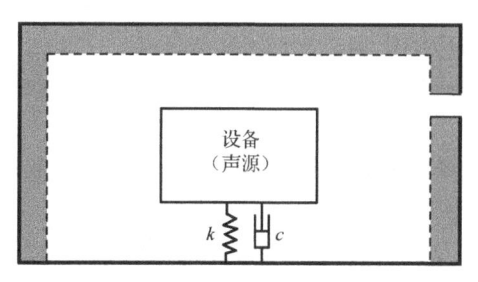

图 6.5.1 隔声罩简化模型

假设隔声罩内部以混响声场为主，将外壳的阻尼包含在吸声系数中，将吸声材料的质量计入外壳质量之中。声源辐射的声功率等于吸声材料吸收的声功率和透过罩壳向外辐射的声功率之和，即
$$W \approx I\left[S_W(\alpha_d + \tau_d) + S_A\tau\right] \tag{6.5.2}$$
式中，I 为混响场的声强；S_W 和 S_A 分别为壁面面积和开口面积；α_d 为混响场吸声系数；τ_d 为壁面透声系数，开口的透声系数 $\tau = 1$。

由开口透射的声功率为

$$W_A = S_A I = WS_A \big/ \big[S_W(\alpha_d + \tau_d) + S_A \big] \tag{6.5.3}$$

通过壁面透射的声功率为

$$W_W = S_W I \tau_d = WS_W \tau_d \big/ \big[S_W(\alpha_d + \tau_d) + S_A \big] \tag{6.5.4}$$

通过隔声罩向外透射的声功率 $W_T = W_A + W_W$，由此得到透射声功率与声源辐射声功率的比值为

$$W_T / W = (S_A + \tau_d S_W) \big/ \big[S_W(\alpha_d + \tau_d) + S_A \big] \tag{6.5.5}$$

将式（6.5.5）代入式（6.5.1）得到隔声罩的插入损失为

$$\mathrm{IL} = 10\lg \left[\frac{S_W(\alpha_d + \tau_d) + S_A}{S_W \tau_d + S_A} \right] \tag{6.5.6}$$

显然，从隔声的角度来讲，应尽量做到 α_d 最大，S_A 和 τ_d 最小。当没有吸声时，插入损失为0。可见，隔声罩的设计必须使用吸声材料才能实现隔声效果。

隔声罩设计的一般步骤如下：

（1）测量机器设备的噪声频谱。
（2）根据降噪声要求，确定总声级隔声量和各个频带的隔声量。
（3）选择合适的隔声板材料、厚度及结构。
（4）选择吸声材料和阻尼涂层。
（5）隔声罩的结构设计。
（6）通风散热孔的设计。

隔声罩设计的要点如下：

（1）隔声罩最外层的罩壳材料必须有足够的隔声量，一般采用 1.5～3mm 厚的钢板，对要求重量轻的隔声罩也可采用铝板。

（2）当采用钢或铝板之类的材料作罩壁时，在板的内壁涂 3～5mm 的阻尼层，以抑制与减弱共振和驻波效应的影响。

（3）罩内必须采用吸声材料进行吸声处理，其作用是吸收声能，保证隔声罩能起到有效的隔声作用。

（4）隔声罩最里层安装穿孔板或钢丝网，以防止吸声材料脱落，另外穿孔板还可以改善特定频率范围内的吸声性能。

（5）罩体与声源设备及公共机座之间不能有刚性接触，以避免声桥出现。隔振措施是先将机器设备隔振，然后在隔声罩与基础之间安装隔振器。

（6）罩壁上开设隔声门窗、通风散热孔、电缆等管线时，缝隙处必须密封，尽量减少隔声罩开口。

（7）为改善低频隔声性能，必须设法提高隔板刚度，通常的方法有采用钢板等杨氏模量大的材料、减小隔板的尺寸（通常是在隔板上加格子状的加强筋）、采用复合结构（如做成蜂窝状层板）。

（8）隔声罩应尽量做到外形美观、操作方便、使用寿命长。

习 题

6.1 厚度为 2mm 的钢板，尺寸为 1.0m×1.60m，两侧为 20℃的空气，试计算 31.5～16000Hz 范围内的传递损失，并与使用近似法估算得到的传递损失进行比较，画出曲线图，分析二者的差异。

6.2 在宽高厚分别为 0.90m、1.80m、35mm 的橡木门上方安装一块宽高厚分别为 0.9m、0.4m、5mm 的玻璃，已知门两侧的空气温度为 20℃。试确定组合结构在 63Hz、250Hz 和 2000Hz 频率下的传递损失。

6.3 由 6mm 厚玻璃板和 3mm 厚钢板组成的复合结构，两板之间为 50mm 厚的空气层，板的宽和高分别为 0.9m 和 1.8m，试计算 8000Hz 内的传递损失，并画出曲线图。

6.4 厚度 1mm 钢板的一侧涂覆 2mm 厚的橡胶阻尼层，板的宽和高分别为 0.5m 和 1.0m，试计算阻尼层使得钢板在 500Hz、1000Hz 和 8000Hz 频率下的传递损失增加多少？

第7章 消声器

动力机械和流体机械（如内燃机、燃气轮机、鼓风机、真空泵、压缩机等）产生的气体动力噪声是一类常见的噪声，控制气体动力噪声最有效的办法就是在管道中或管口处安装消声器（消音器）。消声器是一种能够允许气流通过，又能有效降低管道内噪声传播的装置。尽管消声器种类繁多，结构形式多种多样，但是根据消声原理和结构特点，可将消声器分为三大类：阻性消声器、抗性消声器和阻抗复合式消声器[2,6,10]。

阻性消声器（也称为吸收型消声器）通过在气流通道上布放吸声材料，利用吸声材料对声波的摩擦和阻尼作用将通道内传播的声能转化为热能，从而达到消声的目的。阻性消声器一般具有良好的中高频消声效果，且消声频带较宽，但对低频噪声的消声效果差。阻性消声器适合于消减内燃机进气噪声、燃气轮机进排气噪声、通风及空调管道内的噪声。

抗性消声器（也称为反射型消声器）由一些管道和腔体连接而成，消声机理是：由于横截面积不连续使得管道内传播的声波产生阻抗失配，从而导致部分声波被反射回声源或在消声器内部来回反射，阻碍了声波向下游传播。抗性消声器主要适合于消除低、中频噪声，对宽带高频噪声效果较差。抗性消声器被广泛应用于内燃机排气噪声控制。

鉴于阻性消声器和抗性消声器各自的特点，可以将它们组合在一起形成阻抗复合式消声器，从而获得从低频到高频的良好消声效果。阻抗复合式消声器在大功率内燃机排气噪声控制、工业鼓风机和真空泵的进排气噪声控制中得到了广泛应用。

此外，由于应用场合不同，消声器设计还可以兼顾一些其他功能，例如，火星熄灭、尾气净化、余热回收、排气冷却等。

7.1 管道消声系统的表述方法

使用电声类比描述管道消声系统是一种简便而有效的方法，在消声器声学性能分析中被广泛使用，本节介绍使用电声类比的管道消声系统表述方法。

管道消声系统包括从噪声源到管道出口的全部结构，典型的管道消声系统如图 7.1.1（a）所示。一般情况下，消声器的一端通过连接管与声源（例如内燃机）相接，另一端经尾管与大气相通。连接管、消声器和尾管组成一个完整的管道消声系统。管道消声系统始端（声源辐射面）的声压和声质量速度分别记为 p_1 和 $v_1\,(=\rho_1 S_1 u_1)$，末端的相应值分别记为 p_2 和 $v_2\,(=\rho_2 S_2 u_2)$。如果把声压和声质量速度分别用电压和电流来代替，则管道消声系统可以通过声电类比使用等效电路加以描述，从而进行管道消声系统的声学分析。

如果把噪声源看作是压力源，则管道消声系统相应的等效电路类比如图 7.1.1（b）

所示。图中 p_s 为噪声源提供的恒稳声压，Z_s 为噪声源输出阻抗，$[T_s]$ 为管道消声系统从进口到出口间的传统矩阵（它的四个元素 A_s、B_s、C_s、D_s 被称为四极参数），$Z_r = p_2/v_2$ 为出口处的声辐射阻抗。当 $p_s/v_s \gg Z_s$ 时，可以近似认为 Z_s 为零，即可设对应于输出阻抗的电路为短路，由此得到 $p_1 \approx p_s$，但声质量速度 v_1 以及声源辐射声功率将随传递矩阵和管口声辐射阻抗率的变化而变化。

如果把噪声源看作是速度源，则管道消声系统相应的等效电路类比如图 7.1.1（c）所示，管道消声系统的传统矩阵和管口的声阻抗率仍保持相同，声源输出阻抗由串联改变成并联，v_s 为噪声源提供的恒稳声质量速度。当 $p_s/v_s \ll Z_s$ 时，可以近似认为 Z_s 为无限大，即可设对应于输出阻抗的旁路近似为开路，由此近似得 $v_1 \approx v_s$，但声压 p_1 将随传递矩阵和管口声辐射阻抗率的变化而变化，从而使声源辐射的声功率也相应地变化。

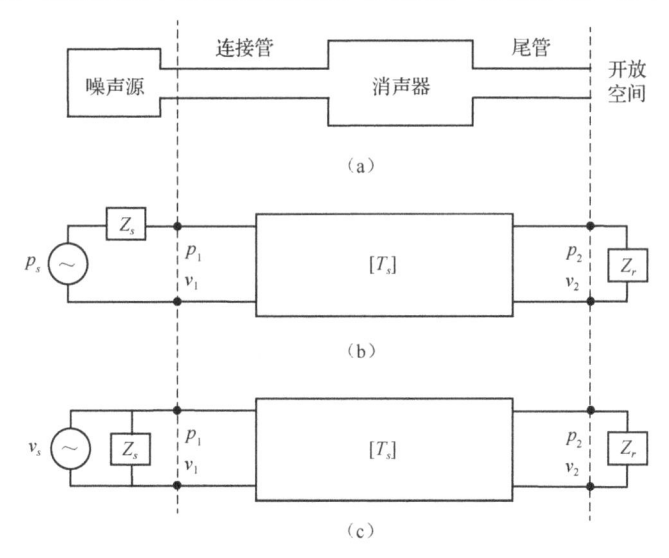

图 7.1.1 管道消声系统及其表述方法

7.2 消声器声学性能指标

消声器常用的声学性能评价指标有插入损失（insertion loss，IL）、传递损失（transmission loss，TL）和减噪量（noise reduction，NR）。下面分别给出这些性能指标的定义并推导相应的计算公式。

7.2.1 插入损失

插入损失定义为安装消声器前后，由管口向外辐射噪声的声功率级之差。如果安装消声器前后声场分布近似保持不变，那么插入损失就是在给定测点处安装消声器前后的声压级之差，如图 7.2.1 所示，即

$$\mathrm{IL} = L_{p'} - L_p = 20\lg|p'/p| \tag{7.2.1}$$

由于安装消声器前后管道系统出口处的声辐射阻抗基本保持不变,所以插入损失也可以表示成

$$\text{IL} = 20\lg|p_2'/p_2| \tag{7.2.2}$$

式中,p_2' 和 p_2 分别为安装消声器前后管道系统出口处的声压。

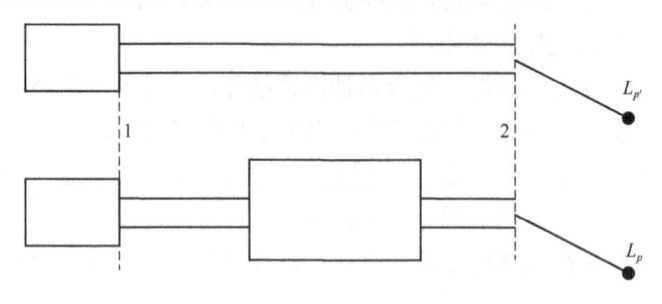

图 7.2.1 消声器插入损失的定义

使用如图 7.1.1（b）所示的类比方法,对于有消声器的管道系统可以得到如下关系式:

$$p_s = p_1 + Z_s v_1 \tag{7.2.3}$$

$$\begin{Bmatrix} p_1 \\ v_1 \end{Bmatrix} = \begin{bmatrix} A_s & B_s \\ C_s & D_s \end{bmatrix} \begin{Bmatrix} p_2 \\ v_2 \end{Bmatrix} \tag{7.2.4}$$

$$p_2 = Z_r v_2 \tag{7.2.5}$$

式中,下标 1 和 2 分别代表管道系统的进口和出口;A_s、B_s、C_s、D_s 为安装消声器时管道系统的四极参数。结合式（7.2.3）~式（7.2.5）,消去 p_1、v_1 和 v_2 得到

$$p_2 = \frac{Z_r p_s}{Z_r A_s + B_s + Z_s Z_r C_s + Z_s D_s} \tag{7.2.6}$$

对于没有消声器（使用替代管）的管道系统,使用同样的方法可以得到

$$p_2' = \frac{Z_r p_s}{Z_r A_s' + B_s' + Z_s Z_r C_s' + Z_s D_s'} \tag{7.2.7}$$

式中,A_s'、B_s'、C_s'、D_s' 为没有消声器时管道系统的四极参数。

将式（7.2.6）和式（7.2.7）代入式（7.2.2）得到消声器的插入损失为

$$\text{IL} = 20\lg\left|\frac{Z_r A_s + B_s + Z_s Z_r C_s + Z_s D_s}{Z_r A_s' + B_s' + Z_s Z_r C_s' + Z_s D_s'}\right| \tag{7.2.8}$$

可见,消声器的插入损失与噪声源、消声器、管道、管口和周围环境相关。需要特别指出的是,声源阻抗和管口辐射阻抗直接影响消声器的插入损失,所以说,插入损失反映了整个系统在安装消声器前后声学特性的变化,也就是说,插入损失并不是消声器单独具有的属性。因此,同一个消声器安装在不同的系统中,它的插入损失可能会不相同。不过,消声器插入损失测量比较容易,并且反映了安装消声器后的实际降噪效果,是消声器声学性能的最终评价指标,在现场测量中被广泛使用。

对于大管径消声器,由于进出口管道的平面波截止频率低,需要采取相应的策略计算高于平面波截止频率时消声器的插入损失。

7.2.2 传递损失

传递损失定义为：出口为无反射端时，消声器进口处的入射声功率级与出口处的透射声功率级之差，表示为

$$\mathrm{TL} = L_{W_i} - L_{W_t} = 10\lg(W_i/W_t) \tag{7.2.9}$$

式中，W_i 和 W_t 分别为消声器进口处的入射声功率和出口处的透射声功率，如图 7.2.2 所示（W_r 为反射声功率）。

图 7.2.2 消声器传递损失的定义

当进出口管道内的声波为平面波时，入射和透射声功率可表示为[6]

$$W_i = S_1 I_i = S_1(1+M_1)^2 |p_i|^2 / (\rho_1 c_1) \tag{7.2.10}$$

$$W_t = S_2 I_t = S_2(1+M_2)^2 |p_t|^2 / (\rho_2 c_2) \tag{7.2.11}$$

式中，I_i 和 p_i、I_t 和 p_t 分别为消声器进口处的入射声强和声压以及出口处的透射声强和声压；S_1、ρ_1、c_1、M_1 和 S_2、ρ_2、c_2、M_2 分别为消声器进口和出口处的横截面积、介质密度、声速和气流马赫数。值得注意的是，当气体流动方向与声波传播方向相同时，马赫数 M 取为正数，否则为负数。于是，消声器传递损失可以表示为

$$\mathrm{TL} = 20\lg\left[\left(\frac{S_1}{S_2}\right)^{1/2} \frac{1+M_1}{1+M_2}\left(\frac{\rho_2 c_2}{\rho_1 c_1}\right)^{1/2} \left|\frac{p_i}{p_t}\right|\right] \tag{7.2.12}$$

如果消声器进出口处的温度相同，则介质的特性阻抗也相同，式（7.2.12）简化为

$$\mathrm{TL} = 20\lg\left[\left(\frac{S_1}{S_2}\right)^{1/2} \frac{1+M_1}{1+M_2} \left|\frac{p_i}{p_t}\right|\right] \tag{7.2.13}$$

如果消声器进出口的横截面积也相同，则式（7.2.13）进一步简化为

$$\mathrm{TL} = 20\lg|p_i/p_t| \tag{7.2.14}$$

消声器的传递损失可以使用四极参数来表示。将消声器进出口间的声压和声质量速度表示成

$$\begin{Bmatrix} p_1 \\ v_1 \end{Bmatrix} = \begin{bmatrix} A & B \\ C & D \end{bmatrix} \begin{Bmatrix} p_2 \\ v_2 \end{Bmatrix} \tag{7.2.15}$$

声压和质点振速可以使用入射声压和反射声压来表示，即

$$p_1 = p_i + p_r \tag{7.2.16}$$

$$p_2 = p_t \tag{7.2.17}$$

$$u_1 = \frac{1}{\rho_1 c_1}(p_i - p_r) \tag{7.2.18}$$

$$u_2 = \frac{1}{\rho_2 c_2} p_t \tag{7.2.19}$$

将式（7.2.16）～式（7.2.19）代入式（7.2.15），可以得到

$$p_i = \frac{1}{2}\left[A + B\left(\frac{S_2}{c_2}\right) + C\left(\frac{c_1}{S_1}\right) + D\left(\frac{c_1}{S_1}\frac{S_2}{c_2}\right)\right]p_t \tag{7.2.20}$$

将式（7.2.20）代入式（7.2.12），得

$$\mathrm{TL} = 20\lg\left[\left(\frac{S_1}{S_2}\right)^{1/2}\frac{1+M_1}{1+M_2}\left(\frac{\rho_2 c_2}{\rho_1 c_1}\right)^{1/2}\frac{1}{2}\left|A + B\left(\frac{S_2}{c_2}\right) + C\left(\frac{c_1}{S_1}\right) + D\left(\frac{c_1}{S_1}\frac{S_2}{c_2}\right)\right|\right] \tag{7.2.21}$$

如果消声器进出口处的温度相同，进出口横截面积也相同，则式（7.2.21）简化为

$$\mathrm{TL} = 20\lg\left[\frac{1}{2}\left|A + B\left(\frac{S_1}{c_1}\right) + C\left(\frac{c_1}{S_1}\right) + D\right|\right] \tag{7.2.22}$$

如果把消声器进出口间的关系表示成

$$\begin{Bmatrix} p_1 \\ \rho_1 c_1 u_1 \end{Bmatrix} = \begin{bmatrix} T_{11} & T_{12} \\ T_{21} & T_{22} \end{bmatrix} \begin{Bmatrix} p_2 \\ \rho_2 c_2 u_2 \end{Bmatrix} \tag{7.2.23}$$

则消声器的传递损失表达式为

$$\mathrm{TL} = 20\lg\left[\left(\frac{S_1}{S_2}\right)^{1/2}\frac{1+M_1}{1+M_2}\left(\frac{\rho_2 c_2}{\rho_1 c_1}\right)^{1/2}\frac{|T_{11} + T_{12} + T_{21} + T_{22}|}{2}\right] \tag{7.2.24}$$

如果消声器进出口处的温度相同，且进出口横截面积也相同，则式（7.2.24）简化为

$$\mathrm{TL} = 20\lg\left(\frac{1}{2}|T_{11} + T_{12} + T_{21} + T_{22}|\right) \tag{7.2.25}$$

显然，传递损失与声源阻抗和管口辐射阻抗无关，只与消声器本体有关，因此传递损失在消声器声学性能的理论分析中被普遍使用。但是消声器传递损失的测量比较困难，因为需要测量管道内的入射声压和透射声压。

7.2.3 减噪量

减噪量定义为消声器进口和出口处的声压级之差（图7.2.3），即

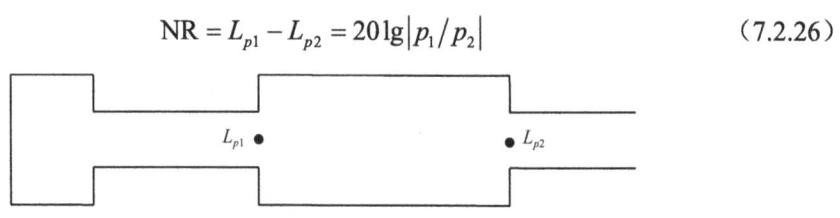

$$\mathrm{NR} = L_{p1} - L_{p2} = 20\lg|p_1/p_2| \tag{7.2.26}$$

图 7.2.3 消声器减噪量的定义

如果使用声压和声质量速度作为状态变量，则减噪量可以表示为

$$NR = 20\lg\left|\frac{Z_r A_1 + B_1}{Z_r A_2 + B_2}\right| \quad (7.2.27)$$

式中，A_1 和 B_1 为消声器进口到下游管道出口间传递矩阵的元素；A_2 和 B_2 为消声器出口到下游管道出口间传递矩阵的元素。

可以看出，减噪量不仅与消声器本体相关，还与管口辐射阻抗相关。需要注意的是，降噪量的测量仍然需要在管道内进行。

以上讨论的三个声学性能指标中，插入损失是评价消声器实际消声效果最合适的参数，它反映了安装消声器前后管口辐射声功率级之差。插入损失虽然容易测量，但是难以预测，因为它与声源阻抗和管口辐射阻抗相关。相比之下，传递损失易于预测，但是它只是消声器真实消声性能的一个近似参数。值得注意的是，当声源和管口为无反射时，消声器的插入损失和传递损失是相同的。减噪量虽然不要求知道噪声源信息，但仍然与管口辐射阻抗相关。

需要清楚的是，为预测插入损失所需要的声源阻抗一般需要通过实验的方法来确定，但是对于多数实际应用，这个过程所需付出的代价是比较高的。因此，在消声器设计时通常使用传递损失作为声学性能指标，但是需要对其近似有比较清晰的了解，而在现场测量时的最终评价仍然是插入损失测量结果。

7.3 管道及消声器中声传播计算方法

为计算消声器的声学性能，首先需要建立管道及消声器中声传播的计算方法，进而求出消声器、基本单元和整个管道消声系统的传递矩阵（四极参数）或进出口声学量之间的关系。具体计算方法可以分为两类：频域方法和时域方法。

频域方法是在频率域内求解满足边界条件的简谐声场控制方程。常用的方法有：基于平面波理论的传递矩阵法、三维解析方法和三维数值方法。基于平面波理论的传递矩阵法只适用于低频声学计算，即消声器内部不存在可传播的高阶模态，其优点是公式简单、计算速度快。三维解析方法适用于具有规则形状的消声器和声学结构，并且能够考虑三维波效应。三维数值方法主要包括有限元法和边界元法，其优点是不受几何形状限制，能够计算任意形状消声器或声学结构内部声场，缺点是需要进行离散化处理，数据准备工作量大、计算时间长。

时域方法是基于非稳态流体动力学模型，使用有限差分法或有限体积法求解流场控制方程以获得流体参数在时间域内的变化历程，然后使用快速傅里叶变换得到频率域内的相关参数。时域方法分为一维时域方法和三维时域方法。一维时域方法已经得到较为广泛的应用，这种方法不仅可以预测消声器中的声传播、传递损失、插入损失和尾管辐射噪声等，而且作为一个完整的进气系统—发动机—排气系统模拟，对于影响发动机和消声器性能的诸多因素，如：随空间位置变化的流速、平均压力和温度等都可以包括在计算模型中。但它在模拟计算时，需要假设进排气系统中的声波以平面波的形式传播，使得该方法的有效频率范围只限于平面波范围。三维时域方法应用于计算和分析消声器和声学元件的声学特性研究刚刚开始,与三维频域方法相比,三维时域方法的优点是可以考虑消声器、声学元件和管道系统内复杂流动和介质的黏滞性对声传播的影响,而且还可以模拟非线性效应;其缺点是计算时间过长,目前还很难应用于预测和分析实际消声器的声学性能。

7.4 管口辐射阻抗

辐射阻抗代表大气施加给管口的声辐射阻抗,它可以由管口处一个假想的活塞以均匀的速度 $\bar{u}$ 振动而产生的三维声场计算得到,于是辐射阻抗可表示为

$$Z_r = \bar{p}/\bar{v} \tag{7.4.1}$$

式中,$\bar{p}$ 为作用在活塞上的平均声压;$\bar{v} = \rho_0 S \bar{u}$ 为声质量速度。

辐射阻抗可以用反射系数 R 来表示,即

$$Z_r = Y\frac{1+R}{1-R} \tag{7.4.2}$$

式中,$Y = c/S$。反射系数 R 是复数,可以写成如下形式:

$$R = |R|\mathrm{e}^{\mathrm{j}\theta} \tag{7.4.3}$$

式中,$|R|$ 和 θ 分别为反射系数的幅值和相位角。相位角可以用端部修正来表示,端部修正可以看作是开口处流体负载产生的惯性效应而使管道增加的一段附加长度 δ,在该附加长度末端反射系数的相位角等于 π,即

$$R(\delta) = \frac{p^-(0)\mathrm{e}^{\mathrm{j}k^-\delta}}{p^+(0)\mathrm{e}^{-\mathrm{j}k^+\delta}} = |R|\mathrm{e}^{\mathrm{j}\theta}\mathrm{e}^{\mathrm{j}(k^++k^-)\delta} = |R|\mathrm{e}^{\mathrm{j}\pi} \tag{7.4.4}$$

由此得到相位角与端部修正之间的关系

$$\theta = \pi - (k^++k^-)\delta \tag{7.4.5}$$

式中,k^+ 和 k^- 分别代表顺流和逆流声波的波数,如果管道内没有介质流动,则 $k^+ = k^- = k$,反射系数可以写成如下形式:

$$R = |R|\mathrm{e}^{\mathrm{j}(\pi-2k\delta)} \tag{7.4.6}$$

对于出口与无限大刚性平板平齐的管道,当 $ka < 0.5$ 时(a 为管道半径),辐射阻抗可近似表示为

$$Z_r = Y\left(\frac{k^2a^2}{2} + \mathrm{j}0.85ka\right) \tag{7.4.7}$$

对于具有开口端的薄壁圆形管道,管口处的反射系数幅值 $|R|$ 和端部修正 δ 随 ka 的变化可表示成如下经验公式:

$$|R| = 1 + 0.01336ka - 0.59079(ka)^2 + 0.33576(ka)^3 - 0.06432(ka)^4, \quad ka < 1.5 \tag{7.4.8}$$

$$\delta/a = \begin{cases} 0.6133 - 0.1168(ka)^2, & ka < 0.5 \\ 0.6393 - 0.1104ka, & 0.5 \leqslant ka < 2 \end{cases} \tag{7.4.9}$$

当 $ka<0.5$ 时，辐射阻抗可近似表示为

$$Z_r = Y\left(\frac{k^2a^2}{4} + j0.6ka\right) \tag{7.4.10}$$

可见，在频率足够低（$ka<0.5$）时，声波由管口向自由空间辐射的声阻是向半无限空间辐射声阻的一半，向自由空间辐射的声抗也低于向半无限空间辐射的声抗。辐射声阻类比于电路理论中的电阻，对尾管端的声辐射起直接作用，辐射声抗导致了声压和声质量速度之间的相位差。

在工程设计中经常使用特殊形状的管端，使用解析方法很难求出管口的声辐射阻抗率，为此可以使用数值方法。边界元法是求解无限空间和半无限空间中声辐射问题最有效的方法，能够用于计算任意形状管口的反射系数和端部修正。

7.5 声 源 阻 抗

为计算消声器的插入损失，除了管道系统的四极参数和管口的辐射阻抗外，还需要获得噪声源的声阻抗率。声源阻抗的简化模型有三种：

（1）恒压声源，对应于 $Z_s = 0$；

（2）恒速声源，对应于 $Z_s = \infty$；

（3）无反射声源，对应于 $Z_s = \rho_0 c$。

然而，多数情况下使用上述三种简化的声源模型计算得到的消声器插入损失相差较大，为精确预测消声器的插入损失，需要获得真实的声源阻抗。

由于流体机械噪声源产生的机理极其复杂，且存在着诸多物理参数以及它们之间的相互影响，还有可能存在非线性效应，目前解析方法还不能用于求解声源阻抗，因此需要通过实验测量手段或数值模拟方法来提取声源阻抗。

通过实验测量获取声源阻抗不仅需要相应的测试仪器和设备，而且耗时长、代价高，尤其是内燃机声源阻抗的测量更为困难，这是因为内燃机进排气声源特性不仅与频率相关，而且还与转速及负载等相关，需要对每个工况进行测量，这将耗费大量时间。

数值模拟方法是替代实验手段获取声源阻抗的一种有效方法。近年来，随着内燃机工作过程数值模拟方法的进步，进排气系统内部压力波动的数值计算得以实现，相应的商业软件也已问世，并得到了广泛应用，进而可以计算出进排气系统内部任意位置处的声压和质点振速，于是可以结合两负载法或多负载法提取出进排气噪声源的声阻抗率。

7.6 传递矩阵法

传递矩阵法的基本思想是：把一个复杂的管道消声装置或系统划分成若干个基本声学单元，每个声学单元进出口间的关系使用传递矩阵来表示，将所有单元的传递矩阵相

乘即可获得整个系统的传递矩阵。进而,将获得的四极参数代入式(7.2.8)、式(7.2.21)和式(7.2.27)就可以计算得到消声器的插入损失、传递损失和减噪量。

图 7.6.1 为典型的抗性消声器基本单元,包括直管、外插进口膨胀、外插出口收缩、共振器、回流膨胀和回流收缩。

穿孔管单元在消声器中广泛使用,基本结构形式如图 7.6.2 所示,这些穿孔结构利用穿孔的阻抗来增加声能量的耗散,从而提高降噪效果。将这些基本穿孔单元和其他声学结构组合使用可形成多种形式的消声器,通过改变各单元长度、横截面积以及调节穿孔率等参数获得所需要的消声性能。

图 7.6.1 抗性消声器基本单元

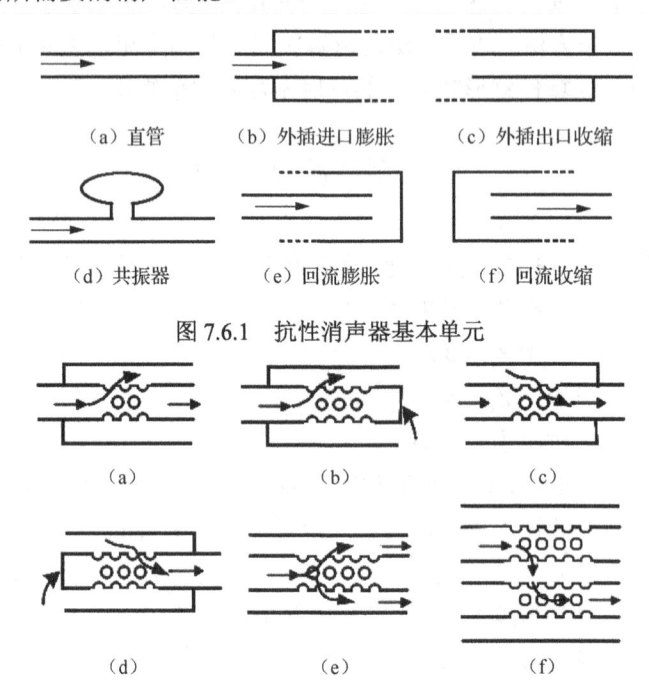

图 7.6.2 穿孔管单元

声学单元的传递矩阵是几何形状、介质特性、平均流速等的函数。下面推导一些基本单元的传递矩阵。

7.6.1 等截面直管

长度为 l 的等截面直管(图 7.6.3)内气体以均匀流马赫数 M 流动,声波以平面波的形式传播,进出口处的声压和质点振速可表示成

$$p_1 = p_1^+ + p_1^- \tag{7.6.1}$$

$$\rho_0 c u_1 = p_1^+ - p_1^- \tag{7.6.2}$$

$$p_2 = p_1^+ e^{-jkl/(1+M)} + p_1^- e^{jkl/(1-M)} \tag{7.6.3}$$

$$\rho_0 c u_2 = p_1^+ e^{-jkl/(1+M)} - p_1^- e^{jkl/(1-M)} \tag{7.6.4}$$

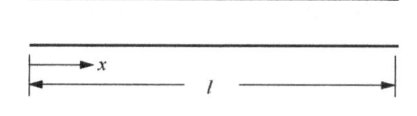

图 7.6.3 等截面管道

由式（7.6.3）和式（7.6.4）可以得到

$$p_1^+ = \frac{p_2 + \rho_0 c u_2}{2} e^{jkl/(1+M)} \tag{7.6.5}$$

$$p_1^- = \frac{p_2 - \rho_0 c u_2}{2} e^{-jkl/(1-M)} \tag{7.6.6}$$

将式（7.6.5）和式（7.6.6）代入式（7.6.1）和式（7.6.2），整理后得

$$p_1 = e^{-jMk_c l} \left(p_2 \cos k_c l + \rho_0 c u_2 j \sin k_c l \right) \tag{7.6.7}$$

$$\rho_0 c u_1 = e^{-jMk_c l} \left(p_2 j \sin k_c l + \rho_0 c u_2 \cos k_c l \right) \tag{7.6.8}$$

式中，$k_c = k/(1-M^2)$。式（7.6.7）和式（7.6.8）可以写成如下矩阵形式：

$$\begin{Bmatrix} p_1 \\ \rho_0 c u_1 \end{Bmatrix} = e^{-jMk_c l} \begin{bmatrix} \cos k_c l & j\sin k_c l \\ j\sin k_c l & \cos k_c l \end{bmatrix} \begin{Bmatrix} p_2 \\ \rho_0 c u_2 \end{Bmatrix} \tag{7.6.9}$$

如果使用声压和质点振速作为进出口处的变量，则有

$$\begin{Bmatrix} p_1 \\ \rho_0 S u_1 \end{Bmatrix} = e^{-jMk_c l} \begin{bmatrix} \cos k_c l & j(c/S)\sin k_c l \\ j(S/c)\sin k_c l & \cos k_c l \end{bmatrix} \begin{Bmatrix} p_2 \\ \rho_0 S u_2 \end{Bmatrix} \tag{7.6.10}$$

式中，S 为管道的横截面积。

7.6.2 截面突变结构

图 7.6.4 为几种常见的截面突变结构。由于简单的截面突扩和突缩结构可以看作是外插进口膨胀和外插出口收缩结构在插入长度 $l_3 = 0$ 时的特殊情况，所以下面只给出具有插入管的截面突变结构在面积不连续处的传递矩阵推导过程。

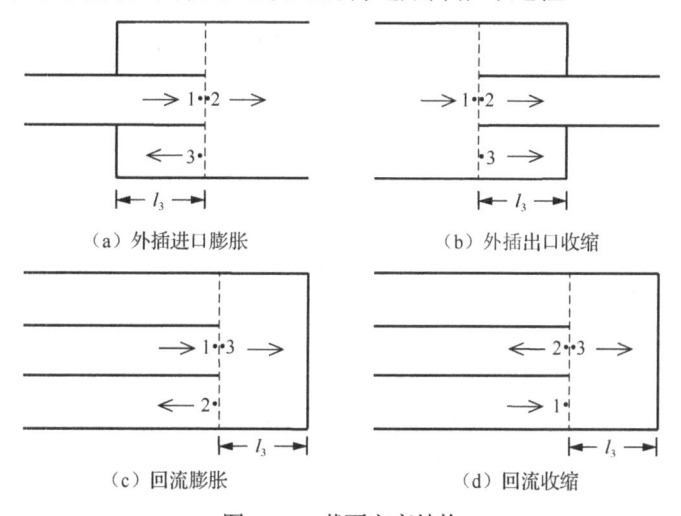

（a）外插进口膨胀　　　　（b）外插出口收缩

（c）回流膨胀　　　　　　（d）回流收缩

图 7.6.4 截面突变结构

假设在所有的管道内传播的声波均为平面波，在交界面处声压和声质量速度连续，即

$$p_1 = p_2 = p_3 \tag{7.6.11}$$

$$\rho_0 S_1 u_1 = \rho_0 S_2 u_2 + \rho_0 S_3 u_3 \tag{7.6.12}$$

对于封闭的端腔，如果端板的壁面是刚性的，则交界面上的声阻抗可表示为

$$Z_3 = p_3/(\rho_0 c u_3) = -\mathrm{j}\cot k l_3 \tag{7.6.13}$$

结合式（7.6.11）~式（7.6.13）可以得到

$$\begin{Bmatrix} p_1 \\ \rho_0 S_1 u_1 \end{Bmatrix} = \begin{bmatrix} 1 & 0 \\ \mathrm{j}(S_3/c)\tan k l_3 & 1 \end{bmatrix} \begin{Bmatrix} p_2 \\ \rho_0 S_2 u_2 \end{Bmatrix} \tag{7.6.14}$$

将上式中的四极参数代入式（7.2.21），得到该声学结构的传递损失为

$$\mathrm{TL} = 10\lg \frac{(S_1 + S_2)^2 + (S_3 \tan k l_3)^2}{4 S_1 S_2} \tag{7.6.15}$$

可见，这种截面突变结构在

$$k l_3 = (2n+1)\pi/2, \quad n = 0, 1, 2, \cdots \tag{7.6.16a}$$

或

$$l_3 = (2n+1)\lambda/4, \quad n = 0, 1, 2, \cdots \tag{7.6.16b}$$

时，传递损失达到无限大，也就是说，当封闭腔的长度为四分之一波长的奇数倍时产生共振。此时没有声能传播到下游，相当于等效电路中的短路。

对于简单截面突变结构（即 $l_3 = 0$），式（7.6.14）简化成

$$\begin{Bmatrix} p_1 \\ \rho_0 S_1 u_1 \end{Bmatrix} = \begin{bmatrix} 1 & 0 \\ 0 & 1 \end{bmatrix} \begin{Bmatrix} p_2 \\ \rho_0 S_2 u_2 \end{Bmatrix} \tag{7.6.17}$$

可见，简单截面突变结构的传递矩阵为单位矩阵，相应的传递损失为

$$\mathrm{TL} = 10\lg \frac{(S_1 + S_2)^2}{4 S_1 S_2} \tag{7.6.18}$$

因此，由两个直径不同的管道所形成的简单截面突扩和突缩结构的传递损失是相同的。管道横截面积突变是一种有效的声波反射单元，构成了反射型（抗性）消声器的基础。

7.6.3 侧支管道单元

主管道上旁接一个侧支管道也是一种典型的声波反射单元，如图 7.6.5 所示。假设主管道和侧支管道内均为轴向传播的平面波，忽略气体流动的影响，分叉处的声压和声质量速度连续性条件表示为

$$p_1 = p_2 = p_3 \tag{7.6.19}$$

$$\rho_0 S_1 u_1 = \rho_0 S_1 u_2 + \rho_0 S u_3 \tag{7.6.20}$$

对于侧支管道，将分叉处的声阻抗率表示为

$$Z_3 = p_3/(\rho_0 c u_3) \tag{7.6.21}$$

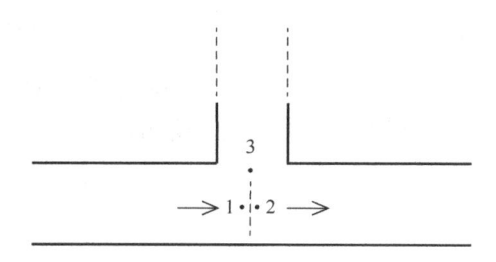

图 7.6.5 侧支管道单元

结合式（7.6.19）~式（7.6.21），可以得到

$$\begin{Bmatrix} p_1 \\ \rho_0 S_1 u_1 \end{Bmatrix} = \begin{bmatrix} 1 & 0 \\ (S/c)(1/Z_3) & 1 \end{bmatrix} \begin{Bmatrix} p_2 \\ \rho_0 S_1 u_2 \end{Bmatrix} \quad (7.6.22)$$

一旦分叉处的声阻抗率 Z_3 被获得，侧支管道单元的传递矩阵也就随之确定了。

7.7 典型抗性消声器

典型的抗性消声器有膨胀腔、回流腔、侧支共振器、亥姆霍兹共振器等，各种基本声学单元的合理组合便可形成满足使用要求的消声器。

7.7.1 膨胀腔

单级膨胀腔由一个进口管、一个出口管和一个空腔组成，如图 7.7.1 所示。

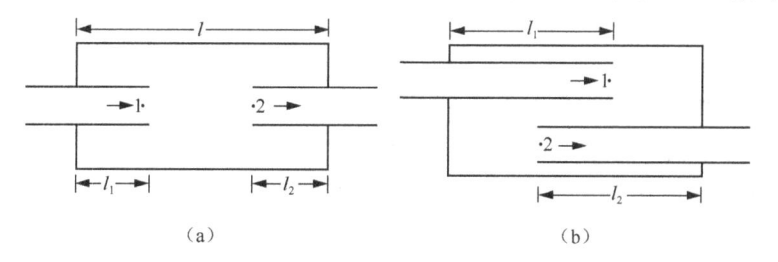

图 7.7.1 具有外插进出口的膨胀腔

为推导具有外插进出口膨胀腔的传递矩阵，可以将其划分成三个基本单元：一个外插进口截面突扩单元、一个等截面直管单元和一个外插出口截面突缩单元。具有外插进出口膨胀腔的传递矩阵即为这三个基本单元传递矩阵的乘积，即

$$[T] = \begin{bmatrix} 1 & 0 \\ j(S_a/c)\tan kl_a & 1 \end{bmatrix} \begin{bmatrix} \cos kl_b & j(c/S_b)\sin kl_b \\ j(S_b/c)\sin kl_b & \cos kl_b \end{bmatrix} \begin{bmatrix} 1 & 0 \\ j(S_c/c)\tan kl_c & 1 \end{bmatrix} \quad (7.7.1)$$

式中，对于图 7.7.1（a）所示的结构（即 $l_1 + l_2 < l$），$S_a = S - S_1$，$S_b = S$，$S_c = S - S_2$，$l_a = l_1'$，$l_b = l - l_1' - l_2'$，$l_c = l_2'$；对于图 7.7.1（b）所示的结构（即 $l_1 + l_2 > l$），$S_a = S - S_2$，$S_b = S - S_1 - S_2$，$S_c = S - S_1$，$l_a = l - l_2'$，$l_b = l_1' + l_2' - l$，$l_c = l - l_1'$。S_1、S_2 和 S 分别为进口管、出口管和膨胀腔的横截面积，$l_1' = l_1 + \delta_1$ 和 $l_2' = l_2 + \delta_2$ 分别为进口管和出口管插

入膨胀腔内的声学长度，δ_1 和 δ_2 分别是进口管和出口管的端部修正。

当进口管和出口管插入腔内的长度都为零时，我们称之为简单膨胀腔。对于简单膨胀腔，如果不考虑端部修正，则相应的传递矩阵简化为

$$[T] = \begin{bmatrix} \cos kl & j(c/S)\sin kl \\ j(S/c)\sin kl & \cos kl \end{bmatrix} \tag{7.7.2}$$

如果进出口的面积也相等，将上述四极参数代入式（7.2.22），得到简单膨胀腔的传递损失为

$$\mathrm{TL} = 10\lg\left[1 + \frac{1}{4}\left(m - \frac{1}{m}\right)^2 \sin^2 kl\right] \tag{7.7.3}$$

式中，$m = S/S_1$ 为膨胀比。可见，简单膨胀腔的传递损失是频率、膨胀腔长度和膨胀比的函数，且存在周期性的最大值和最小值。当 $kl = (2n+1)\pi/2$，$n = 0, 1, 2, \cdots$ 时，传递损失达到最大，

$$\mathrm{TL}_{\max} = 10\lg\left[1 + \frac{1}{4}\left(m - \frac{1}{m}\right)^2\right] \tag{7.7.4}$$

当 $kl = n\pi$，$n = 0, 1, 2, \cdots$ 时，传递损失最小，

$$\mathrm{TL}_{\min} = 0 \tag{7.7.5}$$

可见，简单膨胀腔存在周期性的通过频率，在此频率下传递损失为零。为改善简单膨胀腔的消声性能，通常将进口管和出口管插入膨胀腔内一定长度，形成具有外插进出口的膨胀腔。

考虑到管道消声系统的总体布置，有时将进出口放置在膨胀腔的侧面，形成了具有侧面进出口的膨胀腔，如图 7.7.2 所示。

假设进出口管道和膨胀腔内均为轴向平面波传播，使用与具有端面进出口的膨胀腔相同的处理方法，可以得到具有侧面进出口的膨胀腔的传递矩阵，其表达式与式（7.7.1）完全相同。其中，对于如图 7.7.2（a）所示的结构（即 $l_1 + l_2 < l$），$S_a = S_b = S$，$S_c = S - S_2$，$l_a = l_1$，$l_b = l - l_1 - l_2'$，$l_c = l_2'$；对于如图 7.7.2（b）所示的结构（即 $l_1 + l_2 > l$），$S_a = S_b = S - S_2$，$S_c = S$，$l_a = l - l_1$，$l_b = l_1 + l_2' - l$，$l_c = l - l_2'$；对于如图 7.7.2（c）所示的结构（即 $l_1 + l_2 < l$），$S_a = S - S_1$，$S_b = S_c = S$，$l_a = l_1'$，$l_b = l - l_1' - l_2$，$l_c = l_2$；对于如图 7.7.2(d)所示的结构（即 $l_1 + l_2 > l$），$S_a = S$，$S_b = S_c = S - S_1$，$l_a = l - l_1'$，$l_b = l_1' + l_2 - l$，$l_c = l - l_2$；对于如图 7.7.2（e）所示的结构（即 $l_1 + l_2 < l$），$S_a = S_b = S_c = S$，$l_a = l_1$，$l_b = l - l_1 - l_2$，$l_c = l_2$。S_1、S_2 和 S 分别为进气管、出气管和膨胀腔的横截面积，$l_1' = l_1 + \delta_1$ 和 $l_2' = l_2 + \delta_2$ 分别为进气管和出气管插入膨胀腔内的声学长度，δ_1 和 δ_2 分别是进气管和出气管的端部修正。

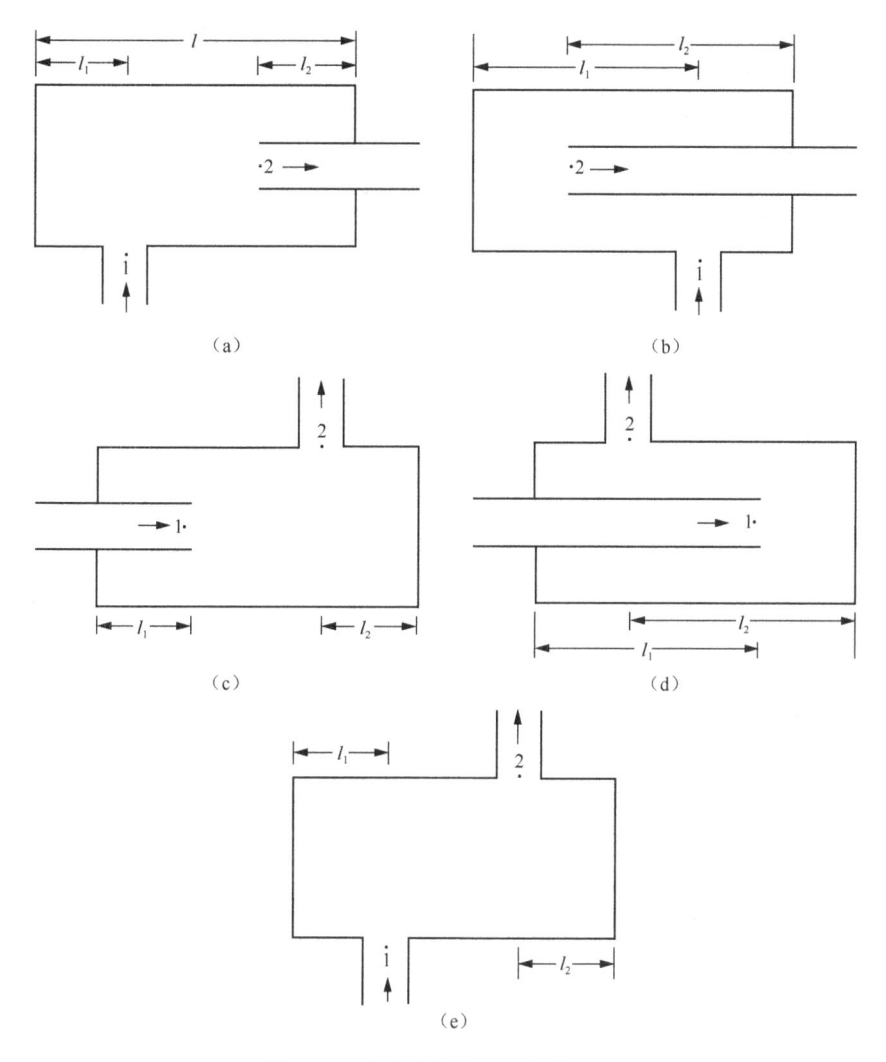

图 7.7.2 具有侧面进出口的膨胀腔

7.7.2 回流腔

复杂结构消声器中经常使用进出口管在同一侧的膨胀腔，即所谓的回流腔，如图 7.7.3 所示。为获得回流腔的传递矩阵，可采用与膨胀腔相同的处理方法，所得到的传递矩阵表达式也与式（7.7.1）完全相同。对于如图 7.7.3（a）所示的结构（即 $l_1 > l_2$），$S_a = S$，$S_b = S - S_1$，$S_c = S - S_1 - S_2$，$l_a = l - l_1'$，$l_b = l_1' - l_2'$，$l_c = l_2'$；对于如图 7.7.3（b）所示的结构（即 $l_1 < l_2$），$S_a = S - S_1 - S_2$，$S_b = S - S_2$，$S_c = S$，$l_a = l_1'$，$l_b = l_2' - l_1'$，$l_c = l - l_2'$。S_1、S_2 和 S 分别为进气管、出气管和腔体的横截面积，$l_1' = l_1 + \delta_1$ 和 $l_2' = l_2 + \delta_2$ 分别为进气管和出气管插入腔体内的声学长度，δ_1 和 δ_2 分别是进气管和出气管的端部修正。

(a)   (b)

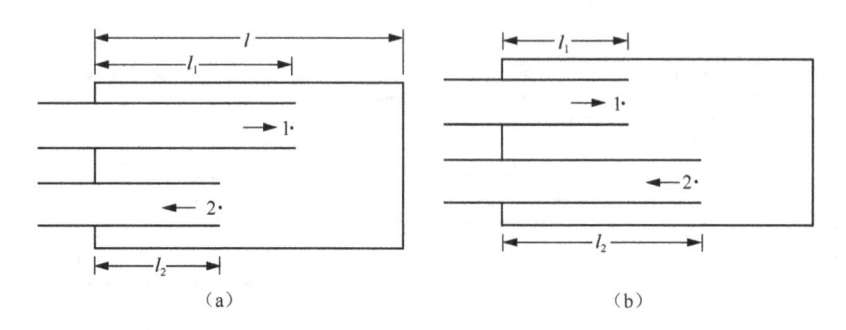

图 7.7.3 具有外插进出口的回流腔

对于简单回流腔（进出口插入长度均为零），如果不考虑端部修正，则相应的传递矩阵可简化为

$$[T] = \begin{bmatrix} 1 & 0 \\ j(S/c)\tan kl & 1 \end{bmatrix} \quad (7.7.6)$$

如果进出口管道的横截面积也相等，将上式中的四极参数代入式（7.2.22），得到简单回流腔的传递损失为

$$\text{TL} = 10\lg\left[1 + \frac{1}{4}m^2 \tan^2 kl\right] \quad (7.7.7)$$

式中，$m = S/S_1$ 为膨胀比。可见，简单回流腔的传递损失也是频率、膨胀腔长度和膨胀比的函数，且存在周期性的最大值和最小值。当

$$kl = (2n+1)\pi/2, \quad n = 0, 1, 2, \cdots \quad (7.7.8a)$$

或

$$l = (2n+1)\lambda/4, \quad n = 0, 1, 2, \cdots \quad (7.7.8b)$$

时，传递损失达到无限大，即发生共振。所以，简单回流腔也是一种四分之一波长共振器。当

$$kl = n\pi, \quad n = 0, 1, 2, \cdots \quad (7.7.9)$$

时，传递损失为零。所以，简单回流腔也存在周期性的通过频率。将进口管和出口管插入腔内一定长度，可有效地改善回流腔的消声性能。

7.7.3 侧支共振器

侧支共振器是由主管道和旁接的一个封闭管组成，如图 7.7.4 所示。由 7.6.3 节可知，为获得侧支共振器传递矩阵的解析表达式，需要求出分叉处的声阻抗率 $Z_3 = p_3/(\rho_0 c u_3)$。考虑到管道连接处的高阶模态损耗效应，使用修正的平面波理论和封闭端的刚性壁面边界条件，可以得到分叉处的阻抗为

$$Z_3 = -j\cot kl' \quad (7.7.10)$$

式中，$l' = l + \delta$ 为侧支管的声学长度；δ 为主管道和侧支管道相连接处的端部修正。将式（7.7.10）代入式（7.6.22）得

$$\begin{Bmatrix} p_1 \\ \rho_0 S_1 u_1 \end{Bmatrix} = \begin{bmatrix} 1 & 0 \\ j(S/c)\tan kl' & 1 \end{bmatrix} \begin{Bmatrix} p_2 \\ \rho_0 S_1 u_2 \end{Bmatrix} \quad (7.7.11)$$

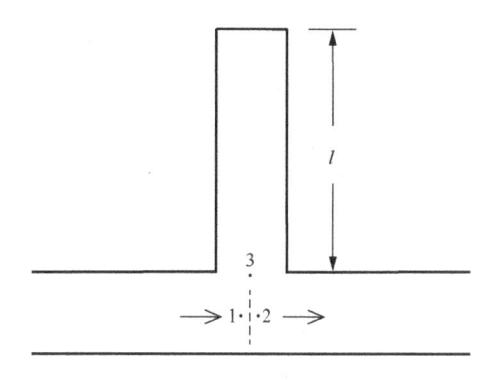

图 7.7.4 侧支共振器

将上述四极参数代入式（7.2.22），得到侧支共振器的传递损失为

$$\mathrm{TL} = 10\lg\left(1 + \frac{1}{4}m^2 \tan^2 kl'\right) \quad (7.7.12)$$

式中，$m = S_1/S$ 为侧支管道与主管道的横截面积之比。显然，侧支共振器在

$$kl' = (2n+1)\pi/2, \quad n = 0, 1, 2, \cdots \quad (7.7.13\mathrm{a})$$

或

$$l' = (2n+1)\lambda/4, \quad n = 0, 1, 2, \cdots \quad (7.7.13\mathrm{b})$$

时产生共振，即传递损失达到无限大。所以，侧支共振器通常也叫做四分之一波长共振器，共振频率为

$$f_r = (c/l')(2n+1)/4, \quad n = 0, 1, 2, \cdots \quad (7.7.14)$$

7.7.4 亥姆霍兹共振器

亥姆霍兹共振器是最典型的低频消声器，它是由主管道上旁接的一个细管（称为颈）和一个封闭空腔组成，如图 7.7.5 所示。为获得亥姆霍兹共振器传递矩阵的解析表达式，需要求出分叉处的声阻抗率 Z_3。

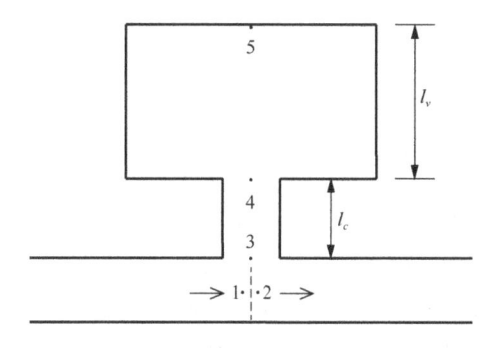

图 7.7.5 亥姆霍兹共振器

假设共振器的连接管（颈）和空腔内均为轴向平面波传播，则有

$$\begin{Bmatrix} p_3 \\ \rho S_c u_3 \end{Bmatrix} = \begin{bmatrix} \cos kl'_c & j(c/S_c)\sin kl'_c \\ j(S_c/c)\sin kl'_c & \cos kl'_c \end{bmatrix}$$

$$\times \begin{bmatrix} \cos kl_v & j(c/S_v)\sin kl_v \\ j(S_v/c)\sin kl_v & \cos kl_v \end{bmatrix} \begin{Bmatrix} p_5 \\ \rho S_v u_5 \end{Bmatrix} \quad (7.7.15)$$

式中，$l'_c = l_c + \delta_1 + \delta_2$ 为连接管（颈）的声学长度，δ_1 和 δ_2 分别为连接管与主管道和共振腔连接处的端部修正。式（7.7.15）结合空腔端板的刚性壁面边界条件 $u_5 = 0$，得

$$\frac{1}{Z_3} = j \frac{\tan kl'_c + (S_v/S_c)\tan kl_v}{1 - (S_v/S_c)\tan kl'_c \tan kl_v} \quad (7.7.16)$$

将式（7.7.16）代入式（7.6.22），得

$$\begin{Bmatrix} p_1 \\ \rho_0 S_1 u_1 \end{Bmatrix} = \begin{bmatrix} 1 & 0 \\ j\dfrac{S_c}{c} \dfrac{\tan kl'_c + (S_v/S_c)\tan kl_v}{1 - (S_v/S_c)\tan kl'_c \tan kl_v} & 1 \end{bmatrix} \begin{Bmatrix} p_2 \\ \rho_0 S_1 u_2 \end{Bmatrix} \quad (7.7.17)$$

将上式中的四极参数代入式（7.2.22），得到亥姆霍兹共振器的传递损失为

$$\mathrm{TL} = 10\lg\left\{1 + \left[\frac{S_c}{2S_1} \frac{\tan kl'_c + (S_v/S_c)\tan kl_v}{1 - (S_v/S_c)\tan kl'_c \tan kl_v}\right]^2\right\} \quad (7.7.18)$$

由此可见，亥姆霍兹共振器产生共振（即传递损失达到无限大）的条件是

$$1 - (S_v/S_c)\tan kl'_c \tan kl_v = 0 \quad (7.7.19)$$

如果频率很低，满足 $kl'_c \ll 1$ 和 $kl_c \ll 1$，上式可以近似为

$$kl'_c kl_v = S_c/S_v \quad (7.7.20)$$

于是，得到共振频率为

$$f_r = \frac{c}{2\pi}\sqrt{\frac{S_c}{l'_c V}} \quad (7.7.21)$$

式中，$V = S_v l_v$ 为空腔的体积。显然，亥姆霍兹共振器的共振频率是腔的体积、颈的长度和横截面积的函数。共振频率与颈的横截面积的平方根成正比，与颈的长度的平方根和腔的体积的平方根成反比。

7.8 直通穿孔管消声器

膨胀腔是使用最广泛的抗性消声器，能够在较宽的频带内获得良好的消声效果，其缺点是流动阻力损失高。为了降低气体流动阻力损失以及改善特定频率范围内的消声效果，可以使用穿孔管将其进出口连接起来，形成所谓的直通穿孔管消声器（或单通穿孔管消声器），如图 7.8.1 所示。这样声波可以通过中心管壁面上的小孔进入膨胀腔，然后在膨胀腔内来回反射实现消声。对于气流来说，穿孔管的引用相当于增加了一个引导桥，使气流能够较为顺利地通过，从而降低了流动阻力损失。中心管可以是全穿孔也可以是部分穿孔，鉴于方法的通用性，本节以部分穿孔的直通穿孔管消声器为例，推导其传递矩阵。

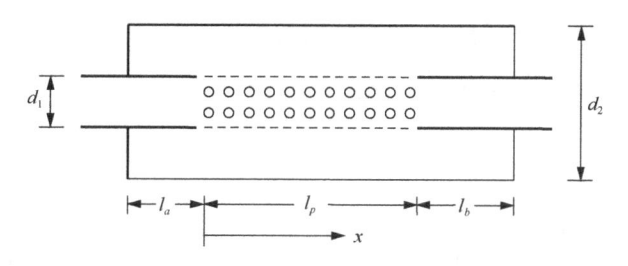

图 7.8.1 直通穿孔管消声器

直通穿孔管消声器内部的气流速度分布一般来说是不均匀的，为考虑速度梯度的影响，可采用分段处理，即将整个穿孔段划分成一些子段，在每个子段内假设流速是均匀的，通过下面的解析处理求出各个子段进出口间的传递矩阵，然后通过交界面处声压和质点振速的连续性条件获得整个穿孔段进出口间的传递矩阵，最后结合边界条件即可求出消声器的四极参数。为方便起见，在以下的推导中穿孔管和膨胀腔的截面形状均按圆形处理。

对于任一个穿孔子段，假设管内和腔内的气体流动都是均匀的，分别在管内和腔内取长度为 dx 的控制体，然后在控制体内对连续性方程（1.2.2）进行积分，并且应用散度定理得到

$$\frac{\partial}{\partial t}\int_{\Omega}\tilde{\rho}_i \mathrm{d}\Omega + \int_{\Gamma}\tilde{\rho}_i\tilde{u}_i \cdot n \mathrm{d}\Gamma = 0, \quad i=1,2 \tag{7.8.1}$$

式中，$\tilde{\rho}$ 是介质的密度；$\tilde{u}$ 是速度矢量；Ω 和 Γ 分别是控制体的体积和表面；n 是控制体表面上单位外法向矢量；下标 $i=1$ 和 2 分别代表穿孔管和膨胀腔。将式（7.8.1）分别应用于管内和腔内的控制体得到

$$\frac{\partial \tilde{\rho}_i}{\partial t} + \tilde{u}_i \frac{\partial \tilde{\rho}_i}{\partial x} + \tilde{\rho}_i \frac{\partial \tilde{u}_i}{\partial x} + \tilde{\rho}_i f_i = 0, \quad i=1,2 \tag{7.8.2}$$

式中，

$$f_1 = \frac{4}{d_1}v_1; \quad f_2 = -\frac{4d_{1e}}{d_2^2 - d_{1e}^2}v_2 \tag{7.8.3}$$

其中，v_1 和 v_2 分别为穿孔壁内侧和外侧的径向质点振速，d_1 和 $d_{1e}(=d_1+2t_w)$ 分别为穿孔管的内径和外径，t_w 为穿孔管的壁厚，d_2 为膨胀腔的内径。

类似地，在控制体积内对动量方程（1.2.3）进行积分得到

$$\int_{\Omega}\frac{\partial \tilde{u}_i}{\partial t}\mathrm{d}\Omega + \frac{1}{2}\int_{\Gamma}\tilde{u}_i \cdot \tilde{u}_i \mathrm{d}\Gamma + \int_{\Omega}\frac{1}{\tilde{\rho}_i}\nabla \tilde{p}_i \mathrm{d}\Gamma = 0, \quad i=1,2 \tag{7.8.4}$$

式中，$\tilde{p}$ 是介质的压强。于是方程（7.8.4）在 x 方向的分量为

$$\frac{\partial \tilde{u}_i}{\partial t} + \tilde{u}_i \frac{\partial \tilde{u}_i}{\partial x} + \frac{1}{\tilde{\rho}_i}\frac{\partial \tilde{p}_i}{\partial x} = 0, \quad i=1,2 \tag{7.8.5}$$

将 $\tilde{\rho}_i = \rho_0 + \rho_i$，$\tilde{p}_i = P_0 + p_i$，$\tilde{u}_i = U_i + u_i$ 代入方程（7.8.2）和方程（7.8.5），只保留声学

量的一次项，于是得到如下的线性化声学方程：

$$\frac{\partial \rho_i}{\partial t} + U_i \frac{\partial \rho_i}{\partial x} + \rho_0 \frac{\partial u_i}{\partial x} + \rho_0 f_i = 0, \quad i=1,2 \tag{7.8.6}$$

$$\rho_0 \frac{\partial u_i}{\partial t} + \rho_0 U_i \frac{\partial u_i}{\partial x} + \frac{\partial p_i}{\partial x} = 0, \quad i=1,2 \tag{7.8.7}$$

其中，符号"~"代表有声扰动时的物理量，ρ_0 和 P_0 分别为介质的时均密度和压强，U_1 和 U_2、ρ_1 和 ρ_2、p_1 和 p_2、u_1 和 u_2 分别代表穿孔管内和膨胀腔内的气体平均流速、密度变化量、声压和轴向质点振速。

穿孔管和膨胀腔内的声波满足的第三个方程即为等熵关系[式（1.2.8）]。此外，穿孔壁两侧的径向质点振速和声压之间的关系可以表示成

$$\upsilon_1 = K\upsilon_2 \tag{7.8.8}$$

$$(p_1 - p_2)/\upsilon_1 = \rho_0 c \zeta_p \tag{7.8.9}$$

式中，$K = d_{1e}/d_1$；ζ_p 为穿孔声阻抗率。

将式（1.2.8）、式（7.8.3）、式（7.8.8）和式（7.8.9）代入式（7.8.6），消去 ρ_i 和 υ_i 后得

$$\frac{1}{c^2}\frac{\partial p_1}{\partial t} + \frac{U_1}{c^2}\frac{\partial p_1}{\partial x} + \rho_0 \frac{\partial u_1}{\partial x} + \frac{4}{d_1}\frac{p_1 - p_2}{c\zeta_p} = 0 \tag{7.8.10a}$$

$$\frac{1}{c^2}\frac{\partial p_2}{\partial t} + \frac{U_2}{c^2}\frac{\partial p_2}{\partial x} + \rho_0 \frac{\partial u_2}{\partial x} - \frac{4d_1}{d_2^2 - d_{1e}^2}\frac{p_1 - p_2}{c\zeta_p} = 0 \tag{7.8.10b}$$

结合式（7.8.7）和式（7.8.10），消去变量 u_i 后得到管内和腔内的一维波动方程为

$$\frac{1}{c^2}\frac{\partial^2 p_1}{\partial t^2} + 2\frac{U_1}{c^2}\frac{\partial^2 p_1}{\partial t \partial x} - \left(1 - \frac{U_1^2}{c^2}\right)\frac{\partial^2 p_1}{\partial x^2}$$
$$+ \frac{4}{c\zeta_p d_1}\left(\frac{\partial p_1}{\partial t} + U_1\frac{\partial p_1}{\partial x} - \frac{\partial p_2}{\partial t} - U_1\frac{\partial p_2}{\partial x}\right) = 0 \tag{7.8.11a}$$

$$\frac{1}{c^2}\frac{\partial^2 p_2}{\partial t^2} + 2\frac{U_2}{c^2}\frac{\partial^2 p_2}{\partial t \partial x} - \left(1 - \frac{U_2^2}{c^2}\right)\frac{\partial^2 p_2}{\partial x^2}$$
$$- \frac{4d_1}{c\zeta_p(d_2^2 - d_{1e}^2)}\left(\frac{\partial p_1}{\partial t} + U_2\frac{\partial p_1}{\partial x} - \frac{\partial p_2}{\partial t} - U_2\frac{\partial p_2}{\partial x}\right) = 0 \tag{7.8.11b}$$

对于简谐声波，声压随时间变化的关系可以表示成

$$p(x,t) = p(x)e^{j\omega t} \tag{7.8.12}$$

将式（7.8.12）代入式（7.8.11），得到管内和腔内的一维声传播方程为

$$\begin{bmatrix} \partial^2/\partial x^2 + \alpha_1 \partial/\partial x + \alpha_2 & \alpha_3 \partial/\partial x + \alpha_4 \\ \alpha_5 \partial/\partial x + \alpha_6 & \partial^2/\partial x^2 + \alpha_7 \partial/\partial x + \alpha_8 \end{bmatrix} \begin{Bmatrix} p_1 \\ p_2 \end{Bmatrix} = \begin{Bmatrix} 0 \\ 0 \end{Bmatrix} \tag{7.8.13}$$

式中，

$$\alpha_1 = \frac{-2M_1}{1-M_1^2}\left(jk + \frac{2}{d_1 \zeta_p}\right) \tag{7.8.14a}$$

$$\alpha_2 = \frac{1}{1-M_1^2}\left(k^2 - \frac{4jk}{d_1\zeta_p}\right) \tag{7.8.14b}$$

$$\alpha_3 = \frac{1}{1-M_1^2}\frac{4M_1}{d_1\zeta_p} \tag{7.8.14c}$$

$$\alpha_4 = \frac{1}{1-M_1^2}\frac{4jk}{d_1\zeta_p} \tag{7.8.14d}$$

$$\alpha_5 = \frac{M_2}{1-M_2^2}\frac{4d_1}{(d_2^2-d_{1e}^2)\zeta_p} \tag{7.8.14e}$$

$$\alpha_6 = \frac{1}{1-M_2^2}\frac{4jkd_1}{(d_2^2-d_{1e}^2)\zeta_p} \tag{7.8.14f}$$

$$\alpha_7 = -\frac{2M_2}{1-M_2^2}\left[jk + \frac{2d_1}{(d_2^2-d_{1e}^2)\zeta_p}\right] \tag{7.8.14g}$$

$$\alpha_8 = \frac{1}{1-M_2^2}\left[k^2 - \frac{4jkd_1}{(d_2^2-d_{1e}^2)\zeta_p}\right] \tag{7.8.14h}$$

式中，M_1 和 M_2 分别为管内和腔内的平均流马赫数。式（7.8.13）是耦合方程，即管内的声传播方程中含有 p_2，腔内的声传播方程中含有 p_1，可以通过解耦处理来求式（7.8.13）的解。令

$$y_1 = p_1', \quad y_2 = p_2', \quad y_3 = p_1, \quad y_4 = p_2 \tag{7.8.15}$$

式中，符号"'"代表关于坐标 x 的微分 $(\partial/\partial x)$。将式（7.8.15）代入方程（7.8.13）可以得到如下线性方程组：

$$\{y'\} = [B]\{y\} \tag{7.8.16}$$

式中，

$$\{y\} = \{y_1, \quad y_2, \quad y_3, \quad y_4\}^{\mathrm{T}} \tag{7.8.17}$$

$$[B] = \begin{bmatrix} -\alpha_1 & -\alpha_3 & -\alpha_2 & -\alpha_4 \\ -\alpha_5 & -\alpha_7 & -\alpha_6 & -\alpha_8 \\ 1 & 0 & 0 & 0 \\ 0 & 1 & 0 & 0 \end{bmatrix} \tag{7.8.18}$$

上标 T 代表转置。令

$$\{y\} = [\varPsi]\{\varPhi\} \tag{7.8.19}$$

式中，$[\varPsi]$ 是系数矩阵 $[B]$ 的本征向量所组成的矩阵，它的列是矩阵 $[B]$ 的一组本征向量；$\{\varPhi\}$ 是一组转换向量或广义坐标向量。将式（7.8.19）代入式（7.8.16）得

$$\{\varPhi'\} = [\varPsi]^{-1}[B][\varPsi]\{\varPhi\} \equiv [\varLambda][\varPhi] \tag{7.8.20}$$

式中，$[\varLambda]$ 是由系数矩阵 $[B]$ 的本征值 λ 所组成的对角矩阵。于是，方程（7.8.20）的解可以写成

$$\{\varPhi\} = \{C_1 e^{\lambda_1 x},\ C_2 e^{\lambda_2 x},\ C_3 e^{\lambda_3 x},\ C_4 e^{\lambda_4 x}\}^{\mathrm{T}} \tag{7.8.21}$$

将式（7.8.21）代入式（7.8.19）得

$$\{y\} = [\varPsi]\{C_1 e^{\lambda_1 x},\ C_2 e^{\lambda_2 x},\ C_3 e^{\lambda_3 x},\ C_4 e^{\lambda_4 x}\}^{\mathrm{T}} \tag{7.8.22}$$

考虑到声压和质点振速随时间变化的简谐关系，式（7.8.7）变成

$$\rho_0 c \left(M_i \frac{\partial u_i}{\partial x} + jk u_i \right) = -p_i',\quad i=1,2 \tag{7.8.23}$$

由式（7.8.22）和式（7.8.23）可以得到管内和腔内的质点振速表达式为

$$\rho_0 c u_i = -\sum_{m=1}^{4} \frac{\varPsi_{im} C_m e^{\lambda_m x}}{jk + M_i \lambda_m},\quad i=1,2 \tag{7.8.24}$$

将式（7.8.22）的后两行和式（7.8.24）写成如下矩阵形式：

$$\begin{Bmatrix} p_1 \\ \rho_0 c u_1 \\ p_2 \\ \rho_0 c u_2 \end{Bmatrix} = [D(x)]\begin{Bmatrix} C_1 \\ C_2 \\ C_3 \\ C_4 \end{Bmatrix} \tag{7.8.25}$$

式中，

$$[D(x)] = \begin{bmatrix} \varPsi_{31} e^{\lambda_1 x} & \varPsi_{32} e^{\lambda_2 x} & \varPsi_{33} e^{\lambda_3 x} & \varPsi_{34} e^{\lambda_4 x} \\ \dfrac{-\varPsi_{11} e^{\lambda_1 x}}{jk+M_1\lambda_1} & \dfrac{-\varPsi_{12} e^{\lambda_2 x}}{jk+M_1\lambda_2} & \dfrac{-\varPsi_{13} e^{\lambda_3 x}}{jk+M_1\lambda_3} & \dfrac{-\varPsi_{14} e^{\lambda_4 x}}{jk+M_1\lambda_4} \\ \varPsi_{41} e^{\lambda_1 x} & \varPsi_{42} e^{\lambda_2 x} & \varPsi_{43} e^{\lambda_3 x} & \varPsi_{44} e^{\lambda_4 x} \\ \dfrac{-\varPsi_{21} e^{\lambda_1 x}}{jk+M_2\lambda_1} & \dfrac{-\varPsi_{22} e^{\lambda_2 x}}{jk+M_2\lambda_2} & \dfrac{-\varPsi_{23} e^{\lambda_3 x}}{jk+M_2\lambda_3} & \dfrac{-\varPsi_{24} e^{\lambda_4 x}}{jk+M_2\lambda_4} \end{bmatrix} \tag{7.8.26}$$

于是，可以得到穿孔子段两端（$x=x_i$ 和 $x=x_{i+1}$）处的声压和质点速度间的关系式为

$$\begin{Bmatrix} p_1(x_i) \\ \rho_0 c u_1(x_i) \\ p_2(x_i) \\ \rho_0 c u_2(x_i) \end{Bmatrix} = [R_i]\begin{Bmatrix} p_1(x_{i+1}) \\ \rho_0 c u_1(x_{i+1}) \\ p_2(x_{i+1}) \\ \rho_0 c u_2(x_{i+1}) \end{Bmatrix} \tag{7.8.27}$$

式中，$[R_i] = [D(x_i)][D(x_{i+1})]^{-1}$。如果整个穿孔段划分成 n 个子段，则可以得到穿孔段两端（$x=0$ 和 $x=l_p$）处的声压和质点速度间的关系式：

$$\begin{Bmatrix} p_1(0) \\ \rho_0 c u_1(0) \\ p_2(0) \\ \rho_0 c u_2(0) \end{Bmatrix} = [R]\begin{Bmatrix} p_1(l_p) \\ \rho_0 c u_1(l_p) \\ p_2(l_p) \\ \rho_0 c u_2(l_p) \end{Bmatrix} \tag{7.8.28}$$

式中，$[R] = [R_1][R_2]\cdots[R_n]$。

为了获得消声器进出口间的传递矩阵，需要消去 p_2 和 u_2。由于膨胀腔内穿孔段两侧的空腔内没有气体流动，结合端板的刚性壁边界条件可以得到

$$\rho_0 c u_2(0)/p_2(0) = -\mathrm{j} \tan k l_a \tag{7.8.29}$$

$$\rho_0 c u_2(l_p)/p_2(l_p) = \mathrm{j} \tan k l_b \tag{7.8.30}$$

最后，结合式（7.8.28）～式（7.8.30）得到消声器进出口间的关系式：

$$\begin{Bmatrix} p_1(0) \\ \rho_0 c u_1(0) \end{Bmatrix} = \begin{bmatrix} T_{11} & T_{12} \\ T_{21} & T_{22} \end{bmatrix} \begin{Bmatrix} p_1(l_p) \\ \rho_0 c u_1(l_p) \end{Bmatrix} \tag{7.8.31}$$

式中，

$$T_{mn} = R_{mn} - \frac{(R_{m3} + \mathrm{j} R_{m4} \tan k l_b)(R_{4n} + \mathrm{j} R_{3n} \tan k l_a)}{R_{43} + \mathrm{j} R_{44} \tan k l_b + \mathrm{j} \tan k l_a (R_{33} + \mathrm{j} R_{34} \tan k l_b)}, \quad m, n = 1, 2 \tag{7.8.32}$$

考虑如图 7.8.1 所示的全穿孔的直通穿孔管消声器，具体尺寸为：穿孔管内径 d_1=49.0mm，壁厚 t_w=0.9mm，穿孔直径 d_h=4.98mm，穿孔率 ϕ=8.4%，膨胀腔长度和直径分别为 l=257.2mm 和 d_2=164.4mm。声速为343m/s。

图 7.8.2 为使用一维平面波理论计算得到的传递损失结果与实验测量结果的比较。可以看出，一维解析法计算结果与实验测量结果在低频吻合良好，随着频率的升高，二者间的差异逐渐增大，超过平面波截止频率，一维平面波理论失效。

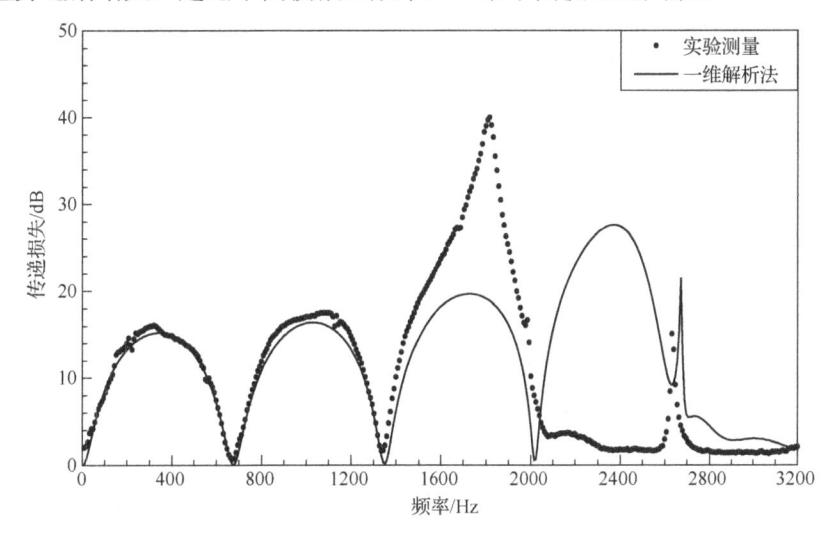

图 7.8.2 直通穿孔管消声器的传递损失

习　题

7.1　如图 7.7.2 所示的 5 种膨胀腔，进出口管道直径 d=48.6mm，膨胀腔直径和长度分别为 D=173.2mm 和 l=282.3mm，进出口管道插入长度或离端板距离分别为 l_1=60mm 和 l_2=120mm。使用一维解析方法（不考虑端部修正）计算室温下膨胀腔的传递损失，分析进出口管道插入长度或离端板距离对消声性能的影响。

7.2 如图 7.7.5 所示的圆形管道上安装的亥姆霍兹共振器，具体尺寸为：主管道直径 d_p=48.6mm，颈的直径和长度分别为 d_c=40.4mm 和 l_c=85.0mm，腔的直径和长度分别为 d_v=153.2mm 和 l_v=244.2mm。使用修正的一维解析方法计算 60~120Hz 频率范围内的传递损失，分析端部修正对共振频率的影响。

7.3 如图 1 所示的干涉式消声器，主管道长度为 l，旁支管道长度为 l_1，主管道和旁支管道的横截面积相等。假设主管道和旁支管道内均为轴向平面波传播，试推导该消声器的传递损失和共振频率计算公式。

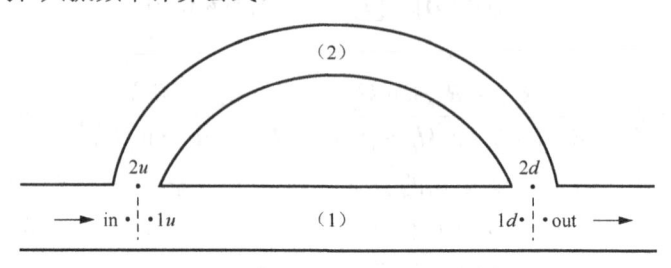

图 1 干涉式消声器

7.4 使用传递矩阵法计算如图 2 所示的圆形同轴膨胀腔在 2000Hz 以内的传递损失，讨论有无吸声材料填充时消声器的消声特性。已知 d=48.6mm，D=173.2mm，l=282.3mm，l_1=60mm，l_2=120mm，c=344m/s，吸声材料的波数和特性阻抗表达式为 $\tilde{k}/k = 1 + 53.991 f^{-0.6663} - j61.85 f^{-0.6465}$，$\tilde{z}/z_0 = 1 + 42.169 f^{-0.7295} - j20.66 f^{-0.5429}$。

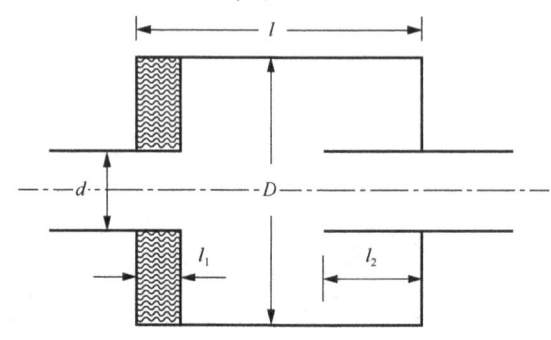

图 2 圆形同轴膨胀腔消声器

第8章 内燃机噪声及其控制

内燃机所产生的噪声,按其辐射方式可以分为气体动力性噪声和由于内燃机部件的振动,最终通过内燃机表面向外辐射噪声两类[11]。内燃机表面辐射噪声又分为燃烧噪声和机械噪声,燃烧噪声和机械噪声很难严格区分,因为机械噪声也是由于内燃机气缸内燃烧间接激发的噪声。为了研究的方便,把由于气缸内燃烧所形成的压力振动通过缸盖—活塞—连杆—曲轴—机体向外辐射的噪声称为燃烧噪声。把活塞对缸套的敲击、正时齿轮、配气机构、喷油系统等运动件之间机械撞击所产生的振动激发的噪声称为机械噪声。

8.1 气体动力噪声

内燃机的气体动力噪声主要包括进气噪声、排气噪声和风扇噪声。这是由于进气、排气和风扇旋转时引起了气体压力的剧变而产生的噪声,这部分噪声直接向内燃机周围的空气中辐射。在没有进排气消声器时,排气噪声是内燃机最大的噪声源,进气噪声次之。风扇噪声在风冷内燃机上往往是主要噪声源之一。

8.1.1 排气噪声

1. 排气噪声产生机理

内燃机排气开始时,燃气温度约为 800~1000℃,压力达到几十甚至上百千帕。当内燃机排气阀打开时废气以脉冲的形式从缝隙中冲出,形成能量很高、频谱复杂的噪声。噪声频率成分可从几十赫兹到一万赫兹以上,是一种宽频带的噪声。结构不同的内燃机,随着气缸数、燃烧室形状、燃料的种类、内燃机转速等的不同,其排气噪声将会有不同形状的频谱。

多缸内燃机的排气噪声是由以下几种原因形成的,即基频噪声和谐频噪声、气柱共振噪声、涡流噪声、喷注噪声、紊流噪声、亥姆霍兹共振噪声等。

(1) 基频噪声是由于内燃机每一缸的排气门开启时,气缸内的高压燃气突然喷出,高速气流冲击到排气阀后面的气体,使其产生压力剧变而形成压力波,从而激发出噪声。由于各气缸排气是在指定的相位上周期性地进行,因而这是一种周期性的噪声。基频显然和每秒钟的排气次数,即和爆发频率是相同的,故基频的计算公式为

$$f_1 = \frac{nZ}{60\tau} \tag{8.1.1}$$

式中, n 为内燃机转速(转/分); Z 为气缸数; τ 为冲程系数(四冲程内燃机 $\tau=2$,二冲程内燃机 $\tau=1$)。这种周期性的压力波,除了基频 f_1 以外,还存在着一些频率为 f_1 整

数倍的谐波成分。由周期性信号展开为傅里叶级数的一般规律可知，随着谐频阶数的增高，其噪声强度将迅速降低。

Z/τ 称为阶次，对于四缸四冲程内燃机来讲，基频噪声称为 2 阶次噪声，2 次谐频为 4 阶次。

（2）当内燃机排气阀关闭时，从气门经排气道、排气管到大气，形成一条一端封闭（气门端）、一端敞开（大气端）的气柱，其出口处的声阻抗率为

$$Z = jS\rho_0 c \cot kl \tag{8.1.2}$$

式中，S 为管道的横截面积；ρ_0 为气体密度；c 为声速；l 为气柱长度；k 为波数。

当

$$f = (2n-1)c/(4l), \quad n=1, 2, 3, \cdots \tag{8.1.3}$$

时，$Z=0$。此时管内将产生共振，激发出频率为 f 的气柱共振噪声。若

$$f = nc/(2l) \tag{8.1.4}$$

则 $Z \to \infty$。此时，管内将产生反共振，使频率为 f 的噪声得到衰减。

多缸内燃机中，当某一缸的排气阀打开时，便能激发起其他气道的气柱共振。事实上，气柱共振频率不仅与气柱长度相关，还与排气系统中的气体流动有关。

（3）当内燃机工作时，可以近似地认为，任何时刻都只有一个气缸中废气大量排出，其余的各缸是关闭的。假定某一气缸废气大量排出，当气流流向总管时，也会吹向其他各气道的开口端，并且气流速度也随着曲轴转角发生大幅度的变化。当气流吹至气道口处的"唇"部时，便会产生一种周期性的涡流。这种涡流将使歧管内气体产生压力波动，从而激发出噪声，这种噪声称为"唇"音。如果这种压力波动的频率恰好在使管口附近的声阻抗率 Z 为最小的频率上，则管内将发生共振，激发出噪声。"唇"部附近产生的周期性涡流频率（单位为 Hz）为

$$f = S_t \frac{v}{d} \tag{8.1.5}$$

式中，S_t 为施特鲁哈尔数；v 为废气流经管口时的流速；d 为气道口径。

由式（8.1.5）可见，"唇"音的频率将随着气流速度的变化而变化。由于排气过程中 v 随曲轴转角不断变化，因而按式（8.1.5）计算得到的频率总有一些气流速度符合各气道管路的共振条件，而辐射出频率 $f = (2n-1)c/(4l)$ 的噪声。

内燃机排气噪声中的高频噪声主要是由喷注噪声、高速气流与气道壁面摩擦产生的紊流噪声所形成，一般在 2000～4000Hz 有强度很高的噪声。

（4）当内燃机排气门打开时，气缸与排气道、排气管就组成一个亥姆霍兹共振器，如图 8.1.1 所示。由第 7 章内容可知，亥姆霍兹共振频率仅取决于气缸容积以及排气管的长度和截面积。排气噪声中与共振频率一致的频率成分在这个共振器中得到充分放大，于是排气噪声频谱中的这一频率就显得很突出。

亥姆霍兹共振噪声的最大特点是，其频率与内燃机转速无关，但必须注意，共振频率随气缸工作容积而变。例如，排气过程中随着活塞的上行，共振频率逐渐升高。因此，噪声频谱中对应于亥姆霍兹共振频率的峰值比较宽。

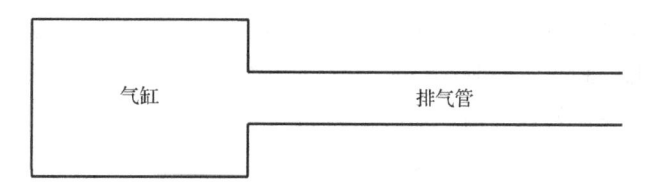

图 8.1.1　气缸和排气管构成的亥姆霍兹共振器模型

亥姆霍兹共振噪声在单缸机中表现得最为突出，在两缸机和三缸机中也能发现，但在四缸以上的多缸机中，由于各缸之间相互干扰，同时排气歧管、总管较长，故这类噪声不突出。

2. 影响排气噪声的主要因素

（1）排气压力和转速的影响。研究表明，排气时气缸内的压力和转速对排气噪声的影响最大。排气压力和转速越低，压力变化率就越小，因而排气噪声越低。

（2）负荷的影响。在转速不变的情况下，排气噪声随输出功率的降低而降低，但其变化规律在柴油机和汽油机中略有不同。在柴油机中，每个循环吸入的空气量与负荷无关，但喷入的燃料随负荷而变，因而产生的废气量和放出的热量也随负荷而变化。负荷降低时，不仅废气量减少，而且较低的废气温度又使排气体积流量减少，因而排气噪声降低。在汽油机中，功率降低时不仅每个工作循环喷入的燃油降低，而且吸入的空气量也降低，因此排气噪声比柴油机降低得更多。

（3）涡轮增压对排气噪声有较大的影响。采用涡轮增压后，由于排气阀开启瞬间所产生的噪声通过涡轮之后能量有所衰减，特别是基频噪声降低明显，但是高速旋转的涡轮产生强度很高的高频叶片噪声和涡流噪声，与排气阀开闭所产生的噪声一道向排气口传播并向外辐射。四冲程柴油机当采用增压之后，原来非增压时的低频部分噪声有所降低，但高频噪声大幅度增加，结果使总的排气噪声比非增压时高。

3. 排气噪声控制方法

控制内燃机的排气噪声可以对噪声源本身采取措施，即从噪声源机理分析入手，采取相应的对策，但这些措施往往又要涉及排气系统，如凸轮轴、气阀机构以及气缸盖的设计，而这些又要影响到内燃机的其他方面的性能，因而需要综合考虑。此外，仅靠从噪声源本身采取措施，其降噪量是很有限的。目前最有效、最简单的措施就是采用排气消声器。

内燃机排气消声器设计的一般程序是：在相应的使用条件下给出噪声控制要求，确定排气噪声必需的消声频率特性，根据使用要求和必需的消声频率特性确定消声器的结构方案，进行设计、计算、制造、试验和改进。

内燃机排气噪声是一种宽频带噪声。内燃机排气消声器主要是由声波反射和声能吸收单元组成，它们对不同频率的噪声有不同的消声性能。因此，在设计消声器时，必须知道在各个频率成分上所必需的消声量,即所需的消声频率特性。为使内燃机排气噪声在各种工况下都能得到有效控制,还应当测定内燃机在各种工况下的噪声频谱,并将这些频谱图的外包络线作为设计消声器的依据。

内燃机排气消声器的主要要求如下:

(1) 消声性能。消声器的消声频率特性要尽可能与必需的消声量频率特性相一致。消声器消声性能的实际评价指标是插入损失。

(2) 空气动力性能。消声器的空气动力性能可以用阻力损失来评价。阻力损失通常用消声器入口和出口的静压差来表示。阻力损失越大,消声器消耗内燃机的功率就越大,同时阻力损失大也将造成排气背压和排气温度的升高。如果消声器的结构不合理或过于复杂,将导致气流阻力增大,从而使内燃机整机的功率减小,比油耗增高。为考查排气消声器对内燃机性能的影响,可以采用功率损失比来评价。消声器的功率损失比定义为内燃机在标定工况下不使用消声器时的功率与使用消声器时的功率之差和不使用消声器时的功率的百分比。

(3) 材料性能。内燃机排气管道中的废气温度可达数百度,且含有烟雾、炭粒、焦油和水分等,因此制造排气消声器的材料应当耐高温、耐腐蚀。

(4) 机械性能。由于消声器要承受发动机传来的振动和排气压力波的脉动压力,因此接口、焊缝应牢固可靠,以保证有较长的使用寿命。此外,消声器的壳体及内部隔板刚度要好,以防激发强烈的振动,辐射出噪声。

(5) 造型美观,结构简单,工艺性好,成本低。

下面介绍几种典型的内燃机排气消声器结构[6]。

1) 汽车排气消声器

汽车发动机在低转速时排气噪声以低频和中频成分为主,随着转速的提高,高频噪声逐渐增强,因此,排气消声器需要在整个转速范围内获得满足要求的降噪效果。汽车排气消声器的结构形式多种多样,图 8.1.2 和图 8.1.3 为两种典型结构。对于图 8.1.2 所示的三通穿孔管阻抗复合式消声器,两侧端腔与两根管构成两个亥姆霍兹共振器,用于消减发动机的基频噪声;中间腔为膨胀腔,用于降低中频噪声;吸声材料用于改善中高频消声效果,且能抑制气流再生噪声的产生。图 8.1.3 是一种双模式消声器,其内部安装了一个阀门。发动机在低转速时,阀门关闭,低频消声效果好。当发动机转速高时,在气流的冲击下,阀门被打开,此时空气流动阻力减小,因此发动机的排气背压和功率损失降低。双模式消声器另外一个益处是能够降低消声器内的气流再生噪声。我们知道,当发动机转速高时,废气流量大,消声器内的气体流速高、流动复杂,易于产生涡流,因而会产生较强的气流再生噪声。即使消声器对上游传来的气体动力噪声具有很好的消声效果,但是由于消声器内部气流再生噪声的产生会使总体消声效果变差,严重时不仅不能消声,还有可能会成为新的噪声源。使用双模式消声器能够降低发动机高转速时消声器内的气体流动速度,因而降低了气流噪声,改善了总体消声效果。

图 8.1.2 三通穿孔管阻抗复合式消声器

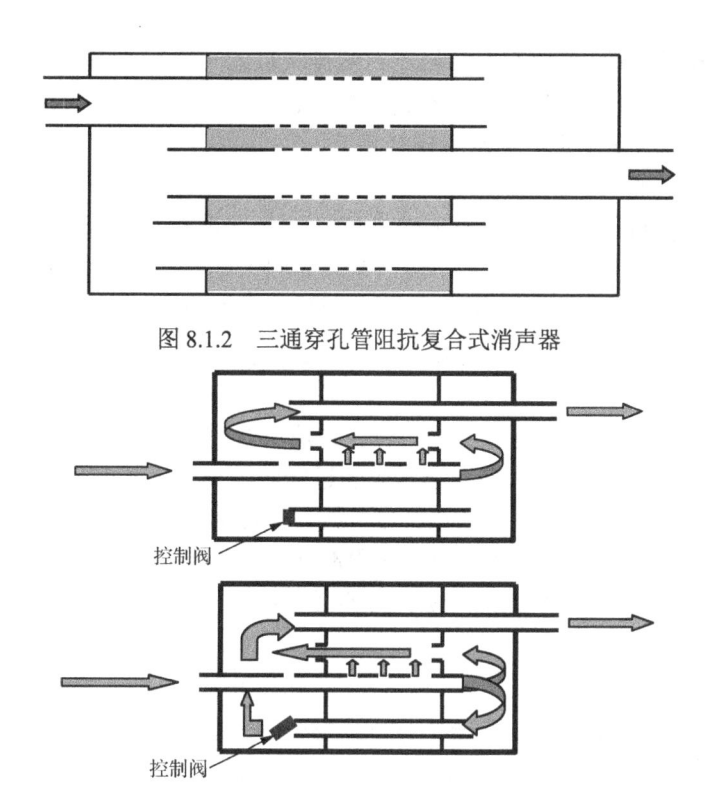

图 8.1.3 双模式消声器

2）柴油机排气消声器

柴油机的功率范围很广，转速范围也各不相同。柴油机排气噪声通常以中低频为主，对于涡轮增压柴油机，高频噪声成分也很强，这是因为涡轮增压器中涡轮的高速旋转产生了很强的气动噪声，这一噪声与柴油机排气噪声一道在排气管道中传播，并在管口向外辐射，从而形成很强的排气辐射噪声。由于不同类型的柴油机排气噪声的频谱各不相同，而且使用条件和性能指标要求也各不相同，所以柴油机排气消声器的结构形式也多种多样，图 8.1.4 为一种典型的柴油机排气消声器。为改善高频消声效果，通常需要在膨胀腔内部或中间连接管内部贴敷吸声材料，并使用穿孔板（或管）加以保护，形成阻抗复合式消声器。

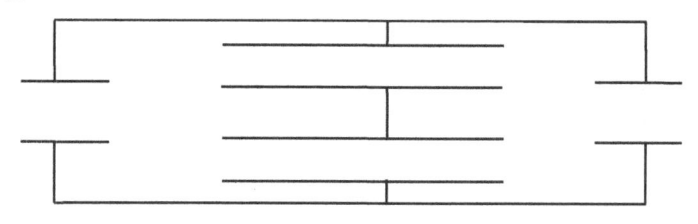

图 8.1.4 双级膨胀腔消声器

3）柴油机排气冷却消声器

涡轮增压柴油机是潜艇的主要原动力装置，为满足潜用要求，柴油机上需要配备大容积的排气冷却消声器,安装在柴油机左右两排气缸之间的 V 形夹角顶部,通过托盘固定在气缸盖上。由气缸排出的废气先经涡轮增压器做功后再流入排气冷却消声器,之后通过排气内挡板进入潜艇水上或水下排气系统。

排气冷却消声器的作用有:①消减发动机排气的基频和谐频噪声,减小管路中的废气压力和流速的脉动,从而消减水下排气噪声(水噪声);②通过对高温废气的冷却,降低废气体积流量和流速,减小废气从水下排气口流出时所产生的强烈扰动,提高潜艇的隐蔽性;③改善废气涡轮增压柴油机通气管条件下高背压时的启动性能和变背压时的工作稳定性;④降低排气温度,从而降低红外辐射信号的暴露,增强潜艇的隐蔽性。

图 8.1.5 为一种类型的排气冷却消声器,该消声器由 3 个膨胀腔(P_1、P_2、P_3)和 1 个共振腔(R_1)组成。废气进入消声器后先经过膨胀腔 P_1,而后经环形通道 T_1 流入第 2 个膨胀腔 P_2,此处还并联着共振腔 R_1,废气接着经环形通道 T_2 流入第 3 个膨胀腔 P_3,最后废气经排气冷却消声器的排气口排往潜艇排气系统的排气内挡板阀。废气流经环形通道 T_2 时被排气冷却消声器的外层冷却水腔的海水进行强制冷却,从而降低了废气温度。

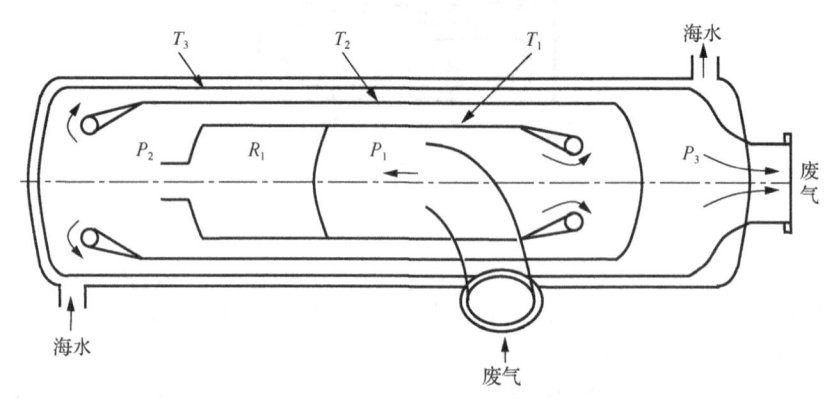

图 8.1.5 柴油机排气冷却消声器

8.1.2 进气噪声

1. 进气噪声产生机理

新鲜空气进入进气管后,在气门的开闭过程中,必将引起发动机进气管道中空气压力和速度的波动,引起空气密度的周期性变化,产生周期性压力脉动噪声,即基频噪声和谐波噪声,基频噪声的频率仍可按式(8.1.1)计算。该噪声主要从节气门沿进气管道和空气滤清器向外传播,是一种低频噪声(频率受发动机转速的影响),是进气噪声的主要构成部分。

四冲程内燃机进气噪声主要是由进气时管道内压力波动产生的基频噪声及其各次谐波噪声,其次是气流以高速流经气阀通道截面时产生的涡流噪声。非增压柴油机装上空气滤清器时,进气噪声往往不是内燃机的主要噪声源。带有罗茨泵扫气的二冲程柴油机,其进气噪声主要是由泵转子旋转时压力脉动所产生的噪声以及涡流噪声,在中频部分有很高的峰值噪声。

当内燃机采用增压之后,进气噪声明显增加。这是由于在进气阀门和空气进气口之间增加了压气机,高速旋转的压气机产生强度很高的高频叶片噪声和涡流噪声,与气阀开闭所产生的噪声一道向进气口传播并向外辐射。四冲程柴油机当采用增压之后,原来非增压时的低频部分的基频峰值噪声有所降低,但高频噪声大幅度增加,结果使总的进气噪声比非增压时高。

柴油机的进气噪声随着转速的增加(气流速度随之增加)而迅速上升。

2. 进气噪声控制方法

控制进气噪声的主要手段是采用进气消声器。多数内燃机在装用空气滤清器之后,进气噪声即有大幅度衰减,一般它不是主要噪声源。当内燃机其他噪声源得到进一步控制之后,进气噪声可能成为主要噪声源,这时应当进一步考虑设置性能良好的消声器。非增压柴油机的进气消声器可采用抗性消声器,采用阻抗复合式消声器会更适合一些。增压柴油机进气噪声的高频成分很突出,多采用阻性或阻抗复合式消声器。进气消声器通常要和空气滤清器设计结合起来考虑,以便能满足进气及滤清方面的要求,又使进气噪声得到衰减。

8.1.3 风扇噪声

1. 风扇噪声产生的机理

风扇噪声主要由旋转噪声(或称叶片噪声)和涡流噪声所组成。

(1)旋转噪声是由风扇旋转的叶片周期性地打击空气质点,引起空气的压力脉动而激发出的噪声。这种周期性的压力脉动按傅里叶级数分解为一个稳态分量和一系列谐波脉动分量的叠加。稳态分量就是冷却系统所需要的风压,脉动风量将激发出旋转噪声。旋转噪声的基频就是叶片每秒钟打击空气质点的次数,即

$$f_1 = Zn/60 \tag{8.1.6}$$

式中,n 为风扇转速(r/min);Z 为风扇叶片数。其余各次谐波的频率分别为 $2f_1, 3f_1, 4f_1, \cdots$。

(2)风扇转动使周围气体产生涡流,涡流由于黏滞力的作用又分裂成一系列分离的小涡流,这些涡流及其分裂过程使空气发生扰动,形成压缩与稀疏过程,从而产生涡流噪声。

风扇噪声随转速增加而迅速提高。通常在低转速时,风扇噪声比发动机本体噪声低得多,但在高转速时,风扇噪声往往成主要甚至最大的噪声源。

2. 风扇噪声的控制方法

(1)选择适当的风扇与散热器之间的距离。一般取 100~200mm 能很好地发挥风扇的冷却能力,又能使噪声最小。

(2)改进风扇叶片形状,使之有较好的流线型和合适的弯曲角度,降低其附近的涡

流强度，达到低噪声的目的。

（3）叶片材料对其噪声有一定的影响，铸铝叶片比冲压钢板的噪声低，而有机合成材料叶片比金属叶片的噪声低。

（4）设置风扇离合器，使之在必要的时候工作，不仅可以减少发动机功率损耗，并使发动机经常处在适宜的温度下工作，而且起到降噪的作用。

8.2 燃烧噪声

8.2.1 燃烧过程和燃烧噪声

内燃机的工作过程是间歇性的发火燃烧过程。气缸内的空气由于活塞上行而被压缩，在接近上止点前燃油被压燃（柴油机）或被点燃（汽油机），着火后燃烧室压力急剧升高。由于燃烧过程是在压缩行程的上止点附近的几十度曲轴转角下完成的，燃烧时间很短而且是在靠近上止点时气缸容积很小的情况下进行的，导致气缸内的压力增加率很高。气缸内压力周期性改变的特性主要体现在压力增加率 $\mathrm{d}p/\mathrm{d}t$ 对燃烧噪声的影响，压力增加率越高，则噪声也越高。根据实验得知，燃烧噪声声强与缸内压力有如下关系：

$$I \propto \left[p_{\max} \left(\mathrm{d}p/\mathrm{d}t \right)_{\max} \right]^2 \tag{8.2.1}$$

式中，$p_{\max}$ 为缸内压力最大值；$(\mathrm{d}p/\mathrm{d}t)_{\max}$ 为单位时间的缸内压力升高率的最大值，与单位曲轴转角的缸内压力升高率 $\mathrm{d}p/\mathrm{d}\varphi$ 的关系如下：

$$\mathrm{d}p/\mathrm{d}t = (\mathrm{d}p/\mathrm{d}\varphi)(\mathrm{d}\varphi/\mathrm{d}t) = (\mathrm{d}p/\mathrm{d}\varphi)(2\pi n/60) \tag{8.2.2}$$

如果转速保持恒定，那么单位曲轴转角的缸内压力升高率 $\mathrm{d}p/\mathrm{d}\varphi$ 就反映了 $\mathrm{d}p/\mathrm{d}t$ 的大小。如果转速增加，即使 $\mathrm{d}p/\mathrm{d}\varphi$ 保持不变，$\mathrm{d}p/\mathrm{d}t$ 也跟着增加。由此可见，气缸内气体的压力剧变是内燃机产生燃烧噪声的根源。

与汽油机相比，柴油机的缸内压力较高，且压力升高率的最大值也远高于汽油机，所以柴油机的燃烧噪声比汽油机的燃烧噪声高很多，燃烧噪声在柴油机总体辐射噪声中占了很大比例。

汽油机的燃烧过程可分为三个阶段：着火期、急燃期和后燃期。柴油机的燃烧过程可分为四个阶段：着火延迟期、急燃期、缓燃期和后燃期。二者相比，汽油机工作较为柔和，燃烧噪声不很突出，因此下面着重讨论柴油机的燃烧过程和燃烧噪声。

图 8.2.1 为典型的柴油机气缸压力曲线，曲线 ABCDE 表示气缸中进行正常燃烧的压力曲线，ABF 表示气缸内不进行燃烧的压缩膨胀曲线。

AB 段为着火延迟期，是指从燃料喷射到压燃着火的一段时间。在压缩过程中，气缸中空气压力和温度不断升高，而燃料的着火温度因压力升高则不断下降。在上止点前 A 点，喷油嘴针阀开启，向气缸喷入燃料，这时气缸内的温度高达 600℃，远高于燃料在当时压力下的自燃温度。但燃料并不马上着火，而是稍后，即到 B 点才开始着火燃烧，故 B 点相当于气体压力曲线与纯压曲线的分离点。从 A 点到 B 点这一段时间 τ_i 就称为着火延迟期。在这段时间内，喷入气缸的燃料要经过一系列的物理、化学变化过程，包括燃料的雾化、加热、蒸发、扩散与空气混合等物理准备阶段，以及着火前的化学反应准备阶段。在柴油机中，一般 τ_i=0.007~0.03s。在这个阶段内，压力和温度升高都很缓慢，基本上没有燃料燃烧，因而不会形成明显的噪声。τ_i 时间虽短，却对整个燃烧过程的影响很大，是影响燃烧噪声的一个关键因素。

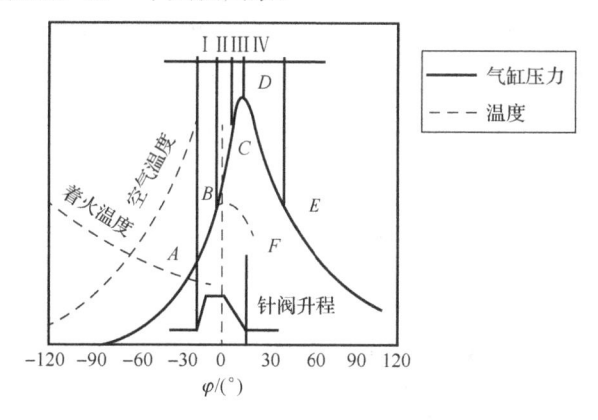

图 8.2.1 柴油机气缸压力曲线

BC 段为急燃期。在这一阶段中，着火延迟期内喷入气缸的燃料几乎是同时开始燃烧，并且是在活塞靠近上止点、气缸容积很小情况下燃烧的，因此导致气缸内的气体压力将急剧上升。高的压力升高率意味着对柴油机施加了冲击性载荷，这种冲击性载荷近似于一种对柴油机缸内零件的捶击或敲击。这种敲击包含有频率成分很宽的不同幅值的载荷，使柴油机内不同固有频率的零件被激发而振动，从而产生强烈的燃烧噪声。压力增长率越低则载荷的脉冲敲击性质越不明显，它所包含的载荷频带就越窄，越不容易激发更多的零件产生共振。急燃期是柴油机产生燃烧噪声的主要阶段。

CD 段为缓燃期。这一阶段的燃烧是在气缸容积不断增加的情况下进行的，所以燃烧必须很快，才能使气缸压力稍有上升或几乎保持不变。有些柴油机在缓燃期仍然在继续喷射燃料燃烧。在这个阶段，气缸内的气体有一定的压力增长率，所以仍能激发一定强度的燃烧噪声，但压力增长缓慢，对燃烧噪声的影响已不显著，而这个阶段对内燃机的性能却有显著影响。

DE 段为后燃期。在后燃期内因活塞下行，绝大多数燃料已燃烧完毕，因而对燃烧噪声已没有多大影响。但后燃期对柴油机的性能有一定的影响。

由以上的燃烧过程分析可知，燃烧噪声主要集中于急燃期，其次是缓燃期。在急燃期内压力升高率是燃烧噪声强弱的主要衡量指标，而在缓燃期内达到的最高压力并不是主要的。

8.2.2 气缸压力曲线的频谱分析

压力升高率可由气缸压力曲线来确定，气缸压力曲线实际上是气缸内气体压力变化的一种时域信号，但从时域里观察只能获得与燃烧噪声有关的部分特征，而无法详细考查与燃烧噪声有着密切关系的信息——气缸压力曲线所包含的频率成分上压力的大小。

如果能找出这些信息,那么燃烧气体所激发的振动和噪声以及它们在内燃机中的传递情况就可以有比较清楚的认识,从而可以从燃烧方式及其传递途径设法对燃烧噪声加以控制。

为了解气缸压力频谱结构,需要从另一个角度去观察气缸压力变化这一物理现象,即从频率域去观察并找出气缸压力曲线在频率域内的图形——频谱图。图 8.2.2 为某型柴油机气缸压力频谱图。可见,在几个特定频率上存在明显的峰值,这些特定频率就是气缸的爆发频率 f_1(即基频)和以 f_1 为整数倍的若干次谐频。中高频部分由于气缸压力呈冲击性急剧上升,因而频谱是连续的。

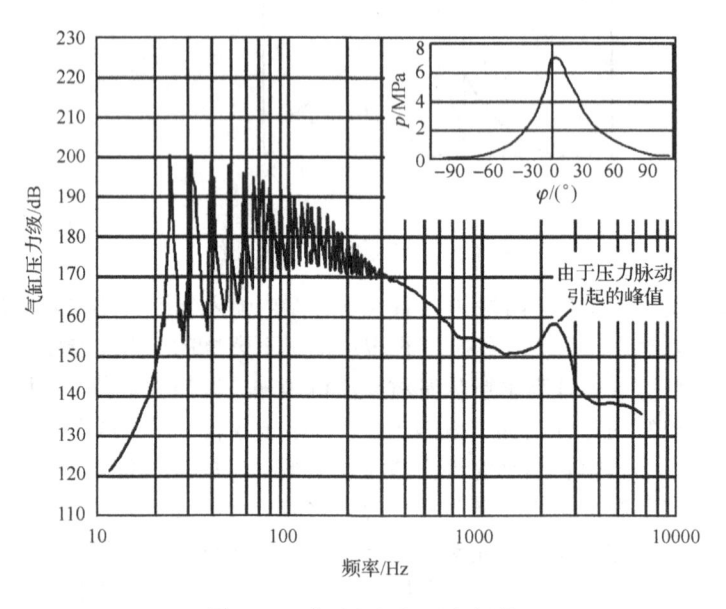

图 8.2.2 柴油机气缸压力频谱

8.2.3 燃烧噪声的传递途径

尽管气缸内压力剧变产生了冲击性载荷,但它本身并不是噪声,不直接向大气辐射,而是经过一定的传递途径,最终通过内燃机机体表面的振动而辐射噪声。

由气缸压力曲线的频谱图可知,气缸压力曲线实质上是由不同频率、不同幅值的一系列谐波的叠加。根据线性系统的性质可知,气缸压力的总作用等于这一系列谐波单独作用之总和。因此,燃烧气体对内燃机气缸内各零件振动的激发可以认为是这一系列谐波单独激发的总和,而这一系列谐波成分可以通过如下三条途径传递到内燃机表面形成表面振动而辐射出噪声。第一条途径是通过活塞、连杆、曲轴、主轴承传至机体外表面;第二条途径是经过气缸盖传到机体表面;第三条途径是经缸套侧壁传向机体外表面。由于内燃机急剧燃烧是在上止点附近进行的,缸壁和缸内气体接触面积很小,因此通过气缸壁传到机体外表面(即通过第三条途径)辐射出的燃烧噪声很小。

8.2.4 燃烧噪声的影响因素

由以上分析可知，降低燃烧噪声的根本途径就是控制压力升高率，而压力升高率则主要取决于着火延迟期以及在着火延迟期内形成可燃混合气体的数量。着火延迟期短，说明在相同的喷油开始点时，燃烧开始点较早，在燃烧开始前那段时间内喷入的燃料比较少，因而在着火前形成的可燃混合气数量也少，着火后压力增长较为缓慢；而着火延迟期长，则着火前形成的可燃混合气数量就多，这些燃料在燃烧过程中的第二阶段会几乎同时燃烧起来，致使气缸压力升高率和最高燃烧压力都比较高，从而激发出较强的燃烧噪声。对于非增压直喷式柴油机来讲，其压力升高率和最大爆发压力是由着火延迟期决定的，它们之间呈现着线性关系。因此要控制燃烧噪声，在设计燃烧系统时必须尽可能地缩短着火延迟期。显然有关影响着火延迟期的因素也将直接应影响着燃烧噪声。对一定结构的柴油机，影响着火延迟期的因素很多；在正常运转条件下，压缩温度和压力是影响着火延迟期的主要因素。此外喷油提前角、燃料性质等对着火延迟期也有较大的影响。柴油机的燃烧室结构和运转参数对燃烧噪声的影响也是通过压缩温度和压力而影响着火延迟期的。

1. 压缩温度和压力的影响

随着压缩温度和压力的增加，由于燃料着火的物理、化学准备阶段得到改善，因而着火延迟期缩短。压缩终了的温度主要取决于压缩比，此外，还与冷却水温度、活塞温度、气缸盖温度、进气温度等有关。由于提高压缩比可以提高压缩终了的温度和压力，从而缩短着火延迟期，降低压力升高率，所以能使燃烧噪声降低。但压缩比增高又会使气缸压力增大，活塞撞击噪声增加，因此不会使内燃机总的噪声有很大降低。

2. 燃料性质的影响

各种不同的燃料其十六烷值、碳氢组分、密度和蒸发性等都存在较大的差异。当它们被喷入柴油机燃烧室后，着火前后的物理、化学准备过程也不同，从而导致着火延迟期的不同。十六烷值高的燃料着火延迟期较短，压力升高率低，燃烧柔和。值得注意的是，一些实验表明，即使是燃料的十六烷值相同而组分不同时，它们对燃烧噪声的影响也是不同的。

3. 增压对燃烧噪声的影响

柴油机增压后进入气缸的空气量和密度增加，而且随着进气温度和压力的提高使压缩终了的温度和压力升高，从而改善了混合气的着火条件，使着火延迟期缩短。增压压力越高，着火延迟期越短，压力升高率越小，因而燃烧噪声越低。

4. 燃烧室对燃烧噪声的影响

柴油机工作过程的好坏主要取决于燃油喷射、气流运动和燃烧室形状三个方面的配合是否合理。因此，燃烧室的形状对混合气的形成与燃烧有密切关系，它不但影响到柴油机的性能，而且影响到着火延迟期和压力升高率，从而影响到燃烧噪声。根据混合气的形成及燃烧室结构的特点，柴油机燃烧室基本上可分为直喷式和分隔式两种，直喷式又分为开式、半分开式和半分开式的球形三种，分隔式又分为涡流式和预热式两种。

开式燃烧室由于不组织空气涡流运动，主要靠油束的扩展促使燃油与空气混合，是属于均匀的空间混合。因此在着火延迟期形成的可燃混合气较多，一旦着火便促使气缸压力急剧上升，故压力升高率和最高爆发力都较高，燃烧噪声高。半分开式燃烧室一方面依靠一定的燃油喷射雾化质量，另一方面又利用合理的组织进气涡流和排流，促使混合气体的形成和燃烧。燃料大部分是喷在空间混合，少部分是喷在壁面蒸发混合。由于不完全空间混合，因此在着火延迟期内形成的可燃混合气体略少于开式燃烧室，故燃烧噪声也比开式燃烧室略低。半分开式的球形燃烧室，为油膜蒸发混合，燃料的壁面分布和蒸发以及空气涡流起主要作用，其着火延迟期一般要比开式、半分开式燃烧室长。但在着火延迟期内燃料的蒸发混合量较空间雾化混合少得多，因而压力升高率小，燃烧噪声低。

涡流式燃烧室混合气形成和燃烧主要是利用有组织的压缩涡流，预热燃烧室主要是靠燃烧涡流的能量。共同的特点是燃烧初期燃烧压力不直接作用在主燃烧室的活塞上，主燃烧室内的压力升高率和最高爆发压力都较低，因此它们的工作比较柔和，属于低噪声燃烧室。

8.3 机械噪声

内燃机的机械噪声是指内燃机运转时由于内部各零件之间的间隙引起撞击以及内部周期性变化的作用力在零部件上产生的弹性变形所导致的表面振动而引起的噪声。

机械噪声来源于机械部件之间所作用的交变力，这些交变力在传递和作用中有三种情况：第一种情况是由原来物体间不接触而到接触，产生撞击现象，将产生撞击噪声；第二种情况是机械部件之间处于接触状况，但发生部件之间的相对运动，产生摩擦力而形成摩擦噪声；第三种情况是部件之间处于接触状况，而交变力使部件发生周期性或随机性振动，当交变力的某些谐次分量与机械部件的固有频率相近时，将产生结构共振，从而激发起相当高的噪声。在实际的机械部件中，这三种情况往往是同时存在的，即同时存在撞击、摩擦和结构振动。在某一时间和情况下，可能以某一种情况产生的噪声为主。

表 8.3.1 给出了内燃机的机械噪声源及其分类。各种声源产生噪声的机理、噪声特性以及控制方法将在本节中加以讨论。

表 8.3.1　内燃机机械噪声的分类

	活塞组件	传动件	配气机构	供油系统
组成	活塞敲击声 活塞环摩擦声	正时齿轮撞击声 链传动噪声 皮带传动噪声	气门开、闭冲击声 配气机构冲击声 气门弹簧振动声	喷油泵噪声 喷油器噪声 喷油管内压力传递声
频率范围/kHz	2～8	<4	0.5～2	>2

8.3.1 活塞敲击噪声

活塞对气缸壁的敲击，通常是内燃机的最大机械噪声源。

1. 活塞敲击噪声产生的机理

由于活塞与气缸壁之间存在间隙，而作用在活塞上的气体压力、惯性力和摩擦力的方向周期性变化，使活塞在往复运动过程中与气缸壁的接触从一个侧面到另一个侧面也相应地发生周期性变化，从而形成活塞对气缸壁的敲击，特别是在冷起动时，由于活塞与缸壁之间的间隙较大，活塞敲击噪声尤为明显。

如图 8.3.1 所示，当活塞下行时（做功或吸气行程），侧向力指向左侧（主推力面）；当活塞上行时（压缩或排气行程），侧向力指向右侧（次推力面）。作用于活塞上的侧向力在上止点和下止点附近必然变换方向，活塞将产生一个由一侧向另一侧的横向移动。在内燃机高速运转时，活塞将在上止点和下止点附近的这种横向运动是以很高速度进行的，从而形成活塞对缸壁的强烈敲击。这种周期性敲击尤其以压缩行程终了和做功行程开始时最为严重。

活塞敲击噪声主要取决于气缸的最大爆发压力和活塞与气缸壁之间的间隙，所以这种噪声既与燃烧有关，又与内燃机的具体结构有关。在使用过程中，发动机转速、负荷以及气缸的润滑条件是主要的影响因素。

内燃机最大爆发压力大，敲击随之增大，噪声也增大。活塞敲击噪声随转速的增高而增大。如果活塞与缸壁之间有足够的润滑油，润滑油有阻尼和吸声作用，可以降低活塞敲击噪声。

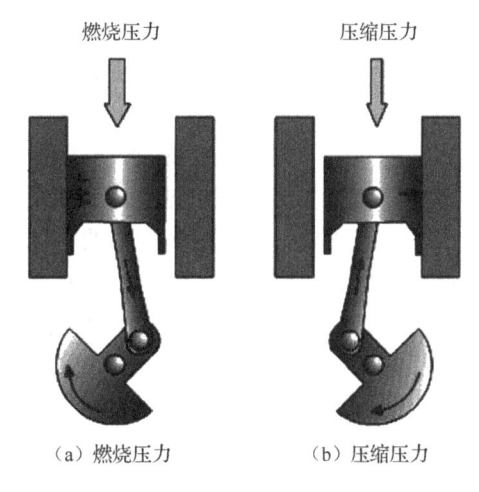

（a）燃烧压力　　（b）压缩压力

图 8.3.1　活塞裙部的侧压力

2. 影响活塞敲击噪声的因素及控制措施

1）活塞销孔偏置

图 8.3.2 显示了活塞销偏置时的运动情况。活塞销座朝向主推侧面偏移 1~2mm，可减轻活塞换向时对气缸壁的敲击噪声。

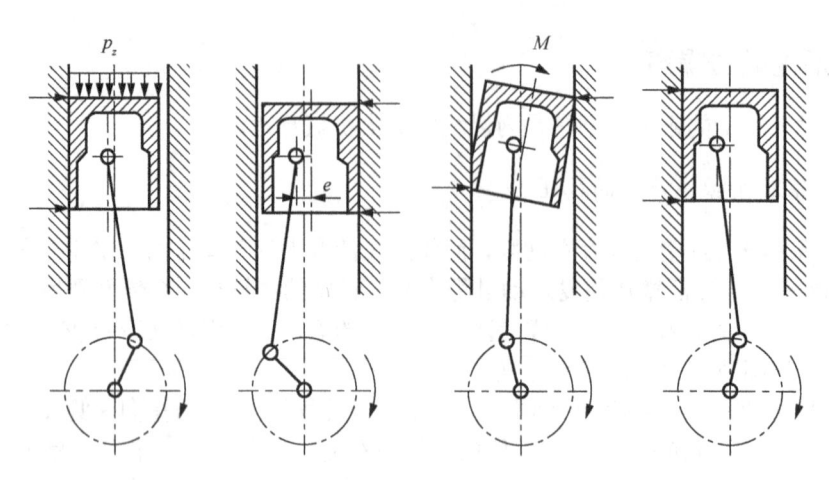

图 8.3.2 活塞销偏置时的运动情况

因销座偏置，在接近上止点时，作用在活塞销座轴线以右的气体压力大于左边，使活塞倾斜，裙部下端提前换向。而活塞在越过上止点，侧压力反向时，活塞才以左下端接触处为支点，顶部向左转（不是平移），完成换向。可见偏置销座使活塞换向分成了两步，第一步是在气体压力较小时进行，且裙部弹性好，有缓冲作用；第二步虽气体压力大，但它是个渐变过程。因此，两步过渡使换向冲击力大为减弱。

2）减小活塞配缸间隙

活塞与缸套的间隙是影响内燃机活塞敲击噪声的主要因素。内燃机在冷态工作时，由于间隙较大，活塞敲击噪声往往可以很容易辨别出来，而内燃机在热态工作时，由于活塞的膨胀而使间隙相对减小，活塞敲击噪声可明显下降。因此冷态噪声高于热态噪声，老机噪声高于新机噪声都与间隙量有关。但间隙的减小必须有一定的措施予以保证，否则将发生拉缸现象。

减小配缸间隙可以缩短活塞越过间隙所需要的时间，降低其被加速的程度，相应减少对缸壁的敲击力。但活塞、缸套工作时存在机械变形和热变形，其中主要是热变形。工况改变、热变形会发生相当大的变化。要在出现变形的情况下，仍能保持必要的运动和润滑条件，避免出现拉缸、间隙的减小自然要受到一定限制。目前主要是从活塞设计和材料选用两方面采取措施，控制活塞的热变形，以达到减小配缸间隙的目的。

在设计方面可以采取在活塞裙部上端、沿销座两侧设置横向隔热挡以减少燃烧热量向裙部的传递；在裙部次推力面上加工纵向补偿槽使裙部带有弹性，因而允许裙部在配缸间隙较小的情况下不致拉缸。这些措施多用于汽油机。在柴油机铝活塞上采用椭圆锥体裙部结构，使裙部工作时保持圆形与缸套相配。采用椭圆鼓形活塞可进一步减小配缸间隙。在汽油机铝合金活塞的销座中镶入热膨胀系数较小的钢片，在柴油机铝活塞的裙部镶入筒形钢片，以约束活塞裙部的热膨胀，也可减小配缸间隙。采用热膨胀自动调节活塞，特点是钢片不是镶在铝层的内侧，它不仅靠铸入钢片的抑制作用来减小活塞膨胀，而且还利用钢片和铝壳之间的双金属作用减小推力方向上的尺寸膨胀。

在材料选择方面可采用线膨胀系数小的材料，自然能减小工作时的热变形。目前广泛采用的是含硅约 12%的共晶铝硅合金。铸铁的线膨胀系数小，且与缸套材料的热膨胀性能相近，其配缸间隙比铝活塞可减小 50%，裙部也不必加工成椭圆形。

3）活塞与缸壁之间的传递因素

活塞敲击噪声除了和取决于活塞受力与间隙大小的撞击能量有关之外，还和活塞与缸壁间的传递因素有关，如活塞环数量及张力、润滑油多少及缸套厚度等。

活塞环数量多时，可以限制活塞的自由摆动，有一定的缓冲作用，使撞击力减小，噪声降低。但另一方面，活塞环数量多时，活塞重量增加，摩擦损失以及因摩擦而引起的缸壁振动也增加，从而使噪声增加。此外活塞环数量多时，传热情况较好，活塞温度相对较低，致使运转间隙相对较大，敲击噪声也相对较大。实验证明后两个因素影响较大，结果是活塞环数量增加，将使噪声增加。此外活塞环的张力大时，摩擦大，激发的缸壁振动和噪声也大。由于减少活塞环的数量，可使发动机高度降低，摩擦损失和惯性力减小，也有利于降低噪声。因此，必须在保证密封及寿命的条件下，力求减少环数。

由于润滑油具有阻尼和吸声作用，因此保证活塞与缸壁之间有足够的润滑油，可以降低噪声。

增加缸套的厚度，可提高其刚度和自振频率，从而减小其振动和噪声。在缸套上设置加强筋，增加支承力，也可以减小缸套的振动和噪声。

减轻活塞重量，可以减小活塞的惯性力。同时活塞重量小，缸套间隙相应也小，所以活塞对缸壁的敲击能量可以减小，有利于降低噪声。但减轻活塞重量需要慎重，要注意保证使活塞的热变形及烧损等问题不超出运转要求。

8.3.2　正时齿轮噪声

内燃机中很多部件采用齿轮传动：正时齿轮、喷油泵齿轮以及动力输出装置等。在一些内燃机中，齿轮噪声占有较大的比重，其中最主要的是正时齿轮噪声。

1. 齿轮噪声产生的机理

在交变负荷下的弹性变形以及由于齿轮的制造误差将引起附加的冲击载荷，在这种载荷的激励下，齿轮产生圆周振动。这种圆周振动使齿轮不能平稳地运转，使齿与齿之间碰撞，从而造成齿轮负荷的变化，并产生动负荷。这种动负荷通过轴、轴承传到发动机壳体和齿轮室壳体上，形成壳体的振动，从而辐射出噪声。

通常啮合齿轮噪声包括两种频率成分：啮合噪声和回转噪声。

齿轮基节的偏差会使得齿轮在啮合与分离时产生撞击，即啮合撞击，每秒钟的啮合次数，就是啮合频率（单位为 Hz），为

$$f_m = nz/60 \tag{8.3.1}$$

式中，n 为齿轮的转速（r/min）；z 为齿轮的齿数。

一对啮合的齿轮具有相同的啮合频率。实际上齿轮传动总要有某种偏心，而偏心的齿轮旋转一周时，两个齿轮啮合的松紧程度要发生周期性的变化，因而由啮合引起的齿轮振动的幅值也做周期性变化，其频率称为回转频率（单位为 Hz）：

$$f_r = n/60 \qquad (8.3.2)$$

因此，齿轮传动位移可表述为

$$x = x_m \cos(2\pi f_r t + \alpha_r)\cos(2\pi f_m t + \alpha_m) \qquad (8.3.3)$$

式中，x_m 为齿轮节圆中心和轴孔中心之间的偏心距；α_r 和 α_m 分别为回转振动和啮合振动的相位角。经过变换得

$$x = x_m \{\cos[2\pi(f_m + f_r)t + (\alpha_m + \alpha_r)] + \cos[2\pi(f_m - f_r)t + (\alpha_m - \alpha_r)]\}/2 \qquad (8.3.4)$$

可见，由齿轮啮合引起的啮合噪声具有两个频率：上边频率和下边频率，

$$\begin{cases} f_\text{上} = f_m + f_r \\ f_\text{下} = f_m - f_r \end{cases} \qquad (8.3.5)$$

齿轮传动装置产生共振时，会激发出强烈的噪声，即使是很精密的齿轮也会如此。如齿轮的啮合频率和齿轮本身的某阶固有频率相同时，就要激发共振噪声。在设计时，应考虑到使啮合频率与齿轮本身的固有频率错开。

轴-支承系统的某阶固有频率和啮合频率重合时，也会产生共振。这时，即使啮合撞击激发力很小，也会引起轴-支承系统很大的振动响应，从而产生强烈的噪声。通常需要加强轴-支承系统的刚度或改变轴的质量。

2. 影响齿轮噪声的因素

影响齿轮噪声的因素很多，但大体上可分为两种类型，即与齿轮本身有关的因素和与齿轮室结构有关的因素。与齿轮本身有关的影响因素有齿轮参数、齿轮的结构和形状、齿轮的精度和齿面光洁度。与齿轮室结构有关的影响因素有轴系、齿轮室罩壳和润滑油。

1）齿轮参数

（1）齿轮模数越大，齿轮受载后引起的变形越小，从而有利于降低噪声。但模数越大，制造误差也越大，对降低噪声又有不利影响。内燃机正时齿轮一般不属于重载齿轮，应当在强度允许的情况下尽可能选用较小的模数。

（2）压力角增大，齿根部变厚，强度好，但啮合时径向分力也增大，使轴弯曲振动也增加。压力角小时，情况则相反。所以压力角太大太小都不好。常用的 20°压力角是兼顾了噪声和强度两方面的因素。

（3）内燃机正时齿轮大多采用斜齿轮传动，主要是由于斜齿轮噪声在相同的使用条件下，比直齿轮噪声低。螺旋角越大，噪声越低。但螺旋角超过 40°时，降低就不明显了，同时会使轴向载荷增大，对齿轮齿向精度要求高，诱发轴向振动等，因此螺旋角又不宜过大。

（4）试验表明，齿轮的啮合系数为 1.1～1.9 时，它们产生的噪声差别不大。当啮合系数在 2 左右时，可使齿轮噪声降低 2～4dB，啮合系数再大时，降噪效果就不显著了。

（5）齿轮侧隙对噪声的影响不明显。过小的侧隙将要求加工精度高，使生产成本加大。同时，紧密地啮合容易产生运动干涉，从而激发噪声。值得注意的是高速齿轮传动，当侧隙过小时，在啮合传动过程中，会将贮存于轮齿中的油和空气以高速挤出，这种速度要比齿轮的节线速度高许多倍，从而激发出很高的噪声。如果存在这种噪声，则所有

对齿轮采取的减噪措施,都不会起到减噪作用。适当地增大侧隙和顶隙,可以缓和这种噪声。

2)齿轮的结构和形状

(1)齿轮外径越大,两个侧面向外辐射噪声越强。设计时应当在使用条件许可的情况下,尽可能减小齿轮外径。外齿轮外径大时,圆周速度高,噪声也高。

(2)齿宽增加,轮齿的弯曲量减少,噪声可降低。但齿轮宽度需考虑其他因素来确定。过宽的齿轮,齿向精度不易保证,容易产生接触不良,从而增加噪声。

(3)轮体形状对齿轮噪声有显著的影响,应尽量做到轮体刚性好,从而振动小,噪声也低。

3)齿轮的精度和齿面光洁度

(1)基节偏差是形成齿轮啮合撞击的主要原因。一对齿轮啮合时,主动轮和从动轮各有自己的基节偏差。主动轮的基节大于从动轮的基节时,齿轮噪声较低。这是在齿轮受力的情况下,由于弹性变形,主动轮的基节变得要比不受力时要小,这样就减小了主、从动轮基节的差值。为使齿轮噪声减低,应将主动轮的基节做得大一些,使齿轮受力后仍能保证主动轮的基节大于被动轮的基节。

(2)齿形误差是指实际加工出来的齿形与理论齿形的偏差。如常见的齿面波动和齿面中凹等。当出现齿形误差时,齿轮进入啮合后,齿面会产生多次的速度变化,对中凹的齿形会产生二次撞击,这将使齿轮噪声增大。实践表明,高速齿轮传动中,有意识地采用中凸形轮齿对降低齿轮的噪声有显著的效果,即便是中凸的误差大于中凹的误差时,仍有降噪效果。降噪的主要原因是中凸齿形避免了啮合的二次撞击。

(3)其他误差,如齿向误差、周节累积误差等,均是随着误差的增大,噪声增高,但影响较小。

(4)齿面光洁度对噪声的影响较小。总的来讲,提高精度和光洁度可以降低噪声。但提高精度将会增加成本。若原有齿轮传动精度较低,则精度稍有提高,便可获得较为显著的降噪效果。提高精度、降低噪声还可以从热处理工艺方面来考虑。如采用软氮化处理齿轮代替最常用的高频淬火工艺时,可使噪声有显著的降低。这主要是由于软氮化处理后变形很小,能较好地保持原有的齿轮加工精度,而高频淬火后齿轮变形大,破坏了原有的加工精度。

正时齿轮室的结构因素对噪声的影响分析如下。

4)轴系

轴系刚度不好,将导致轴的弯曲振动,而使齿轮振动噪声加剧,还将引起齿轮的轴心不平行,中心距、侧隙、压力角等发生变化,也将导致噪声增高。特别是曲轴的扭转振动会使某些内燃机发出异响。通常内燃机正时齿轮都布置在曲轴前端,多缸机的一阶扭转振型的节点多在飞轮端附近,而轴前段的扭转振幅较大。

当曲轴齿轮驱动力矩的频率(相应于曲轴某一转速)与曲轴扭振系统的任一阶固有频率重合时,将在齿轮啮合处产生很大的交变啮合力矩的作用,从而使齿轮产生严重撞击和异常的噪声。曲轴的扭振还会导致活塞的运动状态改变,使活塞的侧压力发生变动,加剧活塞对缸套的撞击。曲轴的扭振还会导致曲轴对主轴承的撞击，最终使内燃机噪声加剧。

因此，一切能抑制轴系弯曲振动和扭转振动的措施都能降低齿轮振动和噪声，例如避开轴系共振、安装减振器等。

5）齿轮室罩壳

在齿轮室罩体内，齿轮噪声通过齿轮自身辐射到壳内空气之中，然后由空气激发壳体振动辐射出的噪声是很小的。齿轮噪声主要是通过轴、轴承-壳体辐射出去的噪声，其中最主要的还是通过齿轮室罩壳辐射出去的。与汽油机相比，柴油机具有较大的罩壳，辐射的噪声也较大。不同结构、材料的罩壳，辐射噪声的能力也不同。通常罩壳应具有足够的刚度，尽量避免使用大平面结构，铸造壳体还应注意设置合理的加强筋。

6）润滑油

润滑油具有阻尼作用，可缓和啮合中的撞击。此外，在齿面上维持一定油膜厚度，防止齿面金属直接接触，可使振动和噪声得到衰减。齿轮在正常润滑状态突然切断供油，则齿轮噪声大幅增加。此外，润滑油黏度增加，齿轮噪声会减小，但不明显。

3. 正时齿轮噪声的控制措施

1）选用合理的齿轮参数和结构形式

在满足设计要求的情况下，要尽可能地选取较小的模数、压力角、外径，并尽可能地提高齿轮的刚度，适当增加轮体的宽度，尽量采用整体轮体结构。当采用辐板式结构时，应使辐板厚度大于齿宽的三分之一。齿轮的啮合系数应选在 2.09～2.10。

2）采用高阻尼的齿轮材料或采用隔振措施

如采用酚醛夹布层压塑料、尼龙等制作正时齿轮时，噪声较金属齿轮显著降低，但主要用于强度要求不高的汽油机上。采用增大外部阻尼，改变齿轮的结构形式，对降低齿轮噪声，特别是中高频部分的噪声是有效的。

3）提高齿轮精度

齿轮精度越高，噪声越低。齿轮的加工精度取决于加工方法、加工质量。

4）对齿轮进行修缘

齿轮承载后的弹性变形和制造误差（主要是基节误差和齿形误差）会使齿轮在啮合时在齿顶、齿根处产生干涉。把齿顶和齿根产生干涉的部分削去，分别称为齿顶修缘和齿根修缘，或统称为齿形修缘。齿形修缘后能显著降低噪声；对于给定的齿轮传动存在一个最佳修缘量。修缘量小于最佳值，因仍存在干涉现象，故噪声仍较高；修缘量过小，又会由于啮合过程中接触率降低而增大噪声。修缘量的大小，应根据齿轮的法向周节误差、齿轮的弯曲量等因素来确定。

5）采用正时齿轮布置于飞轮端的结构方案

多缸机的飞轮端处于一阶扭转振动的节点附近，故在飞轮端布置正时齿轮传动装置可以有效地减小轴系扭振对齿轮噪声的影响。此外，齿轮布置在气缸体和飞轮壳之间的刚度很好的齿轮室壳体内，可使齿轮噪声得到抑制。由于齿轮室壳体的刚度大，也为附件的安装和驱动提供了良好的条件。实践证明，正时齿轮传动装置后置，可减少齿轮噪声，提高齿轮的寿命。

8.3.3 配气机构噪声

四冲程内燃机都是采用气门-凸轮式配气机构，这种机构包括凸轮轴、挺柱、挺杆、摇臂、气门等。零件多、刚度差是配气机构的显著特点，因而易于激发起振动和噪声。配气机构的噪声在低速时并不很突出，但是在高速时则往往成为内燃机的一个重要噪声源。

1. 配气机构噪声产生的原因

内燃机低速时的噪声，主要是气门开关时的撞击以及从动件和凸轮顶部的摩擦振动所产生的。高速时的配气机构噪声是由于气门的不规则运动所产生的。

1）摩擦振动

凸轮和挺柱之间在很大的正压力之下进行相对滑移，因此存在很大的摩擦力。这种摩擦力将激发起摩擦振动，从而辐射噪声。

2）气门间隙

内燃机工作温度高，必须考虑配气机构各个传动零件的热膨胀。为了保证温度升高部件受热膨胀时气门也不会被顶开，必须在气门杆和摇臂之间留有气门间隙。开启气门时，摇臂越过了气门间隙才能压迫气门杆运动，这就使摇臂与气门弹簧座在接触时产生撞击，从而激发出噪声。

3）气门落座

打开的气门依靠弹簧的作用力回复到关闭状态。在这种强大的作用力下，气门与气门座之间产生的强烈撞击将激发出噪声。

4）传动链脱节

内燃机高速运转时，配气机构的各个零件的速度很高，且方向变化频繁，其加速度甚高。如果凸轮轴转速过高，气门、摇臂、推杆和挺柱的加速度可能会跟不上凸轮位置的改变，产生传动链脱节现象。

2. 配气机构噪声控制措施

1）增加润滑

良好的润滑能减少摩擦力，降低摩擦噪声。凸轮转速越高，油膜越厚，这样内燃机在高转速时，配气机构的摩擦振动和噪声就不突出了。

2）减小气门间隙

减小气门间隙可减小气门杆和摇臂之间的撞击。但为了保证气门的正常工作，在一般配气机构中还须保持必要的间隙。采用液力挺柱可以从根本上消除气门间隙，从而消除传动中的撞击，并可以有效控制气门的落座速度，因而可使配气机构噪声显著降低。

3）优化凸轮型线

通常凸轮设计首先考虑要满足动力学要求。但在此基础上必须考虑各种动力学因素的影响，对通过运动学设计的凸轮进行动力学修正，使气门能按理想的规律运动。目前设计凸轮时，较为多见的是预先选一个理想的气门升程曲线。这种曲线应当使气门升程曲线丰满系数足够大，保证内燃机充气性能良好，加速度曲线平滑以保证配气机构动态特性良好等。然后设计凸轮的型线。设计凸轮型线时，除保证气阀最大升程、气阀运动规律和配气正时外，还要使挺杆在凸轮型线缓冲范围内的运动速度很小，从而减少气阀在始升或落座时的速度，降低因撞击而产生的噪声。

4）优化配气机构结构

配气机构的刚度包括各元件（如顶杆、摇臂等）及摇臂轴及轴承的刚度。通过提高刚度可使机构的固有频率升高，减小振动并缩小气阀运动的畸变。提高弹簧的预紧力和弹簧的刚度，虽然能减小振动并防止传动链脱节，但这会引起传动链载荷增加，磨损加剧，并使气门落座情况恶化。

减轻驱动元件的质量也可以提高配气机构的固有频率，减小惯性力，但减轻质量受到发动机工作要求的限制，需要综合权衡。在配气机构中，缩短推杆的长度是减轻系统质量、提高刚度的一项有效措施。

改变配气机构布置方式，可采用顶置或上置式凸轮轴，可以取消推杆甚至摇臂，消除由从动件产生的振动和噪声。

8.3.4 供油系统噪声

供油系统是柴油机的噪声源之一，但不占主要地位，供油系统中喷油泵的噪声是主要的。喷油泵噪声随着喷油压力和转速的增高而升高。此外，从满足排放要求来看，希望喷油定时稍微延迟，而喷油结束时间保持不变，这就要求有较短的喷油时间和较高的喷射率，从而希望有较高的喷油压力，目前喷油泵有向较高的喷油压力方向发展的趋势。随着内燃机转速的提高，喷油泵的转速也相应地提高，因此对喷油泵的噪声亦应给予应有的重视。

供油系统的噪声主要是由于喷油泵和高压系统的振动所引起的，可以分为流体性的噪声和机械性的噪声。流体性的噪声包括：

（1）油泵压力脉动激发的噪声。目前多数柴油机采用柱塞泵，这种泵的工作特点决定了供油压力的脉动性，这种压力脉动将激发泵体产生振动和噪声。此外，这种压力脉动将使燃油产生很大的加速度，冲击管壁而激发噪声。

（2）空穴现象激发的噪声。在油路中高压力急速脉动的情况下，油内含有的空气会不断地形成气泡并又破灭，由此会产生空穴噪声。

（3）喷油系统管道的共振噪声。当油管供油压力脉动的频率接近于管道的固有频率时，便会引起共振而激发噪声。压力脉动的频率（单位为Hz）为

$$f = nz/60 \tag{8.3.6}$$

式中，z 为喷油泵的柱塞数；n 为喷油泵的转速（r/min）。

机械性的噪声包括喷油泵凸轮和滚轮体之间的周期性冲击和摩擦，特别是当恢复弹簧的固有频率与这种周期性的冲击接近时会产生共振，使噪声加剧。

为了控制供油系统的噪声，可采用以下措施：

（1）采用分配式油泵代替传统的柱塞泵。分配泵主要是借助于柱塞的提升而产生高压，并靠这个柱塞的旋转而将燃油分配到各缸中去，这种泵结构紧凑、噪声辐射面小、刚度大、运动件少，其噪声要比传统柱塞泵低 5dB 以上。

（2）采用带缓冲阀的等容减压出油阀。这种阀可以消除或大大减小有关压力降低到零的次数，使高压油管中的压力波特别是其高频谐波受到阻尼，从而可以消除空穴现象的发生。

（3）采用泵喷嘴。这种泵喷嘴刚度大，可去掉高压管路，因而噪声低。

（4）增加泵体刚度，在表面振动剧烈的部位设置加强筋，泵体可以用法兰与正时齿轮室的壳体直接连接。

（5）高压油管设置支撑并在支撑处加缓冲垫，以减小振动。

（6）车用柴油机喷油泵应设置喷油提前器和怠速喷射器。前者可使怠速时喷油提前减小，后者可使怠速时喷油持续期适当延长，两者都可以减少柴油机在怠速时的噪声。

习　题

8.1　简述内燃机排气噪声产生机理、影响因素和控制方法。

8.2　简述内燃机进气噪声产生机理、影响因素和控制方法。

8.3　影响内燃机产生燃烧噪声的根源是什么？柴油机产生燃烧噪声主要发生在哪个阶段？如何从气缸压力曲线获得频谱图？燃烧噪声传递途径有哪些？影响燃烧噪声的因素有哪些？

8.4　简述内燃机活塞敲击噪声产生机理、影响因素和控制方法。

8.5　简述内燃机正时齿轮噪声产生机理、影响因素和控制方法。

8.6　简述内燃机配气机构噪声产生的原因和控制措施。

参 考 文 献

[1] 马大猷. 噪声与振动控制工程手册. 北京：机械工业出版社，2002.
[2] Ver I L, Beranek L L. Noise and Vibration Control Engineering. 2nd ed. New York: John Wiley & Sons, 2005.
[3] 杜功焕，朱哲民，龚秀芬. 声学基础. 3 版. 南京：南京大学出版社，2012.
[4] Fahy F. Foundations of Engineering Acoustics. London: Academic Press, 2001.
[5] Pierce A D. Acoustics: Introduction to Its Physical Principles and Applications. New York: Acoustical Society of America, 1996.
[6] 季振林. 消声器声学理论与设计. 北京：科学出版社，2015.
[7] Lyon R H, DeHong R G. Theory and Application of Statistical Energy Analysis. Newton: Butterworth-Heinemann, 1995.
[8] 庞剑，谌刚，何华. 汽车噪声与振动——理论与应用. 北京：北京理工大学出版社，2006.
[9] 赵松龄. 噪声的降低与隔离(上册). 上海：同济大学出版社，1985.
[10] 赵松龄. 噪声的降低与隔离(下册). 上海：同济大学出版社，1989.
[11] 吴炎庭，袁卫平. 内燃机噪声振动与控制. 北京：机械工业出版社，2005.